普通高等教育"十一五"国家级规划教材

高等职业教育系列教材

PLC 基础及应用

第 3 版

廖常初　主编

机械工业出版社

本书以三菱电机公司的 FX 系列（包括 FX_{3G} 和 FX_{3U}）为例，介绍了可编程序控制器（PLC）的工作原理、硬件结构和指令系统，以及编程软件和仿真软件的使用方法；介绍了一整套易学易用的开关量控制系统的编程方法，使用它们可以节约大量的设计时间；还介绍了提高系统可靠性的措施、PLC 的通信联网和 FX 的通信功能、模拟量模块的使用、PID 闭环控制、PID 参数的整定方法以及用 PLC 控制变频器的方法。各章均有习题，配套的实验指导书有 28 个实训。配套的例程可以在网上下载。

　　应用指令是 PLC 学习的难点，本书介绍了 200 多条应用指令的学习方法，通过大量的例程和实训，详细介绍了常用的应用指令的使用方法。

　　本书可以作为高职高专电类与机电一体化等相关专业的教材，也可以供工程技术人员自学使用。

　　本书配套授课电子课件，需要的教师可登录 www.CMPedu.com 免费注册、审核通过后下载。

图书在版编目（CIP）数据

PLC 基础及应用 / 廖常初主编 . —3 版 . —北京：机械工业出版社，2014.3
（2021.7 重印）
普通高等教育"十一五"国家级规划教材
高等职业教育系列教材
ISBN 978-7-111-46182-1

Ⅰ. ①P…　　Ⅱ. ①廖…　　Ⅲ. ①可编程序控制器－高等职业教育－教材
Ⅳ. ①TM571.6

中国版本图书馆 CIP 数据核字（2014）第 053280 号

机械工业出版社（北京市百万庄大街 22 号　邮政编码 100037）
责任编辑：王　颖
责任印制：张　博
涿州市殷润文化传播有限公司印刷
2021 年 7 月第 3 版第 8 次印刷
184mm×260mm・14.75 印张・363 千字
标准书号：ISBN 978-7-111-46182-1
定价：39.90 元

电话服务　　　　　　　　　　　　网络服务
客服电话：010-88361066　　　　　机 工 官 网：www.cmpbook.com
　　　　　010-88379833　　　　　机 工 官 博：weibo.com/cmp1952
　　　　　010-68326294　　　　　金 书 网：www.golden-book.com
封底无防伪标均为盗版　　　　机工教育服务网：www.cmpedu.com

前　言

本书第 2 版被评为普通高等教育"十一五"国家级规划教材，累计印数已达十多万册。第 3 版作了以下较大的修订：

1）FX_{3U}、FX_{3UC} 和 FX_{3G} 将取代 FX_{2N}、FX_{2NC} 和 FX_{1N}，其中 FX_{2N} 已停产。本书介绍了 FX_{3G}、FX_{3U} 和 FX_{3UC} 的硬件和新增的指令。

2）详细介绍了取代 FX-PCS/WIN 的三菱全系列 PLC 编程软件 GX Developer。还介绍了仿真软件 GX Simulator，读者可以用它模拟硬件 PLC 来做实验指导书中绝大部分的实训。

3）应用指令是 PLC 学习的难点，本书介绍了 200 多条应用指令的学习方法，通过大量的例程和十多个实训，详细介绍了常用的应用指令的使用方法。

4）增加了大量的习题和例程，实训由 11 个增加到 28 个。

第 1～3 章是基础部分，介绍了 PLC 的硬件结构、工作原理、编程软件和仿真软件的使用方法、编程软元件和基本指令；第 4 章和第 5 章介绍了作者总结的一整套先进完整的开关量控制系统的梯形图设计方法，这些设计方法易学易用，可以节约大量的设计时间；第 6 章介绍了 FX 系列的应用指令的使用方法；第 7 章介绍了模拟量模块的使用、PID 闭环控制和 PID 参数的整定方法；第 8 章介绍了提高系统可靠性的措施、计算机通信的基础知识和 FX 系列的通信功能，以及用 PLC 控制变频器的方法。各章均配有习题，附录有包含 28 个实训的实验指导书。配套的例程可以在金书网的下载中心搜索书名后下载。本书配套有授课的电子课件。

本书既可以用做高职高专电类与机电一体化等相关专业的教材，也可以供工程技术人员自学。

本书是机械工业出版社组织出版的"高等职业教育系列教材"之一，由廖常初主编，范占华、关朝旺、余秋霞、陈曾汉、陈晓东、李远树、万莉、左源洁、郑群英、文家学、孙剑、唐世友、孙明渝、廖亮、王云杰参与了编写工作。

因编者水平有限，书中难免有错漏之处，恳请读者批评指正。

作者 E-mail：liaosun@cqu.edu.cn。欢迎读者访问作者在中华工控网的博客。

重庆大学　廖常初

目　　录

第1章 概 述

1.1 可编程序控制器概述

随着微处理器、计算机和数字通信技术的飞速发展，计算机控制已扩展到了几乎所有的工业领域。现代社会要求制造业对市场需求作出迅速反应，生产出小批量、多品种、多规格、低成本和高质量的产品，为了满足这一要求，生产设备和自动化生产线的控制系统必须具有极高的可靠性和灵活性。可编程序控制器正是顺应这一要求出现的，它是以微处理器为基础的通用工业控制装置。

可编程序控制器（Programmable Logic Controller）简称为 PLC，它的应用面广、功能强大、使用方便，已经成为当代工业自动化的主要支柱之一，在工业生产的所有领域得到了广泛的使用，在其他领域（例如民用和家庭自动化）的应用也得到了迅速发展。

国际电工委员会（IEC）在 1985 年的 PLC 标准草案第 3 稿中，对 PLC 作了如下定义："可编程序控制器是一种数字运算操作的电子系统，专为在工业环境下应用而设计。它采用可编程序的存储器，用来在其内部存储执行逻辑运算、顺序控制、定时、计数和算术运算等操作的指令，并通过数字式、模拟式的输入和输出，控制各种类型的机械或生产过程。可编程序控制器及其有关设备，都应按易于使工业控制系统形成一个整体，易于扩充其功能的原则设计。"从上述定义可以看出，PLC 是一种用程序来改变控制功能的工业控制计算机，除了能完成各种各样的控制功能外，还有与其他计算机通信联网的功能。

了解 PLC 的工作原理，具备设计、调试和维护 PLC 控制系统的能力，已经成为现代工业对电气技术人员和工科学生的基本要求。

本书以三菱公司的 FX 系列小型 PLC（包括 FX_{3U}、FX_{3UC} 和 FX_{3G}）为主要讲授对象。FX 系列 PLC 以其极高的性能价格比，在国内占有很大的市场份额，还有很多国产的 PLC 与 FX 系列兼容。读者可以在三菱电机自动化的网站 http://cn.mitsubishielectric.com 下载三菱 PLC 的编程软件和各种用户手册。本书的例程可以在金书网的下载中心搜索书名后下载。

1.1.1 PLC 的基本结构

PLC 主要由 CPU 模块、输入模块、输出模块和编程软件组成（见图 1-1）。大部分 PLC 还可以配备特殊功能模块，用来完成某些特殊的任务。

1. CPU 模块

CPU 模块主要由微处理器（CPU 芯片）和存储器组成。在 PLC 控制系统中，CPU 模块相当于人的大脑和心脏，它不断地采集输入信号，执行用户程序，刷新系统的输出。存储器用来储存程序和数据。

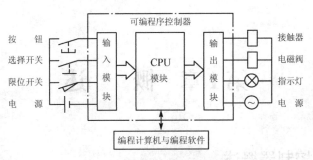

图 1-1 PLC 控制系统示意图

2. I/O 模块

输入（Input）模块和输出（Output）模块简称为 I/O 模块，它们是系统的眼、耳、手、脚，是联系外部现场设备和 CPU 模块的桥梁。

输入模块用来接收和采集输入信号，开关量输入模块用来接收从按钮、选择开关、数字拨码开关、限位开关、接近开关、光电开关和压力继电器等提供的开关量输入信号；模拟量输入模块用来接收各种变送器提供的连续变化的模拟量电流电压信号。开关量输出模块用来控制接触器、电磁阀、电磁铁、指示灯、数字显示装置和报警装置等输出设备，模拟量输出模块用来控制调节阀、变频器等执行装置。

CPU 模块的工作电压一般是 5V，而 PLC 的输入/输出信号电压一般较高，例如直流 24V 和交流 220V。从外部引入的尖峰电压和干扰噪声可能损坏 CPU 模块中的元器件，或使 PLC 不能正常工作。在 I/O 模块中，用光耦合器、光电晶闸管和小型继电器等器件来隔离 PLC 的内部电路和外部的 I/O 电路。I/O 模块除了传递信号外，还有电平转换与隔离的作用。

3. 编程软件

早期使用的手持式编程器已被用于计算机的编程软件代替，使用编程软件可以在计算机的屏幕上直接生成和编辑梯形图和指令表程序，可以实现不同编程语言之间的相互转换。编程软件还用来监视用户程序的执行情况。程序被编译后下载到 PLC，也可以将 PLC 中的程序上传到计算机。

4. 电源

PLC 使用 220V 交流电源或 24V 直流电源。内部的开关电源为各模块提供 DC 5V 和 DC 24V 等直流电源。小型 PLC 可以为输入电路和外部的电子传感器（例如接近开关）提供 24V 直流电源，驱动 PLC 负载的直流电源一般由用户提供。

1.1.2 PLC 的特点

1. 编程方法简单易学

梯形图是使用最多的 PLC 的编程语言，其电路符号和表达方式与继电器电路原理图相似。梯形图语言形象直观，易学易懂，熟悉继电器电路图的电气技术人员只需花几天时间就可以熟悉梯形图语言，并用来编写简单的用户程序。

梯形图语言实际上是一种面向用户的高级语言，PLC 在执行梯形图程序时，将它"翻译"成汇编语言后再去执行。

2

2. 功能强，性能价格比高

一台小型 PLC 内有成百上千个可供用户使用的软元件，可以实现非常复杂的控制功能。与相同功能的继电器系统相比，具有很高的性能价格比。PLC 还可以通过通信联网，实现分散控制，集中管理。

3. 硬件配套齐全，用户使用方便，适应性强

PLC 产品已经标准化、系列化和模块化，配备有品种齐全的各种硬件装置供用户选用，用户能灵活方便地进行系统配置，组成不同功能、不同规模的系统。PLC 的安装接线也很方便，一般用接线端子连接外部接线。PLC 有较强的带负载能力，可以直接驱动一般的电磁阀和中小型交流接触器。

硬件配置确定后，通过修改用户程序，就可以方便快速地适应工艺条件的变化。

4. 可靠性高，抗干扰能力强

传统的继电器控制系统使用了大量的中间继电器、时间继电器。由于触点接触不良，容易出现故障。PLC 用软件代替中间继电器和时间继电器，仅剩下与输入和输出有关的少量硬件元件，接线可以减少到继电器控制系统的 1/10 到 1/100，因为触点接触不良造成的故障大为减少。

PLC 使用了一系列硬件和软件抗干扰措施，具有很强的抗干扰能力，平均无故障时间达到数万小时以上，可以直接用于有强烈干扰的工业生产现场，已被公认为最可靠的工业控制设备之一。

5. 系统的设计、安装、调试工作量少

PLC 用软件功能取代了继电器控制系统中大量的中间继电器、时间继电器和计数器等器件，使控制柜的设计、安装以及接线工作量大大减少。

PLC 的梯形图程序可以用顺序控制设计法来设计，这种编程方法很有规律，容易掌握。对于复杂的控制系统，如果掌握了正确的设计方法，设计梯形图的时间比设计继电器系统电路图的时间要少得多。

用户可以在实验室模拟调试 PLC 的用户程序，输入信号用小开关来模拟，通过 PLC 上的发光二极管观察输出信号的状态。完成了系统的安装和接线后，在现场的统调过程中发现的问题一般通过修改程序就可以解决，系统的调试时间比继电器系统少得多。

6. 维修工作量小，维修方便

PLC 的故障率很低，且有完善的自诊断功能。PLC 或外部的输入装置和执行机构发生故障时，可以根据 PLC 上的发光二极管或编程设备提供的故障信息方便地查明故障的原因，用更换模块的方法可以迅速地排除故障。

7. 体积小，能耗低

对于复杂的控制系统，使用 PLC 后，可以减少大量的中间继电器和时间继电器，小型 PLC 的体积仅相当于几个继电器的大小，因此可以将开关柜的体积缩小到原来的 1/2 至 1/10。

PLC 控制系统的配线比继电器控制系统的配线少得多，故可以省下大量的配线和附件，减少很多安装接线工时，加上开关柜体积的缩小，可以节约大量的费用。

1.1.3 PLC 的应用领域

在我国，PLC 已经广泛地应用在所有的工业部门，PLC 主要在以下领域应用。

1．开关量逻辑控制

PLC 具有"与"、"或"、"非"等逻辑指令，可以实现触点和电路的串、并联，代替继电器进行组合逻辑控制、定时控制与顺序逻辑控制。开关量逻辑控制可以用于单台设备，也可以用于自动化生产线，其应用领域已遍及各行各业，甚至深入到家庭。

2．运动控制

PLC 使用专用的指令或运动控制模块，对直线运动或圆周运动的位置、速度和加速度进行控制，可以实现单轴、双轴、3 轴和多轴位置控制，使运动控制与顺序控制有机地结合在一起。PLC 的运动控制功能广泛地应用于各种机械，例如金属切削机床、金属成形机械、装配机械、机器人和电梯等。

3．闭环过程控制

过程控制是指对温度、压力、流量等连续变化的模拟量的闭环控制。PLC 通过模拟量 I/O 模块，实现模拟量（Analog）和数字量（Digital）之间的 A/D 转换与 D/A 转换，并对模拟量进行闭环 PID（比例-积分-微分）控制。PID 闭环控制可以用 PID 指令或专用的 PID 模块来实现，PID 闭环控制已经广泛应用于塑料挤压成型机、加热炉、热处理炉和锅炉等设备，以及轻工、化工、机械、冶金、电力和建材等行业。

4．数据处理

现代的 PLC 具有数学运算（包括整数运算、浮点数运算、函数运算、字逻辑运算、求反、循环、移位和浮点数运算等）、数据传送、转换、排序、查表和位操作等功能，可以完成数据的采集、分析和处理。这些数据可以与储存在存储器中的参考值比较，也可以用通信功能传送到别的智能装置，或者将它们打印制表。

5．通信联网

PLC 的通信包括 PLC 与远程 I/O 之间的通信、多台 PLC 之间的通信、PLC 与其他智能控制设备（例如计算机、变频器、数控装置）之间的通信。PLC 与其他智能控制设备一起，可以组成"集中管理、分散控制"的分布式控制系统。

1.2 逻辑运算与 PLC 的工作原理

PLC 是从继电器控制系统发展而来的，它的梯形图程序与继电器系统电路图相似，梯形图中的某些软元件也沿用了继电器这一名称，例如输入继电器和输出继电器。

这种用计算机程序实现的"软继电器"，与继电器系统中的物理继电器在功能上有某些相似之处。由于以上原因，在介绍 PLC 的工作原理之前，首先简要介绍物理继电器的结构和工作原理。

1.2.1 继电器

图 1-2a 是继电器的结构示意图，它主要由电磁线圈、铁心、触点和复位弹簧组成。继电器有两种不同的触点，在线圈断电时处于断开状态的触点称为常开触点（例如图 1-2 中的

触点3、4），处于闭合状态的触点称为常闭触点（例如图1-2中的触点1、2）。

当线圈通电时，电磁铁产生磁力，吸引衔铁，使常闭触点断开，常开触点闭合。线圈电流消失后，复位弹簧使衔铁返回原来的位置，常开触点断开，常闭触点闭合。图1-2b是继电器的线圈、常开触点和常闭触点在电路图中的符号。一只继电器可能有若干对常开触点和常闭触点。在继电器电路图中，用同一个由字母、数字组成的名称（例如KA1）来标注同一个继电器的线圈和触点。

图1-3是用交流接触器控制异步电动机的主电路、控制电路和有关的波形图。接触器的结构和工作原理与继电器的基本相同，区别仅在于继电器触点的额定电流较小，而接触器是用来控制大电流负载的，例如它可以控制额定电流为几十安至几千安的异步电动机。按下起动按钮SB1，它的常开触点接通，电流经过SB1的常开触点和停止按钮SB2、作过载保护用的热继电器FR的常闭触点，流过交流接触器KM的线圈，接触器的衔铁被吸合，使主电路中的3对常开触点闭合，异步电动机M的三相电源被接通，电动机开始运行，控制电路中接触器KM的辅助常开触点同时接通。放开起动按钮后，SB1的常开触点断开，电流经KM的辅助常开触点和SB2、FR的常闭触点流过KM的线圈，电动机继续运行。KM的辅助常开触点实现的这种功能称为"自锁"或"自保持"，它使继电器电路具有类似于R-S触发器的记忆功能。

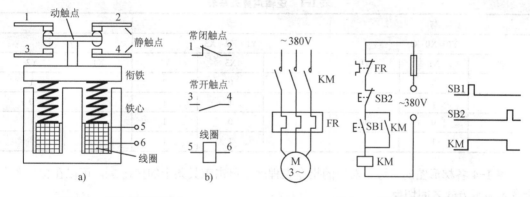

图1-2　继电器示意图　　　　　　　　图1-3　异步电动机控制电路

在电动机运行时按停止按钮SB2，它的常闭触点断开，使KM的线圈失电，KM的主触点断开，异步电动机的三相电源被切断，电动机停止运行，同时控制电路中KM的辅助常开触点断开。当停止按钮SB2被放开，其常闭触点闭合后，KM的线圈仍然失电，电动机继续保持停止运行状态。图1-3给出了有关信号的波形图，图中用高电平表示1状态（线圈通电、按钮被按下），用低电平表示0状态（线圈断电、按钮被放开）。

图1-3中的控制电路在继电器系统和PLC的梯形图中被大量使用，它被称为"起动-保持-停止"电路，或简称为"起保停"电路。

1.2.2　逻辑运算

某些物理量只有两种相反的状态，例如电平的高、低，接触器线圈的通电和断电等，它们被称为开关量。二进制数的1位（bit）只能取0和1这两个不同的值，可以用它们来表示开关量的两种状态。梯形图中的位软元件（例如辅助继电器 M 和输出继电器 Y）的线圈"通电"时，其常开触点接通，常闭触点断开，以后称该软元件为 1 状态，或称该软元件为 ON。位软元件的线圈和触点的状态与上述的状态相反时，称该软元件为 0 状态，或称该软元件为 OFF。

使用继电器电路或 PLC 的梯形图可以实现开关量的逻辑运算。

梯形图中触点的串联可以实现"与"运算（见图 1-4a），触点的并联可以实现"或"运算（见图 1-4b），用常闭触点控制线圈可以实现"非"运算（见图 1-4c）。"与"、"或"、"非"逻辑运算的输入/输出关系如表 1-1 所示，逻辑运算表达式中的乘号"·"和加号"+"分别表示"与"运算和"或"运算。$\overline{X4}$ 的上画线表示对 X4 作"非"运算。

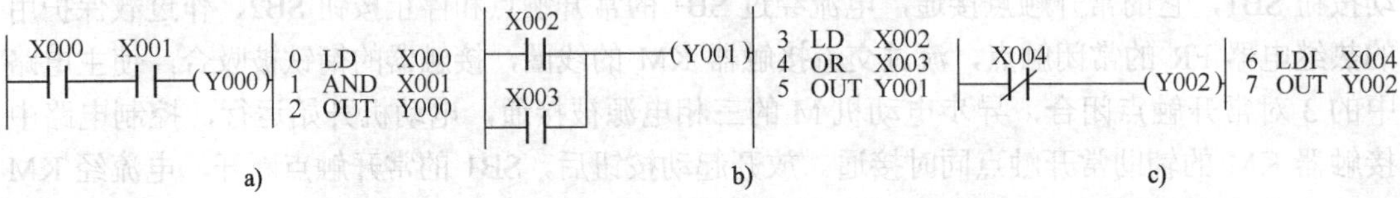

图 1-4 逻辑运算
a) 与运算　b) 或运算　c) 非运算

表 1-1　逻辑运算关系表

与			或			非	
$Y0 = X0 \cdot X1$			$Y1 = X2 + X3$			$Y2 = \overline{X4}$	
X0	X1	Y0	X2	X3	Y1	X4	Y2
0	0	0	0	0	0	0	1
0	1	0	0	1	1	1	0
1	0	0	1	0	1		
1	1	1	1	1	1		

图 1-4 各梯形图的右边是对应的指令表程序。单击工具条上的按钮，可以在梯形图和指令表显示方式之间切换。

多个触点的串、并联电路可以实现复杂的逻辑运算，图 1-3 中的继电器电路实现的逻辑运算可以用逻辑代数表达式表示为

$$KM = (SB1 + KM) \cdot \overline{SB2} \cdot \overline{FR}$$

与普通算术运算"先乘除后加减"类似，逻辑运算的规则为先"与"后"或"。为了先作"或"运算（触点的并联），上式用括号将"或"运算式括起来，括号中的"或"运算优先执行。

1.2.3　PLC 的工作原理

1. 扫描工作方式

PLC 有两种工作模式，即运行（RUN）模式与停止（STOP）模式。在运行模式中，PLC 通过反复执行反映控制要求的用户程序来实现控制功能。为了使 PLC 的输出及时地响应随时可能变化的输入信号，用户程序不是只执行一次，而是不断地重复执行，直至 PLC 停机或切换到 STOP 工作模式。

6

除了执行用户程序之外，在每次循环过程中，PLC 还要完成内部处理、通信服务等工作，一次循环分为 5 个阶段（见图 1-5）。PLC 的这种周而复始的循环工作方式称为扫描工作方式。由于计算机执行指令的速度极高，从外部输入-输出关系来看，处理过程似乎是同时完成的。

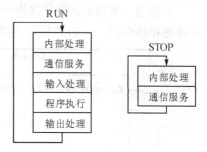

图 1-5 扫描过程

在内部处理阶段，PLC 检查 CPU 模块内部的硬件是否正常，将监控定时器复位，并完成一些其他内部工作。

在通信服务阶段，PLC 与其他带微处理器的控制设备通信，响应编程设备输入的命令，更新编程设备的显示内容。

当 PLC 处于停止（STOP）模式时，只执行以上操作。PLC 处于运行（RUN）模式时，还要完成另外 3 个阶段的操作。

在 PLC 的存储器中，设置了两片区域用来存放输入信号和输出信号的状态，它们分别称为输入映像区和输出映像区。梯形图中的其他软元件也有对应的映像存储区。

在输入处理阶段，PLC 把所有外部输入电路的接通/断开状态读入输入映像区。外部输入电路接通时，对应的输入映像存储器为 1 状态，梯形图中对应的输入继电器的常开触点接通，常闭触点断开。外部输入电路断开时，对应的输入映像存储器为 0 状态，梯形图中对应的输入继电器的常开触点断开，常闭触点接通。

某一软元件对应的映像存储器为 1 状态时，称该软元件为 ON；对应的映像存储器为 0 状态时，称该软元件为 OFF。

在程序执行阶段，即使外部输入电路的状态发生了变化，输入映像存储器的状态也不会随之而变，输入信号变化了的状态只能在下一个扫描周期的输入处理阶段被读入。

PLC 的用户程序由若干条指令组成，指令在存储器中按步序号顺序排列。在没有跳转指令时，CPU 从第一条指令开始，逐条顺序地执行用户程序，直到用户程序结束之处。在执行指令时，从输入映像区或别的软元件映像区中将有关软元件的 0、1 状态读出来，并根据指令的要求执行相应的逻辑运算，运算的结果写入对应的软元件映像存储器中，因此，各软元件映像区（输入映像区除外）的内容随着程序的执行而变化。

在输出处理阶段，CPU 将输出映像存储器的 0、1 状态传送到输出锁存器。梯形图中某一输出继电器的线圈"通电"时，对应的输出映像存储器为 ON。信号经输出模块隔离和功率放大后，继电器型输出模块中对应的硬件继电器的线圈通电，其常开触点闭合，使外部负载通电工作。若梯形图中输出继电器的线圈"断电"，对应的输出映像存储器为 OFF，在输出处理阶段之后，继电器型输出模块中对应的硬件继电器的线圈断电，其常开触点断开，外部负载断电，停止工作。

2. 扫描周期

PLC 在 RUN 模式时，执行一次图 1-5 所示的扫描操作所需的时间称为扫描周期，其典型值约为 10~100ms。扫描周期与用户程序的长短、指令的种类和 CPU 执行指令的速度有很大的关系。当用户程序较长时，指令执行时间在扫描周期中占相当大的比例，可以用编程软件读取扫描周期的当前值、最大值和最小值。

3．PLC 的工作原理

下面用一个简单的例子来进一步说明 PLC 的扫描工作过程。图 1-6 给出了 PLC 的外部接线图和梯形图，该 PLC 控制系统与图 1-3 所示的继电器电路的功能相同。

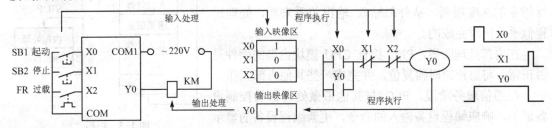

图 1-6　PLC 外部接线图与梯形图

起动按钮 SB1、停止按钮 SB2 和热继电器 FR 的常开触点分别接在编号为 X0～X2 的 PLC 的输入端，交流接触器 KM 的线圈接在编号为 Y0 的 PLC 的输出端。图的中间是这 4 个输入/输出变量对应的输入/输出映像存储器和梯形图。但是应注意，梯形图是一种软件，是 PLC 图形化的程序。梯形图中的输入继电器 X0 与接在输入端子 X0 的 SB1 的常开触点和输入映像存储器 X0 相对应，输出继电器 Y0 与输出映像存储器 Y0 和接在输出端子 Y0 的 PLC 内部的输出电路相对应。

梯形图以指令的形式储存在 PLC 的用户程序存储器中，图 1-6 中的梯形图与下面 5 条指令对应，"//"之后是该指令的注释。

LD	X0	//接在左侧母线上的 X0 的常开触点
OR	Y0	//与 X0 的常开触点并联的 Y0 的常开触点
ANI	X1	//与并联电路串联的 X1 的常闭触点
ANI	X2	//串联的 X2 的常闭触点
OUT	Y0	//Y0 的线圈

图 1-6 中的梯形图完成的逻辑运算为

$$Y0 = (X0 + Y0) \cdot \overline{X1} \cdot \overline{X2}$$

在输入处理阶段，CPU 将 SB1、SB2 和 FR 的常开触点的状态读入相应的输入映像存储器，外部触点接通时存入的是二进制数 1，反之存入二进制数 0。

执行第 1 条指令时，从 X0 对应的输入映像存储器中取出二进制数并保存起来。

执行第 2 条指令时，取出 Y0 对应的输出映像存储器中的二进制数，与 X0 对应的二进制数作"或"运算，电路的并联对应"或"运算，运算结果被暂时保存。

执行第 3 条和第 4 条指令时，分别取出 X1 或 X2 对应的输入映像存储器中的二进制数，因为是常闭触点，自动取反（作"非"运算，即 1→0，0→1）以后与前面的运算结果作"与"运算，运算结果被暂时保存。电路的串联对应于"与"运算。

执行第 5 条指令时，将二进制数运算结果送入 Y0 对应的输出映像存储器。

在输出处理阶段，CPU 将各输出映像存储器中的二进制数传送给输出模块并锁存起来，如果 Y0 对应的输出映像存储器存放的是二进制数 1，则外接的负载线圈将通电，反之将断电。

如果读入到输入映像存储器 X0～X2 的二进制数均为 0，则在程序执行阶段，经过上

8

述逻辑运算过程之后，Y0 为 0，使 KM 的线圈处于断电状态。按下起动按钮 SB1，X0 变为 ON，经逻辑运算后 Y0 变为 ON。在输出处理阶段，将 Y0 对应的输出映像存储器中的二进制数 1 送给输出模块，PLC 内 Y0 对应的物理继电器的常开触点接通，接触器 KM 的线圈通电。

4．输入/输出滞后时间

输入/输出滞后时间又称为系统响应时间，是指 PLC 的外部输入信号发生变化的时刻至它控制的有关外部输出信号发生变化的时刻之间的时间间隔，它由输入电路滤波时间、输出电路的滞后时间和因扫描工作方式产生的滞后时间这 3 部分组成。

输入模块的 RC 滤波电路用来滤除由输入端引入的干扰噪声，消除因外接输入触点动作时产生的抖动引起的不良影响，滤波电路的时间常数决定了输入滤波时间的长短，其典型值为 10ms 左右。

输出模块的滞后时间与模块的类型有关，继电器型输出电路的滞后时间一般在 10ms 左右；双向晶闸管型输出电路在负载通电时的滞后时间约为 1ms，负载由通电到断电的最大滞后时间为 10ms；晶体管型输出电路的滞后时间小于 0.2ms。

由扫描工作方式引起的滞后时间最长可达两、三个扫描周期。

PLC 总的响应延迟时间一般只有几十毫秒，对于一般的系统是无关紧要的。要求输入/输出信号之间的滞后时间尽量短的系统，可以选用扫描速度快的 PLC 或采取中断等措施。可以用输入/输出刷新指令 REF（FNC 50）来立即输入最新的外部输入电路的状态，或将逻辑运算结果立即输出给外部负载。

1.3 习题

1．填空

1）PLC 主要由_____、_____、_____和_____组成。

2）继电器的线圈断电时，其常开触点_____，常闭触点_____。

3）外部输入电路接通时，对应的输入映像存储器为____状态，梯形图中对应的输入继电器的常开触点_____，常闭触点_____。

4）若梯形图中输出继电器的线圈"通电"，对应的输出映像存储器为____状态，在输出处理阶段后，继电器型输出模块中对应的硬件继电器的线圈_____，其常开触点_____，外部负载_____。

2．简述 PLC 的定义。

3．PLC 可以用在哪些领域？

4．PLC 有哪些主要特点？

5．与继电器控制系统相比，PLC 有哪些优点？

6．简述 PLC 的扫描工作过程。

7．在梯形图中，同一软元件的常开触点或常闭触点使用的次数为什么没有限制？

第2章 FX系列PLC的硬件与编程软件使用入门

2.1 FX系列PLC的硬件结构

1. 基本单元、扩展单元和扩展模块

FX系列PLC采用整体式结构,提供多种不同I/O点数的基本单元、扩展单元、扩展模块、功能扩展板和特殊适配器供用户选用。基本单元内有CPU、输入/输出电路和电源,扩展单元内只有输入/输出电路和电源,基本单元和扩展单元之间用扁平电缆连接。选择不同的硬件组合,可以组成不同I/O点数和不同功能的控制系统,满足用户的不同需要。FX系列的硬件配置就像模块式PLC那样灵活。因为它的基本单元采用整体式结构,最多有128个I/O点,所以具有比模块式PLC更高的性能价格比。

所有的基本单元上都有一个RS-422编程接口和RUN/STOP开关,FX$_{3G}$还集成了一个USB接口。FX$_{1S}$、FX$_{1N}$和FX$_{3G}$系列PLC有两个内置的设置参数用的小电位器,FX$_{2N}$和FX$_{3U}$系列可以选用有8个小电位器的功能扩展板。

2. 功能扩展板与显示模块

功能扩展板的价格非常便宜。用户可以将一块或两块(与CPU型号有关)功能扩展板安装在基本单元内,不需要外部的安装空间。功能扩展板有以下品种:4点开关量输入板,两点开关量晶体管输出板,两路模拟量输入板,1路模拟量输出板,8点电位器板,RS-232C、RS-485、RS-422通信板,和FX$_{3U}$的USB通信板。

通过通信扩展板或特殊适配器,FX可以实现多种通信和数据链接,例如与RS-232C和RS-485设备的通信、计算机链接通信、FX系列PLC之间的简易链接和并联链接通信。

微型设定显示模块FX$_{1N}$-5DM、FX$_{3G}$-5DM和FX$_{3U}$-7DM的价格便宜,可以直接安装在基本单元上,它们可以显示实时钟的当前时间和错误信息,可以对定时器、计数器和数据寄存器等进行监视,对设定值进行修改。

3. 特殊模块

FX系列有很多特殊模块,例如模拟量输入/输出模块、热电阻/热电偶温度传感器输入模块、高速计数器模块、脉冲输出模块、定位单元/模块、可编程凸轮开关模块、CC-Link主站模块、CC-Link远程设备站模块、CC-Link智能设备站模块、CC-Link/LT主站模块、远程I/O系统主站模块、AS-i主站模块、RS-232C通信接口模块、RS-232C通信适配器、RS-485通信适配器和通信模块等。

4. 存储器

PLC的核心是CPU模块,后者主要由CPU芯片和存储器组成。PLC的存储器分为系统程序存储器和用户程序存储器。系统程序相当于个人计算机的操作系统,它使PLC具有基本的智能,能完成PLC设计者规定的各种工作。系统程序由PLC生产厂家设计并固化在

ROM 内，用户不能读取。

PLC 的用户程序由用户设计，它决定了 PLC 的输入信号与输出信号之间的具体关系。FX 系列将用户程序存储器的单位称为步。

PLC 常用以下几种存储器：

（1）随机访问存储器（RAM）

可以用编程软件读出 RAM 中的用户程序或数据，也可以将用户程序和运行时的数据写入 RAM。它是易失性的存储器，RAM 芯片断电后，储存的信息将会丢失。

RAM 的工作速度高，价格低，改写方便。FX_{2N}、FX_{2NC}、FX_{3U} 和 FX_{3UC} 用 RAM 来储存用户程序。为了在 PLC 断电后保存 RAM 中的用户程序和数据，专门为 RAM 配备了一个锂电池。锂电池可以用 2～5 年，使用寿命与环境温度有关。需要更换锂电池时，PLC 面板上的"电池电压过低"发光二极管亮，同时特殊辅助继电器 M8005 的常开触点接通，可以用它来接通控制屏面板上的指示灯或声光报警器，通知用户及时更换锂电池。

（2）只读存储器（ROM）

ROM 的内容只能读出，不能写入。它是非易失的，即它的电源消失后也能保存储存的内容。ROM 用来存放 PLC 的系统程序。

（3）可电擦除的 EPROM（E^2PROM）

E^2PROM 是非易失性的，也可以改写它的内容，兼有 ROM 的非易失性和 RAM 的随机读/写的优点，但是写入数据所需的时间比 RAM 长得多。

FX_{1S}、FX_{1N} 和 FX_{3G} 等系列使用 E^2PROM 来保存用户程序，不需要定期更换锂电池，成为几乎不需要维护的计算机控制设备。

FX_{2N}、FX_{3U} 等系列可以用安装在基本单元内的存储器盒来扩展存储器容量。E^2PROM 盒可写 10000 次以上。PLC 安装了存储器盒后，它将取代内置 RAM 优先动作。

2.2 FX 系列 PLC 的性能简介

2.2.1 FX 各子系列的性能简介

1. FX 系列产品型号的命名方法

FX 系列产品型号名称的含义如下（见图 2-1）：

① 子系列名称，例如 FX_{2N}、FX_{3G} 等。

② 开关量输入、开关量输出点的总点数。

③ 单元类型，M 为基本单元，E 为输入/输出混合扩展单元与扩展模块，EX 为输入扩展模块，EY 为输出扩展模块。

图 2-1　FX 系列产品的型号

④ 输出形式，R 为继电器输出，T 为晶体管输出，S 为双向晶闸管输出。

⑤ 连接形式，T 为 FX_{2NC} 的端子排方式，LT(-2)为内置于 FX_{3UC} 的 CC-Link/LT 主站功能。

⑥与⑧为电源和输入/输出类型等特性。例如无标记为 AC 电源、漏型输出；D 为 DC 电源、漏型输入/输出。详见《FX 系列选型指南》。

⑦ 的 UL 表示符合 UL 标准（一种安全认证标准）。

例如 FX_{1N}-60MT-D 属于 FX_{1N} 系列，是有 60 个 I/O 点的基本单元，晶体管输出型，DC 电源、漏型输入/输出型。

2．FX 系列的子系列

经过不断的更新换代，《FX 系列选型指南》中保留的老产品还有 FX_{1S}、FX_{1N}、FX_{2N}、FX_{2NC} 和 FX_{1NC} 等子系列，它们在国内有很大的保有量。

FX_{3U}、FX_{3UC} 和 FX_{3G} 系列是三菱电机第三代微型 PLC，性能有大幅度的提高。FX_{3U}、FX_{3UC} 是 FX_{2N} 和 FX_{2NC} 系列的升级产品，FX_{3G} 是 FX_{1N} 系列的升级产品。FX_{2N} 的基本单元、选件、周边设备和部分扩展模块已于 2012 年 4 月停产，可以用 FX_{3U} 的对应产品代替，新老产品的价格基本上相同。

3．FX 系列的共同性能规格

1）采用反复执行存储程序的运算方式，有中断功能和恒定扫描功能。

2）输入/输出控制方式为执行 END 指令时的批处理方式，有输入/输出刷新指令。

3）编程语言为梯形图和指令表，可以用步进梯形指令或 SFC（顺序功能图）来生成顺序控制程序。FX 系列有运行中变更程序的功能。

4）FX_{1S}、FX_{1N}、FX_{1NC}、FX_{2N} 和 FX_{2NC} 有 27 条顺控指令，两条步进梯形指令。FX_{3G}、FX_{3U} 和 FX_{3UC} 增加了两条顺控指令。主控指令最多嵌套 8 层（N0～N7）。

5）有 16 位变址寄存器 V0～V7 和 Z0～Z7。16 位十进制常数（K）的范围为−32768～+32767，32 位常数的范围为−2147483648～+2147483647。

6）FX_{1S}、FX_{1N}、FX_{1NC}、FX_{2N} 和 FX_{2NC} 有 256 点特殊辅助继电器和 256 点特殊数据寄存器。FX_{3G}、FX_{3U} 和 FX_{3UC} 有 512 点特殊辅助继电器和 512 点特殊数据寄存器。

7）基本单元的右侧可连接输入/输出扩展模块和特殊功能模块（FX_{1S} 除外），基本单元输入回路的电源电压一般为 DC 24V。

8）各系列均有内置的实时时钟和 RUN/STOP 开关。

9）有 6 点输入中断和脉冲捕捉功能，有输入滤波器调整功能。可以同时使用 C235～C255 中的 6 点 32 位高速计数器。

10）可以用功能扩展板来扩展 RS-232C、RS-485、RS-422 接口，可以实现 N:N 链接（PLC 之间的简易链接）、并联链接、计算机链接通信。除了 FX_{1S}，均可以实现 CC-Link、CC-Link/LT 和 MELSEC-I/O 链接通信。

FX 系列的简要性能规格见表 2-1。

表 2-1　FX 系列的简要性能规格

项　目	FX_{1S}	FX_{1N}	FX_{1NC}	FX_{2N}	FX_{2NC}	FX_{3G}	FX_{3U}	FX_{3UC}
内置 RAM 存储器/K 步	—	—	—	8	8	—	64	64
可扩展 RAM 存储器/K 步				16	16		64	64
内置 E^2PROM 存储器/K 步	2	8	8	—	—	32		
可扩展 E^2PROM 存储器/K 步	2	8	8			32		
应用指令/种	85	89	89	132	132	112	209	209
每条基本指令处理速度/μs	0.55～0.7	0.55～0.7	0.55～0.7	0.08	0.08	0.21	0.065	0.065

项　　目	FX$_{1S}$	FX$_{1N}$	FX$_{1NC}$	FX$_{2N}$	FX$_{2NC}$	FX$_{3G}$	FX$_{3U}$	FX$_{3UC}$
内置定位功能	2 轴独立					3 轴独立		
输入/输出/点	10～30	14～128	14～128	16～256	16～256	14～256	16～384	16～384
模拟电位器/点	2	2	2	—	—	2	—	—
辅助继电器/点	512	1536	1536	3072	3072	7680	7680	7680
状态/点	128	1000	1000	1000	1000	4096	4096	4096
定时器/点	64	256	256	256	256	320	512	512
16 位计数器/点	32	200	200	200	200	200	200	200
32 位计数器/点	—	35	35	35	35	35	35	35
高速计数器最高计数频率/kHz	60	60	60	60	60	60	200	100
数据寄存器/点	256	8000	8000	8000	8000	8000	8000	8000
16 位扩展寄存器/点	—	—	—	—	—	24000	32768	32768
16 位扩展文件寄存器/点	—	—	—	—	—	24000	32768	32768
CJ、CALL 指令用指针/点	64	128	128	128	128	2048	4096	4096
定时器中断指针/点	—	—	—	3	3	3	3	3
计数器中断指针/点	—	—	—	6	6	—	6	6

2.2.2　FX$_{1S}$、FX$_{1N}$、FX$_{1NC}$、FX$_{2N}$ 与 FX$_{2NC}$ 系列

1. FX$_{1S}$ 系列

FX$_{1S}$ 系列 PLC 是用于极小规模系统的超小型低成本 PLC。该系列有输入/输出分别为 6/4 点、8/6 点、12/8 点和 16/14 点的基本单元，有交流电源型和直流电源型、继电器输出型和晶体管输出型，可以同时输出 2 点 60kHz 的高速脉冲。

FX$_{1S}$ 内可以安装一块 I/O 点扩展板、串行通信扩展板或模拟量扩展板，同时还可以安装 FX$_{1N}$-5DM 显示模块和扩展板。FX$_{1S}$ 不能使用扩展模块和特殊模块。

2. FX$_{1N}$ 系列

FX$_{1N}$ 系列 PLC 有输入/输出分别为 8/6 点、14/10 点、24/16 点和 36/24 点的基本单元，有交流电源型和直流电源型（14 点的只有交流电源型）、继电器输出型和晶体管输出型，可以组成最多 128 个 I/O 点的系统。

FX$_{1N}$ 可以使用扩展模块和特殊功能模块、FX$_{1N}$-5DM 显示模块和功能扩展板。一个单元可以同时输出 2 点 60kHz 的高速脉冲。

3. FX$_{1NC}$ 系列

FX$_{1NC}$、FX$_{2NC}$ 和 FX$_{3UC}$ 的输入/输出为连接器型，它们属于紧凑型标准机型，具有很高的性能体积比。其他机型的输入/输出为端子排型，接线方便。

FX$_{1N}$ 和 FX$_{1NC}$ 的性能规格基本上相同。FX$_{1NC}$ 有输入/输出分别为 8/8 点、16/16 点的基本单元，只有直流电源晶体管输出型，I/O 点数最多可以扩展到 128 点，不能安装显示模块和功能扩展板。

4. FX$_{2N}$ 系列

FX$_{2N}$（见图 2-2）系列有输入/输出分别为 8/8 点、16/16 点、24/24 点、32/32 点、40/40

点和 64/64 点的基本单元，最多可扩展到 256 个 I/O 点。有继电器输出型、双向晶闸管输出型（仅交流电源型）和晶体管输出型。16 点和 128 的基本单元只有交流电源型，其他点数的基本单元有交流电源型，也有直流电源型。基本单元一般为直流输入，还有 16 点、32 点、48 点和 64 点的交流电源/交流输入/继电器输出的基本单元。

图 2-2　FX₂N 系列 PLC

FX₂N 系列有多种 I/O 扩展单元和 I/O 扩展模块、特殊功能模块和功能扩展板。每个FX₂N 基本单元可以扩展 8 个特殊单元，不能安装功能扩展板和显示模块。

5. FX₂NC 系列

FX₂NC 和 FX₂N 的性能指标基本上相同，最多可扩展到 256 个 I/O 点，连接 4 个特殊功能模块。FX₂NC 系列可以使用 FX₀N 和 FX₂N 的扩展模块，不能安装显示模块和功能扩展板。

FX₂NC 有 16 点、32 点、64 点和 96 点直流电源晶体管输出的基本单元，16 点的还有继电器输出型。

2.2.3　FX₃G、FX₃U 和 FX₃UC 系列

1. 第三代 PLC 的特点

FX₃G、FX₃U 和 FX₃UC 系列 PLC 有很好的扩展性，独具双总线扩展方式。使用左侧总线可连接最多 4 台模拟量适配器和通信适配器，数据传输效率高。右侧总线则充分考虑到与原有系统的兼容性，可连接 FX₂N 系列的 I/O 扩展模块和特殊功能模块。基本单元上可安装一块或两块功能扩展板（与型号有关），可以根据客户的需要组合出性价比最高的控制系统。存储器容量和软元件的数量有较大幅度的提高（见表 2-1），增加了大量的指令。

2. FX₃G 系列

FX₃G（见图 2-3）是 FX₁N 的升级产品，基本单元集成有 RS-422 和 USB 通信接口。

该系列有输入/输出分别为 8/6 点、14/10点、24/16 点和 36/24 点的基本单元，只有交流电源型，有继电器输出、晶体管源型输出型和漏型输出型。最多 256 个 I/O 点（包括 128 点CC-LINK 网络 I/O），基本单元左侧最多可连接4 台 FX₃U 特殊适配器。

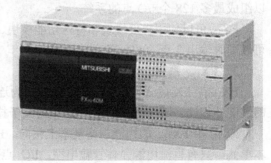

图 2-3　FX₃G 的基本单元

程序容量为 32K 步，基本指令处理速度达 0.21μs。新增的 64 个 1ms 定时器使定时更加

精确，状态的点数是 FX_{1N} 的 4 倍，辅助继电器的点数是 FX_{1N} 的 5 倍。

通过内置的 RS-422/USB 通信接口、用于通信的功能扩展板、特殊适配器和特殊功能模块，可实现编程通信、简易 PC 间链接、并联链接、计算机链接、变频器通信、无协议通信、CC-Link 和 CC-Link/LT 通信。

可以设置两级密码，即设置设备制造商和最终用户的访问权限，每级 16 个字符。增加了"无关键字程序保护"设定，即使知道设备制造商密码也不能读取 PLC 中的程序。

3. FX_{3U} 系列

（1）FX_{3U} 系列的基本单元

FX_{3U} 有输入/输出分别为 8/8 点、16/16 点、24/24 点、32/32 点、40/40 点和 64/64 点的基本单元；最多可以扩展到 384 个 I/O 点（包括通过 CC-LINK 扩展的远程 I/O 点）；有交流电源型和直流电源型（128 点的只有交流电源型）；有继电器输出、晶体管源型输出型和漏型输出型；可连接 FX_{0N}、FX_{2N} 和 FX_{3U} 系列的特殊单元和特殊模块。

（2）FX_{3U} 的高速计数与定位功能

FX_{3U} 系列有高速输入、高速输出适配器、7 种模拟量输入/输出和温度输入适配器，这些适配器不占用系统点数，使用方便。

FX_{3U} 晶体管输出型基本单元内置 6 点可以同时达到 100kHz 的高速计数器，此外还有两点 10kHz 和两点 2 相 50kHz 的高速计数器。内置 3 轴独立最高 100kHz 的定位功能，可以同时输出最高 100kHz 的脉冲。增加了几条新的定位指令，使定位控制功能更强，使用更为方便。加上高速输出适配器，可以实现最多 4 轴、最高 200kHz 的定位控制。使用高速输入适配器可以实现最高 200kHz 的高速计数。

（3）FX_{3U} 系列的模拟量控制功能

FX_{3U} 最多可以连接 4 个模拟量输入/输出和温度输入适配器。带符号位的 16 位高分辨率 A/D 转换模块的转换时间缩短到 500μs。与 FX_{2N} 相比，转换速度提高了近 30 倍，基本单元与 A/D 转换模块之间的数据传输速度提高了 3～9 倍。A/D 转换模块除了常规的数字滤波功能外，还有峰值保持、数据加法、突变检测和自动传送数据寄存器等功能，每个通道可以记录 1700 次 A/D 转换值。模拟量数据可以自动更新，不需要使用 FROM/TO 指令。

（4）FX_{3U} 系列的通信功能

FX_{3U} 系列增强了通信功能，最多可以同时使用 3 个通信口（包括编程口、功能扩展板和通信适配器），最多可以连接两个通信适配器；可以使用带 RS-232C、RS-485 和 USB 接口的通信功能扩展版；可以通过内置的编程口连接计算机或 GOT 1000 系列人机界面，实现 115.2kbit/s 的高速通信；通过 RS-485 通信接口，FX_{3UC} 可以控制 8 台三菱的变频器，并且能修改变频器的参数，执行各种指令。

（5）FX_{3U} 系列的显示模块

FX_{3U} 系列可以选装单色 STN 液晶显示模块 FX_{3U}-7DM，最多能显示 4 行，每行 16 个字符或 8 个汉字。该模块可以进行软元件的监控、测试、时钟的设定、存储器盒与内置 RAM 之间程序的传送、比较等操作；可以将该显示模块安装在基本单元上或控制柜的面板上。

4. FX_{3UC} 系列

FX_{3UC} 有输入/输出分别为 8/8 点、16/16 点、32/32 点和 48/48 点的基本单元；FX_{3UC} 内置了 CC-Link 主站单元的功能，通过 CC-Link 网络最多可以扩展到 384 个 I/O 点；只有直流电源型，有直流漏型输入、晶体管漏型输出的组合型，还有直流源型/漏型输入、晶体管源型输出的组合型；可安装显示模块。

2.3 I/O 模块与特殊功能模块

2.3.1 开关量输入电路与开关量输出电路

1. 开关量输入电路

图 2-4 和图 2-5 分别是直流输入电路和交流输入电路的示意图。PLC 可以为接近开关、光电开关等电子传感器提供 24V 电源，可以用外接的触点或 NPN 集电极开路晶体管提供输入信号。图 2-4 中 PLC 外部的小方框内是传感器输出电路的示意图，COM 是 PLC 内各输入电路的公共端子。表 2-2 给出了某型号 FX 系列 PLC 的输入技术指标。

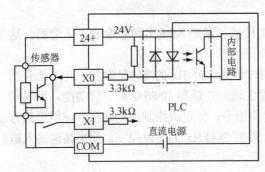

图 2-4 直流输入电路示意图

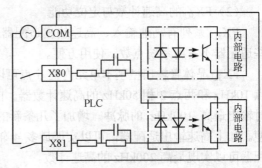

图 2-5 交流输入电路示意图

表 2-2 FX 系列 PLC 的输入技术指标

技术指标	参　数	
输入电压	DC 24V±10%	
元件号	X0～X7	其余输入点
输入信号电压	DC 24V±10%	
输入信号电流	DC 24V，7mA	DC 24V，5mA
OFF→ON 的输入电流	>4.5mA	>3.5mA
ON→OFF 的输入电流	<1.5mA	
输入响应时间	10ms	
输入信号形式	无电压触点，或 NPN 集电极开路输出晶体管	
输入状态显示	输入 ON 时 LED 灯亮	

当图 2-4 中的外接触点接通或图中的 NPN 型晶体管饱和导通时，电流经 24V 电源的正极、发光二极管、3.3kΩ电阻、X0 等输入端子和外部的触点或传感器的输出晶体管，从 COM 端子流回 24V 直流电源的负极，使光耦合器中两个反并联的发光二极管中的一个发光，光敏晶体管饱和导通，CPU 在输入阶段读入的是二进制数 1；外接触点断开或传感器的输出晶体管处于截止状态时，光耦合器中的发光二极管熄灭，光敏晶体管截止，CPU 读入的是二进制数 0。

16

当图 2-5 中的交流输入电路的外接触点接通时，电流经反并联的两个发光二极管和阻容元件形成通路，光敏晶体管饱和导通，CPU 读入的是二进制数 1；反之读入的是二进制数 0。

输入电路有 RC 滤波电路，以防止由于输入触点抖动或外部干扰脉冲引起错误的输入信号。基本单元的 X0～X17 有内置的数字滤波器，可以用特殊数据寄存器 D8020 或应用指令 REFE 调节它们的滤波时间。X20 开始的输入继电器的滤波电路的延迟时间固定为 10ms。

2. 开关量输出电路

输出模块的功率放大元件有驱动直流负载的大功率晶体管和场效应晶体管、驱动交流负载的双向晶闸管，以及既可以驱动交流负载又可以驱动直流负载的小型继电器。输出电流的典型值为 0.3～2A，负载电源由外部现场提供。

FX 系列 PLC 的输出点分为若干组，每一组各输出点的公共点名称为 COM1、COM2 等，某些组可能只有一点。各组可以分别使用各自不同类型的电源。如果几组共用一个电源，则应将它们的公共点连接到一起。

图 2-6 是继电器输出电路。梯形图中输出继电器的线圈"通电"时，内部电路使继电器的线圈通电，它的常开触点闭合，使外部负载得电工作。继电器同时起隔离和功率放大作用，每一路只提供一对常开触点。与触点并联的 RC 电路用来消除触点断开时产生的电弧，以减轻它对 CPU 的干扰。

图 2-7 是晶体管集电极输出电路，各组的公共点接外部直流电源的负极。输出信号送给内部电路中的输出锁存器，再经光耦合器送给输出晶体管，后者的饱和导通状态和截止状态相当于触点的接通和断开。图中的稳压管用来抑制关断过电压和外部的浪涌电压，以保护晶体管。场效应晶体管输出电路的结构与晶体管输出电路基本上相同。表 2-3 给出了某些型号 PLC 的输出技术指标，各型号具体的参数请查阅硬件手册。

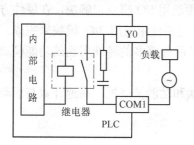

图 2-6　继电器输出电路

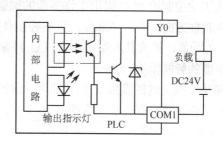

图 2-7　晶体管集电极输出电路

表 2-3　FX 系列 PLC 的输出技术指标

项目		继电器输出	双向晶闸管输出	晶体管输出
	外部电源	最大 AC 240V 或 DC 30V	AC 85～242V	DC 5～30V
最大负载	电阻负载	2A/1 点，8A/公共点	0.3A/1 点，0.8A/公共点	0.5A/1 点，0.8A/4 点，1.6A/8 点
	感性负载	80VA，AC 240V	36VA，AC 240V	1 点/公共端，12W，DC 24V
	灯负载	100W	30W	FX$_{1S}$ 为 0.9W/DC 24V，其他系列 1.5W/DC 24V
	最小负载	电压<DC 5V 时 2mA	2.3VA，AC 240V	—

项　目		继电器输出	双向晶闸管输出	晶体管输出
响应时间	OFF→ON	10ms	1ms	Y0、Y1、3系列的 Y2 < 5μs，其余各点<0.2ms
	ON→OFF	10ms	10ms	Y0、Y1、3系列的 Y2 < 5μs，其余各点<0.2ms
开路漏电流		—	2.4mA，AC 240V	0.1mA，DC 30V
电路隔离		继电器隔离	光敏晶闸管隔离	光耦合器隔离

除了上述两种输出电路外，FX$_{2N}$还有双向晶闸管输出电路，它用光敏晶闸管实现隔离。

除了输入模块和输出模块，还有既有输入电路又有输出电路的模块，输入、输出的点数一般相同。

开关量输出点的输出电流额定值与负载的性质有关，例如 FX$_{2N}$ 系列的继电器输出模块可以驱动 2A/AC 220V 的电阻性负载，但是只能驱动 80VA/AC 220V 的电感性负载和 100W 的白炽灯。开关量输出点的额定输出电流还与温度有关，温度升高时额定输出电流减小，有的 PLC 提供了有关的曲线。

由于散热的原因，有的输出模块对同一个公共点（COM 点）的几个输出点的总电流也有限制，例如晶体管输出模块的额定输出电流是 0.5A/点，每 4 点 1 组的总电流为 0.8A。

继电器型输出模块的工作电压范围广，触点的导通压降小，承受瞬时过电压和瞬时过电流的能力较强，但是动作速度较慢，触点寿命（动作次数）有一定的限制。如果负载的通断状态变化不是很频繁，建议优先选用继电器型输出模块。

晶体管型与双向晶闸管型输出模块分别用于直流负载和交流负载，它们的可靠性高，反应速度快，寿命长，但是过载能力稍差。

2.3.2　特殊功能模块

现代工业控制给 PLC 提出了许多新的课题，仅用通用 I/O 模块来解决，在硬件方面费用太高，在软件方面编程相当麻烦，某些控制任务甚至无法使用通用 I/O 模块来完成。为了增强 PLC 的功能，扩大其应用范围，PLC 厂家开发了品种繁多的特殊用途的功能模块，包括带微处理器的智能模块。

特殊功能模块包括模拟量 I/O 模块、通信用模块和功能扩展板、高速计数与运动控制模块，前两类模块将在有关章节介绍。

1. 高速计数模块

PLC 梯形图程序中的计数器的最高工作频率受扫描周期的限制，一般仅有几十赫兹。在工业控制中，有时要求 PLC 有高速计数功能，计数脉冲可能来自旋转编码器、机械开关或电子开关。FX 系列的基本单元有高速计数功能，此外还可以使用高速计数模块。它们可以对几十千赫兹甚至上百千赫兹的脉冲计数，大多有一个或几个开关量输出点，计数器的当前值等于或大于设定值时，可以通过中断程序及时地改变开关量输出的状态。这一过程与 PLC 的扫描过程无关，可以保证负载被及时驱动。

FX$_{2N}$ 的高速计数模块 FX$_{2N}$-1HC 有 1 个高速计数器，用于单相/双相最高 50kHz 的高速计数，通过外部输入信号或 PLC 的程序，可以使计数器复位或启动计数过程。

2．FX₂N-1PG 脉冲输出模块

FX$_{2N}$-1PG 有定位控制的 7 种操作模式。一个模块控制一个轴，FX$_{2N}$ 系列 PLC 可以连接 8 个模块，控制 8 个单独的轴。输出脉冲频率可达 100kHz，可以选择输出加脉冲、减脉冲和有方向的脉冲。

3．FX₂N-10PG 脉冲输出模块

FX$_{2N}$ 系列 PLC 可以连接 8 个模块，输出脉冲频率最高 1MHz，最小启动时间为 1ms，定位期间有最优速度控制和近似 S 型的加减速控制，可以接收最高 30kHz 的外部脉冲输入，表格操作使多点定位编程更为方便。

4．FX₂N-10GM 和 FX-20GM 定位单元

FX$_{2N}$-10GM 是单轴定位单元，FX-20GM 是双轴定位单元，可以执行直线插补、圆弧插补，或独立双轴控制，可以脱离 PLC 独立工作；有绝对位置检测功能和手动脉冲发生器连接功能，具有流程图的编程软件使程序设计可视化；最高输出频率为 200kHz，FX-20GM 插补时为 100kHz。

5．FX₂N-1RM-SET 可编程凸轮控制单元

在机械控制系统中常用机械式凸轮开关来接通或断开外部负载，机械式凸轮开关对加工的精度要求高，运行时易于磨损。

可编程凸轮控制单元 FX$_{2N}$-1RM-SET 可以实现高精度的角度位置检测，可以进行动作角度设定和监视，可以在 E^{2}PROM 中存放 8 种不同的程序。通过连接晶体管扩展模块，最多可以得到 48 点 ON/OFF 输出。

2.4 编程软件与仿真软件使用入门

2.4.1 安装软件

1．对计算机的要求

编程软件 GX Developer V8.86 和仿真软件 GX Simulator V6-C 对计算机硬件没有什么特殊要求。编者曾在 Windows XP SP3 专业版和 32 位的 Windows 7 旗舰版上成功地安装过它们。这两个软件可以在 www.gongyeku.com 网站下载。

2．安装 GX Developer

安装软件之前，建议暂时关闭 360 卫士这类软件。用鼠标双击 "\GX Developer V8.86\SW8D5C-GPPW-C\EnvMEL" 中的 SETUP.EXE，首先安装 MELSOFT 通用环境软件。

用鼠标双击文件夹 "\GX Developer V8.86\SW8D5C-GPPW-C\" 中的 SETUP.EXE，开始安装 GX Developer，出现的小对话框提示关闭所有的应用程序。单击 "确定" 按钮，依次出现 "欢迎" 对话框和 "用户信息" 对话框，可以采用默认的用户信息；单击 "下一个" 按钮，出现的 "注册确认" 对话框显示注册信息；单击 "是" 按钮确认。

在 "输入产品序列号" 对话框（见图 2-8）中输入产品的序列号。结束每个对话框的操作后，单击 "下一个" 按钮，打开下一个对话框。有的对话框没有什么操作，只需要单击 "下一个" 按钮确认。

不要选中 "选择部件" 对话框的 "结构化文本（ST）语言编程功能" 多选框（见图 2-8），

因为 FX 系列不能使用结构化文本（ST）语言。

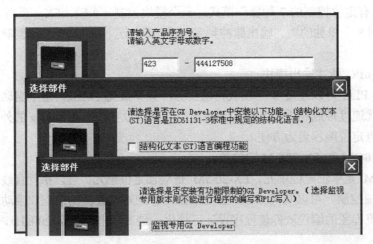

图 2-8　用于设置安装参数的对话框

如果选中"监视专用 GX Developer"多选框，软件只有监视功能，没有编程功能。因此不要选中。

在最后一个"选择部件"对话框（见图 2-9），一般不选择安装"MEDOC 打印文件的读出"和"从 Melsec Medoc 格式导入"。

图 2-9　"选择部件"和"选择目标位置"对话框

单击"选择目标位置"对话框中的"浏览"按钮，可以修改安装软件的目标文件夹。

安装完毕后，单击出现的"信息"对话框中的"确定"按钮，结束安装。

3．安装仿真软件

用鼠标双击"\GX SimulatorV6-C\"文件夹中的文件 SETUP.EXE，开始安装仿真软件。可以在"用户信息"对话框输入用户信息，或采用默认的设置。

在"输入产品 ID 号"对话框（见图 2-10）中输入产品的序列号。结束每个对话框的操作后，单击"下一个"按钮，打开下一个对话框。

图 2-10　"输入产品 ID 号"对话框

单击"选择目标位置"对话框中的"浏览"按钮，可以修改安装软件的目标文件夹。

安装完毕后，单击出现的"信息"对话框中的"确定"按钮，结束安装。

2.4.2 编程软件使用入门

1. GX Developer 的工具条设置

用鼠标双击计算机桌面上的 GX Developer 图标，第一次打开 GX Developer 时的界面如图 2-11 所示，工具条上的按钮被全部显示出来。实际上有的按钮很少使用，可以将它们隐藏起来。

图 2-11　第一次打开 GX Developer 时的界面

执行菜单命令"显示"→"工具条"，单击出现的"工具条"对话框中的某些小圆圈（见图 2-11 中的小图），使之变为空心。单击"确定"按钮，空心小圆圈对应的工具条被关闭。图 2-12 是关闭了部分工具条后的 GX Developer 界面。

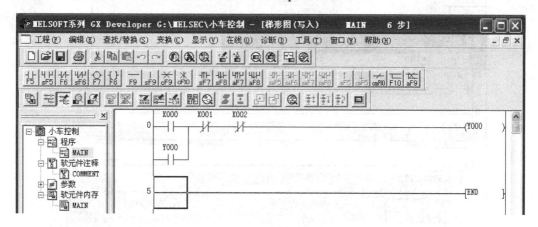

图 2-12　关闭部分工具条后的 GX Developer 界面

2. 创建新项目

单击工具条上的新建项目按钮，或执行菜单命令"工程"→"创建新工程"，打开"创建新工程"对话框（见图 2-13）。用下拉式菜单设置 PLC 的系列和型号。

单击"设置工程名"多选框，多选框内出现"√"，表示要设置工程名。单击"浏览"按钮，设置保存项目的硬盘分区和路径。输入项目（即工程）的名称"入门例程"。

单击"确定"按钮，出现图 2-13 中的小对话框，单击"是"按钮确认，生成一个新项目。新项目的主程序 MAIN 被自动打开。

执行菜单命令"显示"→"工程数据列表"，可以显示或关闭图 2-12 左边的工程数据列表窗口。

3. 输入用户程序

新生成的程序中只有一条结束指令 END（见图 2-14a），深蓝色矩形光标在最左边。此时为默认的"插入"模式。

单击工具条上的常开触点按钮，出现"梯形图输入"对话框（见图 2-14a）。按计算机的〈F5〉键，将执行同样的操作。输入软元件号 X0 后，单击"确定"按钮，或按计算机的〈Enter〉键，指令"END"所在行上面增加了一个新的灰色背景的行，在新增的行最左边出现一个常开触点（见图 2-14b），同时光标自动移到右边下一个软元件的位置。用

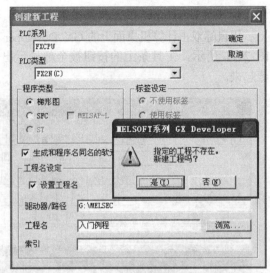

图 2-13 "创建新工程"对话框

同样的方法，单击工具条上的常闭触点按钮和线圈按钮，生成两个串联的常闭触点和一个线圈（见图 2-14c）。单击常开触点下面的区域，将光标移到图 2-14c 中的位置。单击工具条上的按钮，指令"END"所在行上面增加了一个新的灰色背景的行，该行生成一个并联的 Y0 的常开触点（见图 2-14d）。

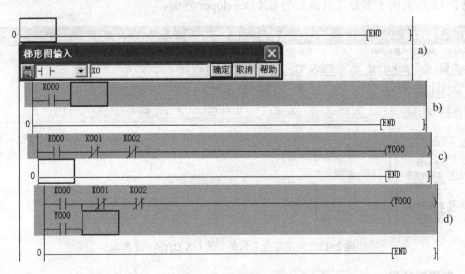

图 2-14 生成梯形图程序

同时按〈Shift〉和〈Insert〉键，或执行菜单命令"编辑"→"行插入"，可以在光标所

在行的上面插入一个新的空白行，然后在新的行添加触点或线圈。

图 2-14d 中的控制电路具有记忆功能，在继电器系统和 PLC 的梯形图中被大量使用，它被称为"起动-保持-停止"电路，或简称为"起保停"电路。

4．程序的变换

单击工具条上的"程序变换/编译"按钮，或执行菜单命令"变换"→"变换"，编程软件对输入的程序进行变换（即编译）。变换操作首先对用户程序进行语法检查，如果没有错误，将用户程序转换为可以下载的代码格式。变换成功后梯形图中灰色的背景消失，图 2-12 中是变换后的梯形图。

如果程序有语法错误，将会显示错误信息。"故意"删除图 2-12 中的线圈，再执行"变换"命令时，将会出现图 2-15 中的提示对话框，同时光标将自动移到出错的位置。

单击工具条上的"程序批量变换/编译"按钮，或执行菜单命令"变换"→"变换（编辑中的全部程序）"，可批量变换所有的程序。

图 2-15 "错误信息"对话框

5．与串联电路并联的触点的画法

若要在某个触点的下面放置与它并联的触点，用户须将矩形光标放在该触点的下面，在"插入"模式单击工具条上的按钮或，被放置的触点与它上面的触点并联。

为了画出图 2-16h 左边 3 个触点的串并联电路，首先画出 3 个串联触点和 Y3 的线圈（见图 2-16a）。将矩形光标放在并联电路右侧垂直线的右边（见图 2-16b），单击工具条上的按钮，画出一根垂直线。将光标放到要放置并联触点的位置（见图 2-16c），单击常闭触点按钮，生成 X6 的常闭触点，光标自动右移一格（见图 2-16d）。单击水平线按钮，生成一条水平线，至此完成了 X6 的触点的并联连接。

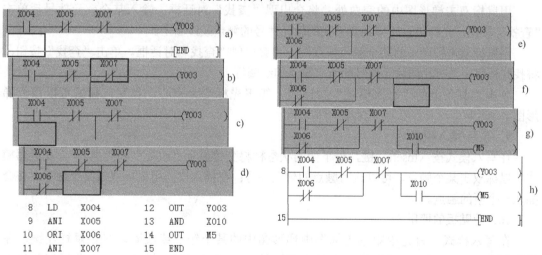

8	LD	X004	12	OUT	Y003
9	ANI	X005	13	AND	X010
10	ORI	X006	14	OUT	M5
11	ANI	X007	15	END	

图 2-16 梯形图的输入过程

用光标选中某一段水平线，单击按钮，可以删除光标内的水平线。将光标放到要删除的垂直线的右侧，垂直线的上端点在光标左侧中间（见图 2-16e），单击按钮，可以删除选中的垂直线。

6. 分支电路的画法

图 2-16h 中有包含两个线圈的分支电路。首先将矩形光标放在图 2-16e 的位置，单击工具条上的按钮，画出一根垂直线。将光标下移一格，使垂直线的下端点在光标左侧中间（见图 2-16f）。依次单击工具条上的常开触点按钮和线圈按钮，生成 X10 的常开触点和 M5 的线圈（见图 2-16g）。最后单击"程序变换/编译"按钮，变换后的梯形图见图 2-16h。图 2-16 左侧下面是图 2-16h 对应的指令表程序。

7. 用画线功能生成分支电路

单击工具条上的"画线输入"按钮，将矩形光标放置到要输入画线的位置（见图 2-17a），按住鼠标左键，通过移动鼠标"拖曳"光标，在梯形图上画出一条折线（见图 2-17b）。改变光标终点的位置，可以改变折线的高度和宽度。再次单击"画线输入"按钮，终止画线操作。单击"划线删除"按钮，"拖曳"光标，可以删除光标经过的折线。

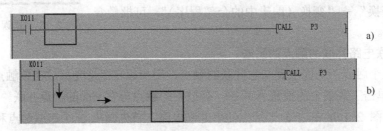

图 2-17 用画线功能生成分支电路

8. 读出/写入模式

单击工具条上的"读出模式"按钮，矩形光标变为实心，此时不能修改梯形图。

用鼠标双击梯形图中的空白处，将会出现"查找"对话框。输入某个软元件号后单击"查找"按钮，光标将自动移到要查找的软元件号的触点或线圈上。

用鼠标双击程序中的某个触点或线圈，将会出现"查找"对话框。单击"查找"按钮，将找到程序中具有相同软元件号的所有触点和线圈等。

单击工具条上的"写入模式"按钮，矩形光标变为空心，在写入模式可以修改梯形图。

9. 改写/插入模式

在写入模式按〈Insert〉键，最下面的状态栏将交替显示"改写"和"插入"。在改写模式用鼠标双击某个触点，可以改写触点的软元件号；在插入模式用鼠标双击某个触点，将会插入一个新的触点。

10. 剪贴板的使用

在写入模式，首先用矩形光标选中梯形图中的某个触点或线圈。按住鼠标左键，在梯形图中移动鼠标，可以选中一个长方形区域（见图 2-18）。被选中的部分用深蓝色表示。在最左边的步序号区按住鼠标左键，在该区移动鼠标将会选中一个或多个电路（见图 2-19）。

用户可以使用〈Delete〉键删除选中的部分，或用工具条上的按钮和 Windows 的剪贴板功能，将选中的部分复制/粘贴到梯形图的其他地方，甚至可以复制到其他项目。

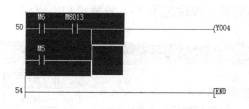

图2-18 选中长方形区域　　　　　　　　图2-19 选中一个或多个电路

11．程序区的放大/缩小

执行菜单命令"显示"→"放大/缩小"，可以用出现的对话框设置显示的倍率（150%～50%，4 级倍率）。如果选中"自动倍率"，则将根据程序区的宽度自动确定倍率。

未选中"自动倍率"时，单击工具条上的按钮和按钮，可以增大和缩小显示倍率。

12．查找与替换功能

用户可以用"查找与替换"菜单中的命令，或工具条上的按钮，查找软元件、指令、步序号、字符串、触点/线圈和注释。

执行菜单命令"查找与替换"→"触点线圈使用列表"，在打开的对话框中输入软元件号 Y1（见图 2-20），单击"执行"按钮，将列出该软元件所有触点、线圈所在的步序号。用鼠标双击列表中的某一行，光标将会选中程序中对应的触点或线圈。

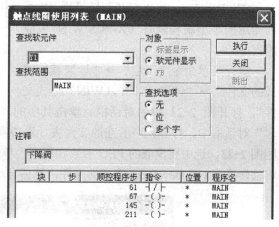

图2-20 "触点线圈使用列表"对话框

执行菜单命令"查找与替换"→"软元件使用列表"，在打开的对话框中输入一个输出继电器（例如 Y1）的软元件号（见图 2-21），将会显示程序中使用了哪些从 Y1 开始的输出继电器，是否使用了它们的触点和线圈，每个软元件使用的次数，以及软元件的注释等。

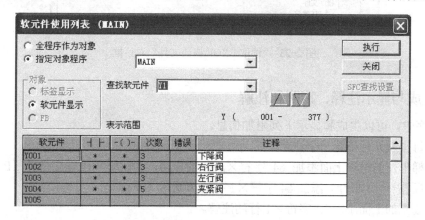

图2-21 "软元件使用列表"对话框

在写入模式执行菜单"查找与替换"中的命令，可以实现软元件替换、软元件批量替换、指令替换、常开/常闭触点互换、字符串替换、模块起始 I/O 号替换和声明/注释类型替换。

13．程序检查

单击工具条上的"程序检查"按钮，可以用图 2-22 中的对话框设置检查的内容，单击"执行"按钮，在下面的列表中出现检查的结果。在某些特定的条件下，允许出现双线圈。

14．转换 FXGP（WIN）格式的程序

GX Developer 可以打开和转换用 FX 系列专用的小型编程软件 FX-PCS/WIN 生成的程序。

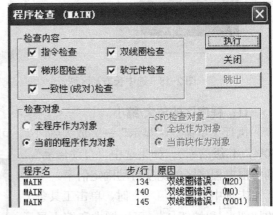

图 2-22 "程序检查"对话框

执行菜单命令"工程"→"读取其他格式的文件"→"读取 FXGP（WIN）格式文件"，打开图 2-23 中的对话框。单击其中的"浏览"按钮，在出现的"打开系统名，机器名"对话框中，打开程序所在的文件夹，选中需要打开的程序文件，单击"确认"按钮，返回图 2-23。选中要读取的 PLC 参数和程序，单击"执行"按钮，FXGP（WIN）格式的文件将被转换为 GX Developer 格式的文件，然后自动打开它。

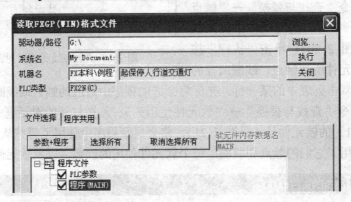

图 2-23 "读取 FXGP 格式文件"对话框

2.4.3 生成与显示注释、声明和注解

在程序中，可以生成和显示下列附加信息。

● 为每个软元件指定一个注释。

● 在梯形图的电路上面添加 64 字符×n 行的声明，为跳转和子程序指针（P 指针）和中断指针（I 指针）添加 64 字符×1 行的声明。

● 在线圈的上面添加 32 字符×1 行的注解。

1．生成和显示软元件注释

（1）生成软元件注释

用鼠标双击图 2-24 左边窗口的工程数据列表的"软元件注释"文件夹中的

"COMMENT"（注释），右边出现输入继电器注释视图，输入 X0 和 X1 的注释。在"软元件名"文本框输入 Y000，单击"显示"按钮，切换到输出继电器注释视图，输入 Y0 的注释（见图 2-24 右边的小图）。

图 2-24　软元件注释视图

在写入模式按下工具条上的"注释编辑"按钮，进入注释编辑模式。用鼠标双击梯形图中的某个触点或线圈，可以用出现的"注释输入"对话框输入注释或修改已有的注释。单击"确定"按钮后在梯形图中将显示新的或修改后的注释，新的注释同时自动进入软元件注释表。再次单击"注释编辑"按钮，退出注释编辑模式。

（2）显示软元件注释

打开程序，执行菜单命令"显示"→"注释显示"，该命令的左边出现一个"√"，将会在触点和线圈的下面显示在软元件注释视图中定义的注释。再次执行该命令，该命令左边的"√"消失，梯形图中软元件下面的注释也消失。

2. 设置注释的显示方式

如果采用默认的注释显示方法来显示注释，注释将占用 4 行，程序显得很不紧凑，因此需要设置注释的显示方法。

（1）设置注释显示形式

执行菜单命令"显示"→"注释显示形式"，可选 4×8（4 行、每行 8 个字符或 4 个汉字）或 3×5 的显示格式。

（2）设置注释的行数

执行菜单命令"显示"→"软元件注释行数"，可选 1～4 行。如果注释超出设置的格式和行数能显示的范围，则不能显示全部注释。图 2-27 设置的是 4×8 和一行，建议采用这种比较紧凑的显示方式。其不足之处是只能显示 8 个字符或 4 个汉字。

（3）设置当前值监视行的显示方式

在 RUN 模式单击工具条上的"监视模式"按钮，将会在应用指令的操作数和定时器、计数器的线圈下面的"当前值监视行"（见图 2-27）显示它们的监视值。执行"显示"→"当前值监视行显示"菜单命令，可选"通常显示"、"通常不显示"和"仅在监视时显示"。建议设置为"仅在监视时显示"，未进入监视模式时，不显示当前值监视行。

3. 生成和显示声明

用户可以在梯形图电路上面显示声明。将矩形光标放到步序号所在处，用鼠标双击光标，在出现的"梯形图输入"对话框中输入声明（见图 2-25）。声明必须以英文的分号开始，否则编程软件将会视为输入的是指令。单击"确定"按钮完成输入。

图 2-25 输入声明

执行菜单命令"显示"→"声明显示",该命令的左边出现一个"√",将会在电路上面显示输入的声明"电动机起动停车控制"。再次执行该命令,该命令左边的"√"消失,声明也随之消失。

在写入模式按下工具条上的"声明编辑"按钮，进入声明编辑模式。用鼠标双击梯形图中的某个步序号或某块电路,可以在出现的"行间声明输入"对话框中输入声明或修改已有的声明。单击"确定"按钮后,在该电路块的上面将会立即显示新的或修改后的声明。再次单击"声明编辑"按钮,退出声明编辑模式。

用鼠标双击显示出的声明,可以用出现的"行间声明输入"对话框编辑它。

选中程序中的声明,按〈Delete〉(删除)键可以删除选中的声明。

4．生成和显示注解

用鼠标双击图 2-25 中 Y0 的线圈,在出现的"梯形图输入"对话框中 Y000 的后面,输入注解(见图 2-26)。注解以英文的分号开始,单击"确定"按钮完成输入。

图 2-26　输入注解

执行菜单命令"显示"→"注解显示",该命令的左边出现一个"√",将会在 Y0 的线圈上面显示输入的注解"控制电动机的交流接触器"(见图 2-27)。再次执行该命令,该命令左边的"√"消失,注解也随之消失。

在写入模式按下工具条上的"注解项编辑"按钮，进入注解编辑模式。用鼠标双击梯形图中的某个线圈或输出指令,可以在出现的"输入注解"对话框中输入注解或修改已有的注解。单击"确定"按钮后在该电路块的上面将会立即显示新的或修改后的注解。再次单击"注解项编辑"按钮,退出注解编辑模式。

用鼠标双击显示出的注解,可以用出现的"注解输入"对话框编辑注解。

选中梯形图中的注解,按〈Delete〉键可以删除选中的注解。

5．梯形图与指令表的相互切换

FX 系列 PLC 可以使用梯形图和指令表语言,单击工具条上的"梯形图/指令表显示切换"按钮，程序将在梯形图(见图 2-27)和指令表(见图 2-28)两种语言之间进行切换。

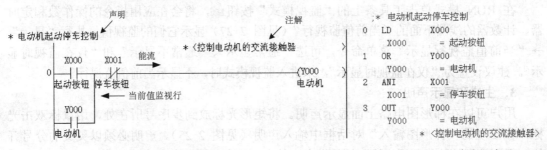

图 2-27　梯形图程序　　　　　　　　　　图 2-28　指令表程序

2.4.4　指令的帮助信息与 PLC 参数设置

1．特定指令的帮助信息

用鼠标双击梯形图中的矩形光标，出现"梯形图输入"对话框（见图 2-29 左边最上面的小图）。输入"MOV"（传送指令），单击"帮助"按钮，出现"指令帮助"对话框。用鼠标双击梯形图中已有的指令，出现该指令的"梯形图输入"对话框。单击"帮助"按钮，也会出现该指令的"指令帮助"对话框。

单击"指令帮助"对话框左下角的"详细"按钮，出现"详细的指令帮助"对话框（见图 2-29 中的大图）。"说明"区中是指令功能的详细说明。"可以使用的软元件"列表中的"S"行是源操作数，"D"行是目标操作数。"数据型"列的 BIN16 是 16 位的二进制整数，X、Y 等软元件列中的"*"表示可以使用对应的软元件，"-"表示不能使用对应的软元件。

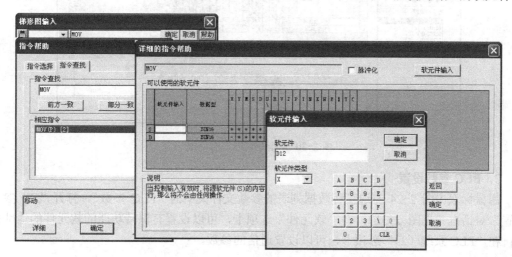

图 2-29　"指令帮助"对话框

单击选中"脉冲化"多选框，左上角的"MOV"变为"MOVP"（脉冲执行的传送指令）。

用鼠标双击"软元件输入"列中"S"（源操作数的缩写）所在的行的空白单元，出现"软元件输入"对话框（见图 2-29 右侧小图）。单击"软元件"输入框，可以直接用计算机键盘或对话框中的小键盘输入源操作数 D12。也可以首先用"软元件类型"下拉式列表选中"D"（数据寄存器），然后在"软元件"输入框的 D 后面输入 12。单击"确定"按钮，在"详细的指令帮助"对话框的"软元件输入"列中"S"所在行的单元出现"D12"。用同样的方法，在"软元件输入"列中"D"（目标操作数的缩写）所在行的单元输入 D13。也可以在选中"软元件输入"列的某个单元后，直接输入软元件的地址，或源操作数的常数。

输入结束后，单击"确定"按钮，返回"梯形图输入"对话框。可以看到指令"MOVP D12 D13"。当然也可以用"梯形图输入"对话框直接输入上述指令，MOVP 和 D12、D13 之间用空格分隔。单击"确定"按钮，可以看到梯形图中新输入的指令。

2．任意指令的帮助信息

用鼠标双击梯形图中的空白处，打开"梯形图输入"对话框，里面没有任何指令和软元件号。单击"帮助"按钮,出现"指令帮助"对话框中的"指令选择"选项卡(见图 2-30)。也可以在图 2-29 中打开"指令选择"选项卡。

用户可以用"类型一览表"选择指令的类型,"指令一览表"给出了选中的指令类型中的所有指令。用鼠标双击其中的某条指令,将打开该指令"详细的指令帮助"对话框(见图 2-30 中的右图)。用鼠标可以看到该指令详细的说明,也可以用该对话框输入该指令的操作数。

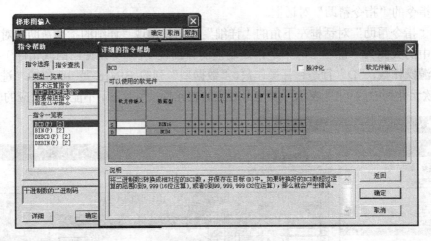

图 2-30 "指令帮助"对话框

3. PLC 参数设置

用鼠标双击图 2-24 左边工程数据列表的参数文件夹中的"PLC 参数",打开"FX 参数设置"对话框(见图 2-31)。在"软元件"选项卡,可以设置有保持功能的软元件的地址范围;在"PLC 系统(2)"选项卡,可以设置通信的参数。

	标记	进制	点数	起始	结束	锁存起始	结束	锁存设置范围
辅助继电器	M	10	3072	0	3071	500	1023	0 ~ 1023
状态	S	10	1000	0	999	500	999	0 ~ 999
定时器	T	10	256	0	255			
计数器(16位)	C	10	200	0	199	100	199	0 ~ 199
计数器(32位)	C	10	56	200	255	220	255	200 ~ 255
数据寄存器	D	10	8000	0	7999	200	511	0 ~ 511

图 2-31 "FX 参数设置"对话框

2.4.5 仿真软件使用入门

1. 仿真软件 GX Simulator 的功能

由于价格昂贵,一般的初学者没有用 PLC 做实验的条件,即使有一个小 PLC,其 I/O 点数和功能也很有限。PLC 的仿真软件为解决这一难题提供了很好的途径。仿真软件用来模拟 PLC 的系统程序和用户程序的运行。与硬件 PLC 一样，需要将用户程序下载到仿真 PLC，用键盘和鼠标给仿真 PLC 提供输入信号，观察计算机屏幕上仿真 PLC 执行用户程序后输出信号的状态。

三菱的仿真软件 GX Simulator 与编程软件 GX Developer 配套使用，它使用方便、功能强大，可以对 FX 系列 PLC 绝大多数指令进行仿真。不需要 PLC 的硬件，GX Simulator 就可以模拟运行 PLC 的用户程序。仿真时可以使用编程软件的各种监控功能，做仿真实验和做硬件实验时用监控功能观察到的现象几乎完全相同。

GX Simulator 具有硬件 PLC 没有的单步执行、跳步执行和部分程序执行调试功能，它们可以加快调试速度。GX Simulator 不支持输入/输出模块和网络，仅支持特殊功能模块的缓冲区。GX Simulator 的扫描周期被固定为100ms，可以设置为100ms 的整倍数。

新版的仿真软件可以对所有的 FX 系列 PLC 仿真，还可以对大中型 PLC（A 系列和 Q 系列）仿真，对 I/O 点数也没有限制。

2．GX Simulator 支持的指令

GX Simulator V6-C 支持 FX_{1S}、FX_{1N}、FX_{1NC}、FX_{2N} 和 FX_{2NC} 绝大部分的指令。GX Simulator 不支持中断指令、PID 指令、位置控制指令以及与硬件和通信有关的指令。

3．GX Simulator 对软元件的处理

GX Simulator 从 RUN 模式切换到 STOP 模式时，断电保持的软元件的值被保留，非断电保持软元件的值被清除。退出 GX Simulator 时，所有软元件的值被清除。

4．打开仿真软件

打开一个项目后，单击工具条上的"梯形图逻辑测试起动/停止"按钮🖳，或执行"工具"→"梯形图逻辑测试起动/停止"菜单命令，打开仿真软件 GX Simulator（见图 2-32 的左图）。用户程序被自动写入仿真 PLC，图 2-32 中的右图是显示写入过程的对话框。写入结束后该对话框消失，图 2-32 左图中的 RUN LED（发光二极管）变为黄色，表示 PLC 处于运行模式。

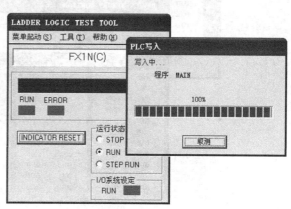

图 2-32　打开仿真软件

打开仿真软件后，梯形图程序自动进入监视模式（见图 2-33），梯形图中常闭触点上的深蓝色表示对应的软元件为 OFF，常闭触点闭合。图 2-33 中的"监视状态"小对话框的位置是浮动的，用来显示 CPU 的状态和扫描周期。将鼠标的光标放到它的标题栏上，按住鼠标左键不放，移动鼠标，可以改变它的位置，还可以将它固定到标题栏中的空白处。

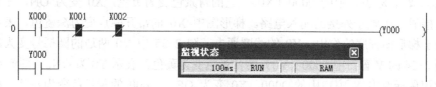

图 2-33　梯形图监视

5. 打开软元件监视视图

执行仿真软件的菜单命令"菜单起动"→"继电器内存监视",出现软元件监视视图(见图 2-34 上面的图)。

执行其菜单命令"软元件"→"位软元件窗口"→"X",出现 X 窗口。调试程序时,希望能同时显示多个软元件窗口,例如 X、Y、M 和 D 窗口,各窗口显示元件号最小的部分。

将鼠标的光标放到 X 窗口的标题栏上,按住鼠标左键不放,将窗口拖动到适当的位置。将光标放到 X 窗口的右边沿上,光标变为水平的双向箭头。按住鼠标左键不放,减小 X 窗口的宽度。用同样的方法生成 Y 窗口和 M 窗口,调节它们的位置和宽度。执行菜单命令"软元件"→"字软件窗口"→"T(Current Value)",生成定时器当前值窗口,调节它的位置和宽度,图 2-34 下面是调节好的软元件监视视图。

选中图 2-34 中的 M 窗口,单击上面的 ◄ 和 ► 按钮,将会分别显示编号最小和最大的辅助继电器区,单击 ◄ 和 ► 按钮,将会分别显示编号较小和较大的辅助继电器区。

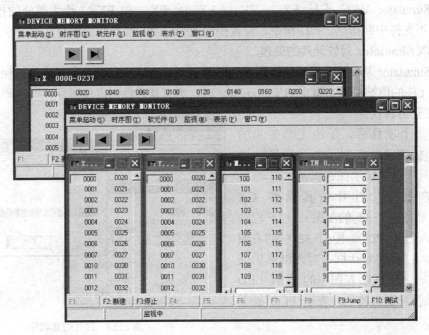

图 2-34　软元件监视视图

将光标放到软元件监视视图的下边沿上,光标变为垂直的双向箭头。按住鼠标左键不放,上下拖动,可以调节视图的高度。

6. 仿真操作

用鼠标双击 X 窗口中的 0000(X0),它的背景色变为黄色,X0 变为 ON,相当于做硬件实验时接通 X0 端子外接的输入电路。梯形图中 X0 的常开触点变为深蓝色,表示该触点接通。由于梯形图程序的作用,Y0 的线圈通电,图 2-35 中 Y0 两边的圆括号变为深蓝色。同时,图 2-34 的 Y 窗口中 0000(Y0)的背景色变为黄色,表示 Y0 为 ON。

再次用鼠标双击 X 窗口中的 0000,X0 变为 OFF,0000 的背景色变为灰色。梯形图中

X0 的常开触点的深蓝色消失，表示该触点断开。由于 Y0 的自保持触点的作用，Y0 的线圈继续通电。Y 窗口中的 0000 的背景色仍然为黄色。

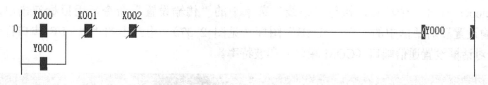

图 2-35　梯形图监视

　　用鼠标双击 X 窗口中的 0001（X1），X1 变为 ON，X 窗口中 0001 的背景色变为黄色。梯形图中 X1 的常闭触点的深蓝色消失，表示该触点断开。由于梯形图程序的作用，Y0 变为 OFF，梯形图中 Y0 两边的圆括号的深蓝色消失。同时，Y 窗口中 0000 的背景色变为灰色，表示 Y0 为 OFF。在 Y0 为 ON 时，令 X2 变为 ON，Y0 的线圈也会断电。

2.5　程序的下载与上载

　　一般用编程电缆来实现用户程序的下载、上载和在线监控。编程电缆 SC-09 用来连接计算机的 RS-232C 接口和 FX 系列的 RS-422 编程接口。现在的便携式计算机几乎没有 RS-232C 接口，带 RS-232C 接口的台式计算机也越来越少。

　　用户可以使用型号为 USB-SC-09（见图 2-36）或 FX-USB-AW 的编程电缆来连接计算机的 USB 接口和 FX 系列的 RS-422 编程接口，它们适用于三菱 FX 全系列 PLC。转换盒上的发光二极管用来指示数据的接收和发送状态。

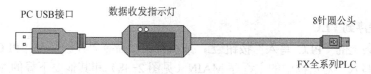

图 2-36　USB-SC-09 编程电缆

1. 安装 USB-SC-09 的驱动程序

USB-SC-09 编程电缆需要安装驱动程序才能使用，驱动程序将计算机的 USB 接口仿真成传统的串口（俗称为 COM 口）。安装步骤如下：

1）将 USB-SC-09 电缆插入计算机的 USB 接口，Windows 检测到电缆后，自动打开"找到新的硬件向导"。选中"从列表或指定位置安装（高级）"单选框。

2）单击"下一步"按钮，然后单击打开的"搜索和安装选项"对话框中的"浏览"按钮，选中文件夹"\USB-SC-09 驱动\驱动\98ME_2kXP"。单击"确定"按钮，返回"搜索和安装选项"对话框。

3）单击"下一步"按钮，开始安装驱动程序。安装结束后，出现的对话框显示"该向导已经完成了下列设备的软件安装：Prolific USB-to-Serial Bridge"。

4）安装完成后，用鼠标双击 Windows 的控制面板中的"系统"，再单击"硬件"选项卡中的"设备管理器"按钮，在"设备管理器"的"端口（COM 和 LPT）"文件夹中，可以看到"Prolific USB-to-Serial Bridge（COM3）"。COM 的编号与使用哪个物理 USB 接口有关。

2. 设置通信参数

安装好驱动程序后，用通信电缆连接计算机的 USB 接口和 PLC 的编程接口。用 GX Developer 打开一个项目，执行"在线"菜单中的"传输设置"命令，用鼠标双击出现的"传输设置"对话框中的"串行 USB"图标（见图 2-37），用弹出的"PC I/F 串口详细设置"对话框设置通信端口（COM 端口）和波特率。

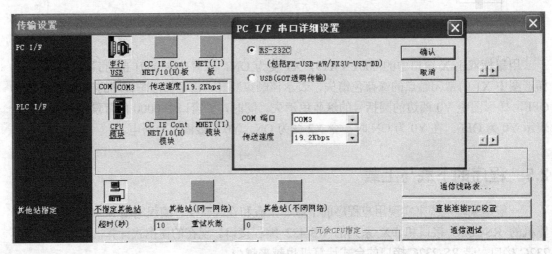

图 2-37 "传输设置"对话框

设置完成后单击"确认"按钮，返回"传输设置"对话框。可以单击右下角的"通信测试"按钮，测试 PLC 与计算机的通信连接是否成功。最后单击"确认"按钮，完成串口通信的设置。

3. 下载程序到 PLC

单击工具条上的"PLC 写入"按钮，或执行菜单命令"在线"→"PLC 写入"，选中出现的"PLC 写入"对话框中的主程序 MAIN（见图 2-38）和其他要下载的对象。

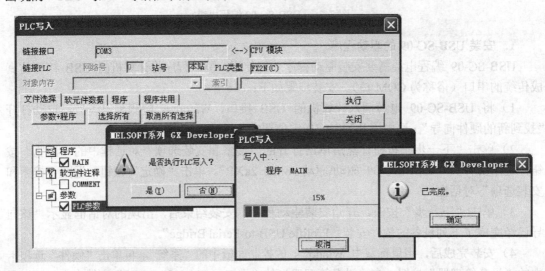

图 2-38 "PLC 写入"对话框

单击"执行"按钮，出现的对话框显示"是否执行 PLC 写入？"。单击"是"按钮，开始写入 PLC 的程序。最后出现显示"已完成"的对话框，单击"确定"按钮，返回"PLC 写入"对话框。单击"关闭"按钮，结束写入操作。

如果 PLC 当时处于 RUN 模式，在下载之前会出现"是否执行远程 STOP 操作？"的对话框。下载结束后，会出现"是否执行远程运行？"的对话框。

4. 用软件切换 PLC 的运行模式

执行菜单命令"在线"→"远程操作"，打开"远程操作"对话框（见图 2-39）。用"操作"选择框设置 STOP/RUN 模式。单击"执行"按钮，出现"已完成"对话框时，PLC 被切换为设置的运行模式。可以用 CPU 模块上的"RUN"LED 查看运行模式。

图 2-39 "远程操作"对话框

5. 读取 PLC 中的程序

单击工具条上的"PLC 读取"按钮，或执行菜单命令"在线"→"PLC 读取"，打开"PLC 读取"对话框（类似于图 2-38 中的"PLC 写入"对话框），选中要读取的对象，单击"执行"按钮，开始读取（或称为上载）PLC 中的程序。

2.6 习题

1. FX 系列的基本单元与扩展单元有什么区别？
2. 功能扩展板有什么特点？FX 系列有哪些功能扩展板？
3. PLC 常用哪几种存储器？它们各有什么特点？分别用来存储什么信息？
4. FX_{1N} 和 FX_{2N} 系列的用户程序分别用什么保存？
5. 使用带锂电池的 PLC 应注意什么问题？
6. FX_{2N}-48MR 是什么单元？有多少个输入点，多少个输出点？属于什么输出类型？
7. FX_{1S}、FX_{1N} 和 FX_{2N} 各有什么特点？
8. FX_{3G}、FX_{3U} 和 FX_{3UC} 系列分别是什么系列的升级产品？
9. 开关量输出模块有哪些类型？各有什么特点？

第3章 FX系列PLC的程序设计基础

3.1 PLC编程语言的国际标准

IEC（国际电工委员会）的PLC编程语言标准（IEC 61131-3）中有以下5种编程语言（见图3-1）：

1）顺序功能图（Sequential Function Chart）。

2）梯形图（Ladder Diagram）。

3）功能块图（Function Block Diagram）。

4）指令表（Instruction List）。

5）结构文本（Structured Text）。

图3-1 PLC的编程语言

其中，顺序功能图（SFC）、梯形图（LD）和功能块图（FBD）是图形编程语言，指令表（IL）和结构文本（ST）是文字语言。

目前，越来越多的厂家生产的PLC支持IEC 61131-3标准。IEC 61131-3标准在DCS（集散控制系统）、基于个人计算机的"软PLC"、运动控制和FCS（现场总线控制系统）中也得到了广泛的应用。

1. 顺序功能图

顺序功能图是一种位于其他编程语言之上的图形语言，用来编制顺序控制程序。顺序功能图提供了一种组织程序的图形方法，本书第4章将详细介绍顺序功能图的使用方法。

2. 梯形图

梯形图是使用最多的PLC图形编程语言。梯形图与继电器控制系统的电路图很相似，直观易懂，很容易被工厂熟悉继电器控制的电气人员掌握，特别适用于开关量逻辑控制。图3-2～图3-4用西门子S7-200系列PLC的3种编程语言来表示同一逻辑关系。西门子将指令表称为语句表。

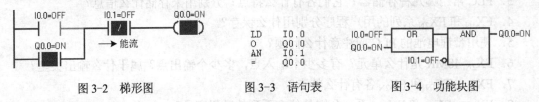

图3-2 梯形图   图3-3 语句表   图3-4 功能块图

梯形图由触点、线圈和用方框表示的指令组成。触点代表逻辑输入条件，例如外部的开关、按钮和内部条件等；线圈通常代表逻辑输出结果，用来控制外部的指示灯、交流接触器和内部的标志位等；方框用来表示定时器、计数器或者数学运算等指令。

在分析梯形图中的逻辑关系时，为了借用继电器电路图的分析方法，可以想象左右两侧垂直"电源线"之间有一个左正右负的直流电源电压（FX系列PLC的编程手册省略了右侧的垂直母线），当图 3-2 中的触点电路接通时，有一个假想的"能流"（Power Flow）流过梯形图中的线圈。利用能流这一概念，可以帮助用户更好地理解和分析梯形图，能流只能从左向右流动。

3．功能块图

功能块图是一种类似于数字逻辑电路的编程语言，有数字电路基础的人很容易掌握。该编程语言用类似与门、或门的方框来表示逻辑运算关系，方框的左侧为逻辑运算的输入变量，右侧为输出变量，输入、输出端的小圆圈表示"非"运算，方框被"导线"连接在一起，信号自左向右流动。图 3-4 中的控制逻辑与图 3-2 中的相同。国内很少有人使用功能块图语言。

4．指令表

PLC 的指令是一种与微型计算机的汇编语言的指令相似的助记符表达式，由指令组成的程序叫做指令表程序。指令表程序较难阅读，其中的逻辑关系很难一眼看出，所以在设计复杂的开关量控制程序时一般使用梯形图语言。在用户程序存储器中，指令按步序号顺序排列。

5．结构文本

结构文本是为 IEC 61131-3 标准创建的一种专用的高级编程语言。与梯形图相比，它能实现复杂的数学运算，编写的程序非常简洁、紧凑。

3.2 FX 系列 PLC 的软元件

3.2.1 位软元件

FX 系列 PLC 的位（bit）软元件包括输入继电器（X）、输出继电器（Y）、辅助继电器（M）和状态（S）。FX 的编程手册将位软元件的线圈"通电"、常开触点接通、常闭触点断开的状态称为 ON，相反的状态称为 OFF，分别用二进制数 1 和 0 来表示。

FX 系列 PLC 梯形图中的软元件的名称由字母和数字组成，它们分别表示软元件的类型和软元件号，例如 Y10 和 M129。

输入继电器和输出继电器的软元件号用八进制数表示，八进制数只有 0～7 这 8 个数字符号，遵循"逢 8 进 1"的运算规则，不使用 8 和 9 这两个数字符号。例如，八进制数 17 和 20 是两个相邻的整数。除了输入继电器和输出继电器的软元件号采用八进制外，其他软元件的元件号均采用十进制。

1．输入继电器

输入继电器（X）是 PLC 接收外部输入的开关量信号的窗口。PLC 通过光耦合器，将外部信号的状态读入并存储在输入映像存储区。输入端可以外接常开触点或常闭触点，也可以接多个触点组成的串并联电路或电子传感器（例如接近开关）。在梯形图中，可以多次使用输入继电器的常开触点和常闭触点。

图 3-5 是一个 PLC 控制系统的示意图。X0 端子外接的输入电路接通时，它对应的输入映像存储器为 1 状态，断开时为 0 状态。输入继电器的状态唯一地取决于外部输入信号的状态，它不可能受用户程序的控制，因此在梯形图中绝对不能出现输入继电器的线圈。

因为 PLC 只是在每一扫描周期开始时读取外部输入信号，输入信号为 1 或为 0 的持续时间应大于 PLC 的扫描周期。如果不满足这一条件，可能会丢失输入信号。

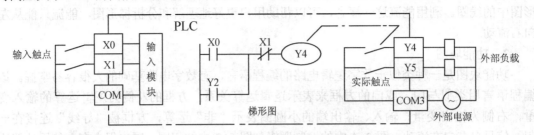

图 3-5　PLC 控制系统示意图

基本单元的输入继电器和输出继电器的软元件号从 0 开始，扩展单元和扩展模块接着它左边模块的输入编号和输出编号自动分配，但是末位数从 0 开始分配。例如，如果左边的模块以 X43 结束，那么下一个单元或模块的输入编号从 X50 开始分配。

2．输出继电器

输出继电器（Y）是 PLC 向外部负载发送信号的窗口。输出继电器用来将 PLC 的输出信号传送给硬件输出电路，再由后者驱动外部负载。如果图 3-5 的梯形图中 Y4 的线圈"通电"，则继电器型输出模块中对应的硬件继电器的常开触点闭合，使外部负载工作。输出模块中的每一个硬件继电器仅有一对常开触点，但是在梯形图中，每一个输出继电器的常开触点和常闭触点都可以多次使用。图 3-5 中椭圆形的线圈是 FX 编程手册中的画法。

3．一般用途辅助继电器

一般用途辅助继电器（M）相当于继电器系统的中间继电器，它们并不对外输入和输出，只是在程序中使用，是一种内部的状态标志。

一般用途辅助继电器（见表 3-1）没有断电保持功能。若在 PLC 运行时电源突然中断，输出继电器和一般用途辅助继电器将全部变为 OFF；若电源再次接通，除了因程序控制而变为 ON 的以外，其余的仍将保持为 OFF 状态。

表 3-1　辅助继电器

PLC 系列	FX$_{1S}$	FX$_{1N}$, FX$_{1NC}$	FX$_{2N}$, FX$_{2NC}$	FX$_{3G}$	FX$_{3U}$, FX$_{3UC}$
一般用途型	384 点, M0～383	384 点, M0～383	500 点, M0～499	384 点, M0～383	500 点, M0～499
断电保持型	128 点, M384～511	1152 点, M384～1535	2572 点, M500～3071	7296 点, M384～7679	7180 点, M500～7679
总计	512 点	1536 点	3072 点	7680 点	7680 点

4．断电保持型辅助继电器

某些控制系统要求记忆电源中断瞬时的状态，重新通电后再现其状态，断电保持型辅助继电器可以用于这种场合。

在电源中断时，FX$_{1S}$ 和 FX$_{1N}$ 等系列用 E^{2}PROM 或电容器中的电荷来保存软元件中的信息。E^{2}PROM 可以长期保存信息，电容器保持信息的时间有限。FX$_{2N}$ 和 FX$_{3U}$ 等系列用 RAM 和锂电池来保存软元件中的信息。

断电保持型辅助继电器只是在 PLC 重新通电后的第一个扫描周期保持断电瞬时的状态。为了利用它们的断电记忆功能，可以采用有记忆功能的电路。图 3-6 中 X0 和 X1 分别是起动按钮和停止按钮，有断

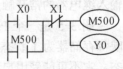

图 3-6　梯形图

电保持功能的 M500 通过 Y0 控制外部的电动机。如果电源中断时 M500 为 ON,因为电路的记忆作用,重新通电后 M500 将保持为 ON,使 Y0 继续为 ON,电动机重新开始运行。

有的 FX 子系列某些区域的辅助继电器默认的设置为没有断电保持功能,但是可以设置为有断电保持功能。

5. 特殊辅助继电器

FX₃ᴳ、FX₃ᵤ 和 FX₃ᵤᴄ 的特殊辅助继电器为 512 点,其他系列为 256 点。它们用来表示 PLC 的某些状态,提供时钟脉冲和标志(例如进位、借位标志),设定 PLC 的运行方式,或者用于步进顺控、禁止中断、设定计数器是加计数还是减计数等。特殊辅助继电器分为以下两类。

(1)触点利用型

由 PLC 的系统程序来驱动触点利用型特殊辅助继电器的线圈,在用户程序中直接使用其触点,但是不能出现它们的线圈,下面是几个例子:

1)M8000(运行监视):当 PLC 执行用户程序时,M8000 为 ON;停止执行时,M8000 为 OFF(见图 3-7a)。

2)M8002(初始化脉冲):M8002 仅在 M8000 由 OFF 变为 ON 状态时的一个扫描周期内为 ON(见图 3-7b),可以用 M8002 的常开触点,来使有断电保持功能的软元件初始化复位或给某些软元件置初始值。

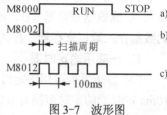

图 3-7 波形图

3)M8004(错误发生):如果运算出错,例如除法指令的除数为 0,M8004 变为 ON。

4)M8005(电池电压降低):锂电池电压下降至规定值时 M8005 变为 ON,可以用它的触点通过输出继电器驱动外部的指示灯,提醒工作人员更换锂电池。

5)M8011~M8014 分别是 10ms、100ms、1s 和 1min 时钟脉冲,一个周期内它们的触点接通和断开的时间各占 50%(见图 3-7c)。

(2)线圈驱动型

线圈驱动型特殊辅助继电器由用户程序驱动其线圈,使 PLC 执行特定的操作,用户并不使用它们的触点。例如:

1)M8030 的线圈"通电"后,"电池电压降低"发光二极管熄灭。

2)M8033 的线圈"通电"时,PLC 进入 STOP 模式后,映像存储器和数据存储器的值保持不变。

3)M8034 的线圈"通电"时,禁止所有的输出。

4)M8039 的线圈"通电"时,PLC 以 D8039 中指定的扫描时间按恒定扫描模式运行。

执行编程软件的"帮助"→"特殊继电器/寄存器"菜单命令,打开"帮助主题"对话框。在"目录"选项卡的"FX 系列 CPU"文件夹中,可以找到分类排列的特殊继电器和特殊寄存器。其中的 a 触点和 b 触点分别是常开触点和常闭触点。用鼠标双击其中的某个软元件,可以打开它的详细说明。用鼠标双击"<<"按钮和">>"按钮,可以查看上一个和下一个软元件的详细说明。

6. 状态(S)

状态(State)是用于编制顺序控制程序的一种软元件,它与第 5 章介绍的 STL 指令(步进梯形指令)一起使用。

一般用途状态没有断电保持功能。如果使用了应用指令 IST（状态初始化），S0～S9 用做初始状态。断电保持型的状态在断电时用带锂电池的 RAM、E²PROM 或电容器来保存其 ON/OFF 状态。

状态 S900～S999 可以用做外部故障诊断的输出，称为信号报警器。与应用指令 ANS（信号报警器置位）和 ANR（信号报警器复位）配合使用。

3.2.2 定时器

8 个连续的二进制位组成一个字节（Byte），16 个连续的二进制位组成一个字（Word），两个连续的字元件组成一个双字（Double Word）。定时器和计数器的当前值和设定值均为有符号字，最高位（第 15 位）为符号位，正数的符号位为 0，负数的符号位为 1。有符号字可以表示的最大正整数为 32767。

PLC 中的定时器（T）相当于继电器系统中的时间继电器，它有一个当前值字。可以用常数 K 或数据寄存器（D）的值来做定时器的设定值。例如，可以将外部数字拨码开关输入的数据存入数据寄存器，作为定时器的设定值。

1. 一般用途定时器

FX 各子系列可用的定时器如表 3-2 所示。100ms 定时器的定时范围为 0.1～3276.7s，10ms 定时器的定时范围为 0.01～327.67s，1ms 定时器的定时范围为 0.001～32.767s。FX$_{1S}$ 的特殊辅助继电器 M8028 为 ON 时，T32～T62（31 点）被定义为 10ms 定时器。

表 3-2　FX 各子系列可用的定时器

PLC 系列	FX$_{1S}$	FX$_{1N}$, FX$_{1NC}$, FX$_{2N}$, FX$_{2NC}$	FX$_{3G}$	FX$_{3U}$, FX$_{3UC}$
100ms 一般用途定时器	63 点，T0～62		200 点，T0～199	
10ms 一般用途定时器	31 点，T32～C62		46 点，T200～T245	
1ms 累计型定时器	—		4 点，T246～T249	
100ms 累计型定时器	—		6 点，T250～T255	
1ms 一般用途定时器	1 点，T31		64 点，T256～T319	256 点，T256～T511

图 3-8 中 X0 的常开触点接通时，T1 的当前值计数器从零开始，对 100ms 时钟脉冲进行累加计数。当前值等于设定值 100 时，定时器的输出触点动作，梯形图中 T1 的常开触点接通，常闭触点断开，当前值保持不变。T1 的输出触点在其线圈被驱动 10s（100ms×100）后动作。X0 的常开触点断开或 PLC 断电时，定时器被复位，它的输出触点也被复位，梯形图中 T1 的常开触点断开，常闭触点接通，当前值被清零。一般用途定时器没有断电保持功能。本节的程序见例程"定时器应用"。

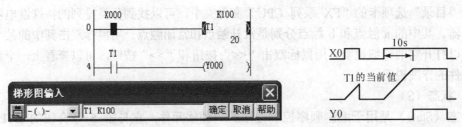

图 3-8　一般用途定时器电路与波形图

如果需要在定时器的线圈"通电"时就动作的瞬动触点，可以在定时器线圈两端并联一个辅助继电器的线圈，并使用它的触点。

　　在输入定时器线圈时，单击工具条上的线圈按钮 ⏻，输入"T1 K100"，单击"确定"按钮，生成 T1 的线圈，线圈上面是设定值。仿真时可以用软元件监视视图中的"T（Current Value）"窗口来监视定时器的当前值。

　　一般用途定时器没有保持功能，在输入电路断开或 PLC 停电时被复位。

2．累计型定时器

　　100ms 累计型定时器 T250～T255 的定时范围为 0.1～3276.7s。图 3-9 中 X1 的常开触点接通时，T250 的当前值计数器对 100ms 时钟脉冲进行累加计数。X1 的常开触点断开或 PLC 断电时停止定时，T250 的当前值保持不变。X1 的常开触点再次接通或重新通电时继续定时，累计时间（见图 3-9 中的 $t_1 + t_2$）为 9s（90×100ms）时，T250 的输出触点动作。因为累计型定时器的线圈断电时不会复位，需要用复位指令 RST 将累计型定时器强制复位。

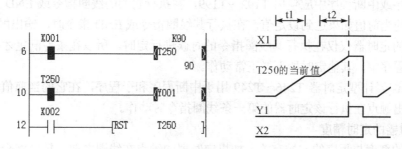

图 3-9　累计型定时器

3．断开延时定时器

　　某些主设备（例如大型变频调速电动机）在运行时需要用电风扇冷却，停机后电风扇应延时一段时间才能断电。用户可以用断开延时定时器来方便地实现这一功能，用反映主设备运行的信号作为断开延时定时器的输入信号。

　　FX 系列的定时器只能提供其线圈"通电"后延迟动作的触点，如果需要在输入信号变为 OFF 之后的延迟动作，可以使用图 3-10 所示的电路。图中的 X3 是主设备运行信号，Y2 用来控制冷却电风扇。

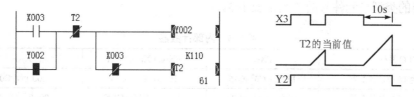

图 3-10　输入电路断开后延时的电路

　　X3 为 ON 时，Y2 变为 ON 并自保持。T2 因为线圈断电被复位，其当前值为 0。在 X3 变为 OFF 的下降沿，X3 的常闭触点接通，T2 开始定时。定时时间到时，T2 的常闭触点断开，Y2 变为 OFF，同时 T2 因为线圈断电被复位。

4．脉冲定时器

　　有的 PLC 有脉冲定时器，在输入信号的上升沿，脉冲定时器输出一个宽度等于定时器设定值的脉冲。可以用 FX 的一般用途定时器实现脉冲定时器的功能（见图 3-11）。

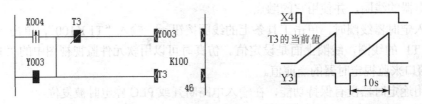

图 3-11　脉冲定时器电路

在输入信号 X4 的上升沿，Y3 的线圈通电并自保持，T3 开始定时。定时时间到的时候，T3 的常闭触点断开，使 Y3 的线圈断电。Y3 为 ON 的时间等于 T3 的设定值。输入脉冲的宽度可以大于输出脉冲的宽度，也可以小于输出脉冲的宽度。

5．使用定时器的注意事项

在子程序或中断程序中应使用 T192～T199，在执行它们的线圈指令或 END 指令时进行定时。它们的当前值如果达到设定值，在执行其线圈指令或 END 指令时，输出触点动作。

而其他的定时器仅仅在执行其线圈指令的时候进行定时，所以在条件满足才执行的子程序和中断子程序中，其他定时器不能正常动作。

如果 1ms 累计型定时器 T246～T249 用于中断程序和子程序，在它的当前值达到设定值以后，其输出触点在执行该定时器的第一条线圈指令时动作。

6．定时器的定时精度

定时器的精度与程序的安排有关，如果定时器的触点在线圈之前，精度将会降低。平均误差约为 1.5 倍扫描周期。最小定时误差为输入滤波器时间减去定时器的分辨率，1ms、10ms 和 100ms 定时器的分辨率分别为 1ms、10ms 和 100ms。

如果定时器的触点在线圈之后，最大定时误差为 2 倍扫描周期加上输入滤波器时间；如果定时器的触点在线圈之前，最大定时误差为 3 倍扫描周期加上输入滤波器时间。

3.2.3　内部计数器

内部计数器（C）对 PLC 的内部信号 X、Y、M 和 S 的触点动作进行循环扫描并计数，计数脉冲为 ON 或 OFF 的持续时间应大于 PLC 的扫描周期，其响应速度通常小于数十赫兹。计数器的类型与元件号的关系见表 3-3。

表 3-3　内部计数器

PLC 系列	FX$_{1S}$	FX$_{1N}$, FX$_{1NC}$, FX$_{3G}$	FX$_{2N}$, FX$_{2NC}$, FX$_{3U}$, FX$_{3UC}$
一般用途 16 位加计数器	16 点，C0～C15	16 点，C0～C15	100 点，C0～C99
断电保持 16 位加计数器	16 点，C16～C31	184 点，C16～C199	100 点，C100～C199
一般用途 32 位加减计数器	—	20 点，C200～C219	
断电保持 32 位加减计数器	—	15 点，C220～C234	

1．16 位加计数器

16 位加计数器的设定值为 1～32767。图 3-12 的波形图给出了 16 位加计数器的工作过程。X0 用来提供计数输入信号，当计数器的复位输入电路断开，计数输入电路由断开变为接通时（即计数脉冲的上升沿），C0 的当前值加 1。在 5 个计数脉冲之后，C0 的当前值等于设定值 5，C0 的输出触点动作，梯形图中其常开触点接通，常闭触点断开。再来计数脉冲时其当前值不变。计数器也可以通过数据寄存器来指定设定值。本节的程序见例程"计数器应用"。

图 3-12 中 X1 的常开触点接通时，C0 被复位，它的输出触点也被复位，梯形图中其常开触点断开，常闭触点接通，计数当前值被清 0。

如果使用断电保持型计数器，在电源中断时，计数器停止计数，并保持计数当前值不变。电源再次接通后，在当前值的基础上继续计数。

2．32 位加/减计数器

32 位加/减计数器 C200～C234 的设定值为 –2147483648～+2147483647，可以用特殊辅助继电器 M8200～M8234 来设定其加/减计数方式（见图 3-13）。对应的特殊辅助继电器为 ON 时，为减计数，反之为加计数。

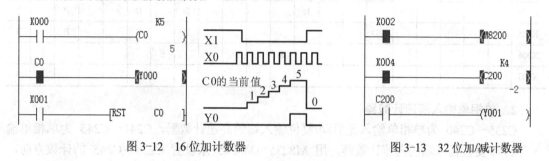

图 3-12　16 位加计数器　　　　　　　　　　　图 3-13　32 位加/减计数器

32 位计数器的设定值除了可以由常数 K 设定外，还可以用数据寄存器来设定。如果指定的是 D0，则设定值存放在 32 位数据寄存器（D0，D1）中。图 3-13 中 C200 的设定值为 4，在加计数时，若计数器的当前值由 3→4，计数器的输出触点动作，当前值≥4 时，输出触点仍为 ON；当前值由 4→3 时，输出触点复位，当前值≤3 时，输出触点仍为 OFF。

32 位计数器的当前值在最大值 2147483647 时加 1，将变为最小值–2147483648，类似地，在最小当前值–2147483648 时减 1，将变为最大值 2147483647，这种计数器称为"环形计数器"。

3.2.4　高速计数器

1．高速计数器（HSC）概述

高速计数器（HSC）用于对内部计数器无能为力的外部高速脉冲计数，计数过程与 PLC 的扫描工作方式无关。

21 点高速计数器 C235～C255 共用 PLC 的 8 个高速计数器输入端 X0～X7，某一输入端同时只能供一个高速计数器使用。这 21 个计数器均为 32 位加/减计数器（见表 3-4）。不同类型的高速计数器可以同时使用，但是它们的高速计数器输入端不能冲突。

高速计数器的运行建立在中断的基础上，这意味着事件的触发与扫描时间无关。在对外部高速脉冲计数时，梯形图中高速计数器的线圈应一直通电，以表示与它有关的输入点已被使用，其他高速计数器的处理不能与它冲突。可以用运行时一直为 ON 的 M8000 的常开触点来驱动高速计数器的线圈。

例如在图 3-14 中，当 X14 为 ON 时，选择了高速计数器 C235，从表 3-4 可知，C235 的计数输入端是 X0，但是它并不在程序中出现，计数信号不是 X14 提供的。

表 3-4 给出了各高速计数器对应的输入端子的软元件号，表中的 U 和 D 分别为加、减计数输入，A 和 B 分别为 A、B 相输入，R 为复位输入，S 为置位输入。

表 3-4　FX$_{2N}$ 系列的高速计数器的输入端子

中断输入	无启动/复位的单相计数器						有启动/复位的单相计数器					单相双输入计数器					双相双输入计数器				
	C235	C236	C237	C238	C239	C240	C241	C242	C243	C244	C245	C246	C247	C248	C249	C250	C251	C252	C253	C254	C255
X000	U/D						U/D			U/D		U	U		U		A	A		A	
X001		U/D					R			R		D	D		D		B	B		B	
X002			U/D					U/D		U/D		R	R		R		R	R		R	
X003				U/D				R	U/D		R			U		U			A		A
X004					U/D				R					D		D			B		B
X005						U/D								R		R			R		R
X006										S				S					S		
X007											S			S					S		S

2．单相单输入高速计数器

C235～C240 为单相单输入无启动/复位输入端的高速计数器，C241～C245 为单相单输入有启动/复位输入端的高速计数器，用 M8235～M8245 来设置 C235～C245 的计数方向，对应的特殊辅助继电器为 ON 时为减计数，为 OFF 时为加计数。C235～C240 只能用 RST 指令来复位。

图 3-14 中 C235 的设定值为 4510。在加计数时，若计数器的当前值由 4509 变为 4510，计数器的输出触点动作。在减计数时，若当前值由 4510 变为 4509 时，输出触点被复位。

图 3-14 中的 C244 是单相单输入有启动/复位输入端的高速计数器，由表 3-4 可知，计数脉冲由 X0 提供。X1 和 X6 分别为复位输入端和启动输入端，它们的复位和启动与扫描工作方式无关，其作用是立即的和直接的。如果 X12 为 ON（见图 3-14），一旦 X6 变为 ON，立即开始计数，计数输入端为 X0。X6 变为 OFF 时，立即停止计数，C244 的设定值由（D0，D1）指定。除了用 X1 来立即复位外，也可以在梯形图中用复位指令来复位。

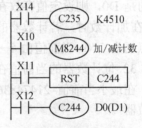

图 3-14　单相单输入高速计数器

3．单相双输入高速计数器

单相双输入高速计数器（C246～C250）有一个加计数输入端和一个减计数输入端，例如 C246 的加、减计数输入端分别是 X0 和 X1。在计数器的线圈通电时，在 X0 的上升沿，计数器的当前值加 1，在 X1 的上升沿，计数器的当前值减 1。某些计数器还有复位和起动输入端，也可以在梯形图中用复位指令来复位。

通过 M8246～M8255，可以监视 C246～C255 实际的计数方向，对应的 M 为 ON 时计数器为减计数，为 OFF 时为加计数。

4．双向双输入高速计数器

C251～C255 为双向（又称为 A/B 相型）双输入高速计数器，它们有两个计数输入端，某些计数器还有复位和启动输入端。

图 3-15a 中的 X16 为 ON 时，C251 通过中断，对 X0 输入的 A 相信号和 X1 输入的 B 相信号的动作计数。X15 为 ON 时，C251 被复位。当计数值大于等于设定值时，Y2 的线圈通电；若计数值小于设定值，Y2 的线圈断电。

A/B 相输入不仅提供计数信号，根据它们的相对相位关系，还提供了计数的方向。利用旋转轴上安装的 A/B 相型编码器，在机械正转时自动进行加计数，反转时自动进行减计数。A 相输入为 ON 时，若 B 相输入由 OFF 变为 ON，为加计数（见图 3-15b）；A 相为 ON 时，若 B 相由 ON 变为 OFF，为减计数（见图 3-15c）。

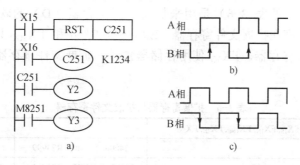

图 3-15　双向双输入高速计数器

可以用 M8251 监视 C251 的加/减计数状态，M8251 在加计数时为 OFF，减计数时为 ON。

5．高速计数器的计数频率

FX$_{3U}$ 的 6 点单相计数器的最高计数频率为 100kHz，2 点为 10kHz。2 点双相双计数输入计数器 1 倍频和 4 倍频为 50kHz，FX$_{3U}$-4HSX-ADP 高速输入特殊适配器单相为 200kHz。其他系列单相计数为 4 点 60kHz，2 点 10kHz，双相计数减半。

3.2.5　数据寄存器、指针与常数

1．数据寄存器

数据寄存器（D）在模拟量检测与控制以及位置控制等场合用来存储数据和参数。数据寄存器可以存储 16 位二进制数或一个字，两个数据寄存器合并起来可以存放 32 位数据（双字），在 D0 和 D1 组成的 32 位数据寄存器（D0，D1）中，D0 存放低 16 位，D1 存放高 16 位。16 位和 32 位数据寄存器的最高位为符号位，符号位为 0 时数据为正，为 1 时数据为负。

数据寄存器可用于应用指令，和用于定时器、计数器设定值的间接指定。各种数据寄存器的软元件号范围见表 3-5。

（1）一般用途数据寄存器

PLC 从 RUN 模式进入 STOP 模式时，所有的一般用途数据寄存器（见表 3-5）的值被清零。如果特殊辅助继电器 M8033 为 ON，PLC 从 RUN 模式进入 STOP 模式时，一般用途数据寄存器的值保持不变。程序中未用的定时器和计数器可以作为数据寄存器使用。

表 3-5　数据寄存器

PLC 系列	FX₁S	FX₁N, FX₁NC, FX₃G	FX₂N, FX₂NC, FX₃U, FX₃UC
一般用途数据寄存器	128 点，D0~127	128 点，D0~127	200 点，D0~199
断电保持型数据寄存器	128 点，D128~255	7872 点，D128~7999	7800 点，D200~7999
文件寄存器	1500 点，D1000~2499	7000 点，D1000~D7999	

（2）断电保持型数据寄存器

断电保持型数据寄存器有断电保持功能，PLC 从 RUN 模式进入 STOP 模式时，断电保持型寄存器的值保持不变。通过参数设定，可以改变断电保持型数据寄存器的范围。

（3）扩展寄存器和扩展文件寄存器

扩展寄存器（R，见表 3-6）是用来扩展数据寄存器（D）的软元件。扩展寄存器（R）的内容也可以保存在扩展文件寄存器（ER）中。FX₃U 和 FX₃UC 只有使用存储器盒时才可以使用扩展文件寄存器。FX₃G 使用存储器盒时，扩展文件寄存器保存在存储器盒的 E²PROM 中。

表 3-6　扩展寄存器与扩展文件寄存器

PLC 系列	FX₁S, FX₁N, FX₁NC, FX₂N, FX₂NC	FX₃G	FX₃U, FX₃UC
扩展寄存器	—	24000 点，R0~R23999	32768 点，R0~R32767
扩展文件寄存器	—	24000 点，ER0~ER23999	32768 点，ER0~ER32767

2．特殊用途数据寄存器

FX₃G、FX₃U 和 FX₃UC 的特殊用途数据寄存器为 512 点（D8000~D8511），其他系列为 256 点（D8000~D8255），用来控制和监视 PLC 内部的各种工作方式和软元件，例如电池电压、扫描时间以及正在动作的状态的编号等。PLC 通电时，这些数据寄存器被写入默认的值。可以用 GX Developer 的帮助功能查看各特殊用途数据寄存器的功能。

用户可以用 D8000 来改写监控定时器以 ms 为单位的设定时间值。D8010~D8012 中分别是 PLC 扫描时间的当前值、最大值和最小值。

3．文件寄存器

D1000 开始是断电保持型数据寄存器，可以将它们设置为最大 7000 点的文件寄存器，每 500 点文件寄存器为 1 个记录块。

文件寄存器用来设置具有相同软元件编号的数据寄存器的初始值。上电时和 STOP→RUN 时，文件寄存器中的数据被传送到系统 RAM 的数据寄存器区。

可以在 GX Developer 的"FX 参数设置"对话框的"内存容量设置"选项卡中（见图 2-31），从 D1000 开始，以块（每块 500 点）为单位，设置文件寄存器的容量。

4．外部调整寄存器

FX₁S、FX₁N 和 FX₃G 有两个内置的设置参数用的小电位器（见图 3-16），用小螺钉旋具调节电位器，可以改变指定的数据寄存器 D8030 或 D8031 的值（0~255）。

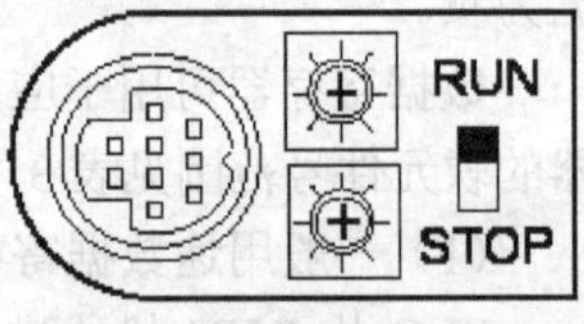

图 3-16　设置参数的小电位器

FX₂N、FX₂NC、FX₃U 和 FX₃UC 没有这种内置的电位器，但是可以用 8 点电位器特殊功能扩展板来实现同样的功能。这些电位器常用来修改定时器的时间设定值，可以用应用指令 VRRD（FNC 85）读出各电位器设置的 8 位二进制数。

5. 变址寄存器

FX 系列有 16 个变址寄存器 V0～V7 和 Z0～Z7。在 32 位操作时将软元件号相同的 V、Z（例如 V2、Z2）合并使用，Z 为低位。用 32 位的 DMOV 指令来改写（V2，Z2）的值，指令中的目标软元件为 Z2。

变址寄存器用来改变软元件的软元件号，例如当 V4=12 时，数据寄存器的软元件号 D6V4 相当于 D18（12+6=18）。变址寄存器也可以用来修改常数的值，例如当 Z5=21 时，K48Z5 相当于常数 69（21+48=69）。本书中的 6.1.1 节通过实例介绍了变址寄存器的使用方法。

6. 指针

指针（P/I）包括分支、子程序用的指针（P）和中断用的指针（I）。在梯形图中，指针放在左侧母线的左边。指针的用法详见本书 6.3 节。

7. 常数

K 用来表示十进制常数，16 位常数的范围为 -32768～$+32767$，32 位常数的范围为 -2147483648～$+2147483647$。

H 用来表示十六进制常数，十六进制使用 0～9 和 A～F 这 16 个数字，16 位常数的范围为 0～FFFF，32 位常数的范围为 0～FFFFFFFF。

3.3　FX 系列 PLC 的基本指令

FX 系列 PLC 有 20 多条基本指令，此外还有一百多条应用指令。仅用基本指令就可以编制出开关量控制系统的用户程序。

3.3.1　与触点和线圈有关的指令

LD（Load，取）和 LDI（Load Inverse，取反）分别是电路开始的常开触点和常闭触点对应的指令。LD 与 LDI 指令对应的触点一般与左侧母线相连，在使用 ANB、ORB 指令时，LD 与 LDI 指令用来定义与其他电路串、并联的电路的起始触点。

AND（And，与）和 ANI（And Inverse，与非）分别是常开触点和常闭触点串联连接指令。单个触点与左边的电路串联时，使用 AND 和 ANI 指令。

OR（Or，或）和 ORI（Or Inverse，或非）分别是常开触点和常闭触点并联连接指令。并联触点的左端接到该指令所在的电路块的起始点（LD 点），右端与前一条指令对应的触点的右端相连。

上述触点指令可以用于软元件 X、Y、M、T、C 和 S。

OUT 是驱动线圈的输出指令，可以用于 Y、M、T、C 和 S。OUT 指令不能用于输入继电器 X，线圈和输出类指令应放在梯形图同一行电路的最右边。OUT 指令可以连续使用若干次，相当于线圈的并联（见图 3-17）。

定时器和计数器的 OUT 指令之后应设置以字母 K 开始的十进制常数。定时器实际的定时时间与定时器的种类有关，图中的 T0 是 100ms 定时器，K19 对应的定时时间为 19×

100ms=1.9s。也可以指定数据寄存器的软元件号，用它里面的数作为定时器和计数器的设定值。

用指令表输入图 3-17 中的定时器指令时，输入"OUT T0 K19"，指令助记符、软元件号和设定值之间用空格分隔。

在图 3-18 中，指令"OUT M101"之后通过 T1 的触点去驱动 Y4，称为连续输出。只要按正确的次序设计电路，可以重复使用连续输出。

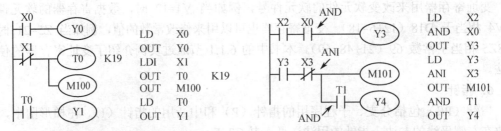

图 3-17 LD、LDI 与 OUT 指令   图 3-18 AND 与 ANI 指令

串联和并联指令是用来描述单个触点与别的触点或触点组成的电路的连接关系的。虽然图 3-18 中 T1 的触点和 Y4 的线圈组成的串联电路与 M101 的线圈是并联关系，但是 T1 的常开触点与左边的电路是串联关系，所以 T1 的触点对应于 AND 指令。

OR 和 ORI 指令总是将单个触点并联到它前面已经连接好的电路的两端，以图 3-19 中的 M110 的常闭触点为例，它前面的 4 条指令已经将 4 个触点串并联为一个整体，因此指令"ORI M110"对应的常闭触点并联到该电路的两端。

【例 3-1】 已知图 3-20 中 X1 的波形，画出 M0 的波形。

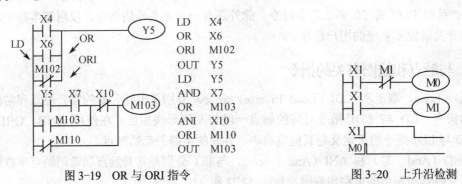

图 3-19 OR 与 ORI 指令   图 3-20 上升沿检测

在 X1 上升沿之前，X1 的常开触点断开，M0 和 M1 均为 OFF，其波形用低电平表示。在 X1 的上升沿，X1 变为 ON，CPU 先执行第一行的电路。因为前一扫描周期 M1 为 OFF，M1 的常闭触点闭合，所以 M0 变为 ON。执行第二行电路后，M1 变为 ON。从上升沿之后的第二个扫描周期开始，到 X1 变为 OFF 为止，M1 均为 ON，其常闭触点断开，使 M0 为 OFF。因此，M0 只是在 X1 的上升沿 ON 一个扫描周期。

如果交换图 3-20 中上下两行的位置，在 X1 的上升沿，M1 的线圈先"通电"，M1 的常闭触点断开，因此 M0 的线圈不会"通电"。由此可知，如果交换相互有关联的两块电路的相对位置，可能会改变某些线圈的工作状态。一般会使线圈"通电"或"断电"的时间提前或延后一个扫描周期，对于绝大多数系统，这是无关紧要的。但是，在某些情况下，可能会影响系统的正常运行。

3.3.2 电路块串/并联指令与堆栈指令

1. 电路块串/并联指令

ORB（电路块或，Or Block）：多触点电路块的并联连接指令。

ANB（电路块与，And Block）：多触点电路块的串联连接指令。

指令表中的 ORB 指令将它上面的两个触点电路块（一般是串联电路块）并联，它不带软元件号，相当于电路块间右侧的一段垂直连线。要并联的电路块的起始触点使用 LD 或 LDI 指令，完成了电路块的内部连接后，用 ORB 指令将它与前面的电路并联（见图 3-21）。

指令表中的 ANB 指令将它上面的两个触点电路块（一般是并联电路块）串联（见图 3-22），它不带软元件号。ANB 指令相当于两个电路块之间的串联连线，该点也可以视为它右边的电路块的 LD 点。在指令表中，要串联的电路块的起始触点使用 LD 或 LDI 指令，完成了两个电路块的内部连接后，用 ANB 指令将它与前面的电路串联。

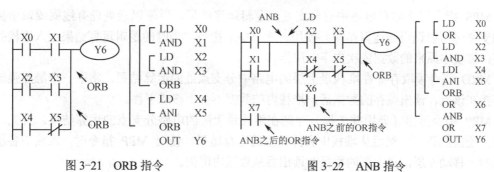

图 3-21 ORB 指令   图 3-22 ANB 指令

【例 3-2】 将图 3-23 中的指令表程序转换为梯形图。

对于较复杂的程序，特别是指令中含有 ORB 和 ANB 时，在画梯形图之前，应分析清楚电路的串并联关系，再开始画梯形图。首先将电路划分为若干块，各电路块从含有 LD 的指令（例如 LD、LDI 和 LDP 等）开始，在下一条含有 LD 的指令或 ANB、ORB 指令之前结束。然后，分析各块电路之间的串/并联关系。

在图 3-23 的指令表中，划分出 3 块电路。ORB 或 ANB 指令总是将它上面靠近它的已经连接好的电路并联或串联起来，所以 ORB 指令并联的是指令表中划分的第 2 块和第 3 块电路。图 3-23 给出了指令表和梯形图中电路块的对应关系。

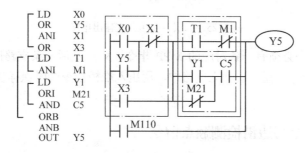

图 3-23 复杂电路的分解

2. 堆栈指令与多重分支输出电路

MPS、MRD 和 MPP 指令分别是进栈、读栈和出栈指令，它们用于多重分支输出电路。FX 系列有 11 个存储中间运算结果的堆栈存储器（见图 3-24 的左图），堆栈采用先进后出的数据存取方式。

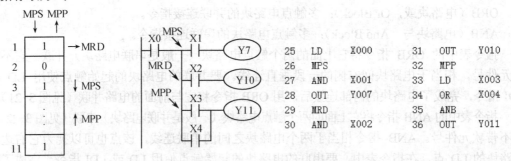

图 3-24　堆栈与分支输出电路

MPS 指令用于储存电路中有分支处的逻辑运算结果，以便以后处理有线圈或输出类指令的支路时可以调用该运算结果。使用一次 MPS 指令，当时的逻辑运算结果压入堆栈的第一层，堆栈中原来的数据依次向下一层推移。

MRD 指令读取存储在堆栈最上层的电路中分支点处的运算结果，将下一个触点强制性地连接在该点。读出保存的数据后，堆栈内的数据不会上移或下移。

MPP 指令弹出（调用并去掉）存储在堆栈最上层的电路分支点的运算结果。首先将下一触点连接到该点，然后从堆栈中去掉该点的运算结果。使用 MPP 指令时，堆栈中各层的数据向上移动一层，最上层的数据在读出后从堆栈内消失。

图 3-24 和图 3-25 分别给出了使用一层栈和使用多层栈的例子。在编程软件中输入图 3-24 和图 3-25 中的梯形图程序后，不会显示图中的堆栈指令。如果将该梯形图转换为指令表程序，编程软件会自动加入 MPS、MRD 和 MPP 指令。写入指令表程序时，必须由用户来写入 MPS、MRD 和 MPP 指令。

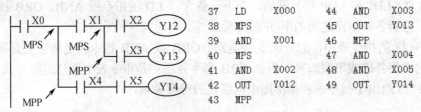

图 3-25　二层栈多重分支输出电路

每一条 MPS 指令必须有一条对应的 MPP 指令，处理最后一条支路时必须使用 MPP 指令，而不是 MRD 指令。在一块独立电路中，用压入堆栈指令同时保存在堆栈中的运算结果不能超过 11 个。

3.3.3　边沿检测指令与边沿检测触点指令

1. 边沿检测指令

PLS 是上升沿检测指令，PLF 是下降沿检测指令，它们只能用于输出继电器和辅助继电器，不能用于特殊辅助继电器。图 3-26 中的 M0 仅在 X0 的常开触点由断开变为接通（即 X0 的上升沿）时的一个扫描周期内为 ON，M1 仅在 X0 的常开触点由接通变为断开（即 X0 的下降沿）时的一个扫描周期内为 ON。如果要生成触点线圈之外的带方括号的指令，单击工具条上的按钮，在出现的"梯形图输入"对话框中输入方括号里的指令。

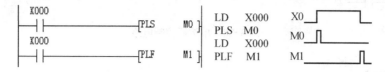

图 3-26　边沿检测指令

当 PLC 从 RUN 到 STOP，然后又由 STOP 进入 RUN 状态时，PLS 指令的驱动信号 X0 仍然为 ON，"PLS　M0"指令将会输出一个脉冲。然而，如果用保持型辅助继电器 M600 代替 M0，"PLS　M600"指令在这种情况下不会输出脉冲，这是因为在 STOP 模式 M600 仍然保持为 ON。

2．边沿检测触点指令

LDP（取脉冲上升沿）、ANDP（与脉冲上升沿）和 ORP（或脉冲上升沿）是用来检测上升沿的触点指令，触点的中间有一个向上的箭头，对应的触点仅在指定位软元件的上升沿（由 OFF 变为 ON）时接通一个扫描周期。

LDF（取脉冲下降沿）、ANDF（与脉冲下降沿）和 ORF（或脉冲下降沿）是用来检测下降沿的触点指令，触点的中间有一个向下的箭头，对应的触点仅在指定位软元件的下降沿（由 ON 变为 OFF）时接通一个扫描周期。

以上 6 条指令与触点所在的位置有关，包含 LD、AND 和 OR 的指令分别表示电路的起始触点、串联的触点和并联的触点。这些指令可以用于 X、Y、M、T、C 和 S。在 X2 的上升沿或 X3 的下降沿（见图 3-27），Y4 仅在一个扫描周期为 ON。边沿检测触点可以与普通触点混合使用。

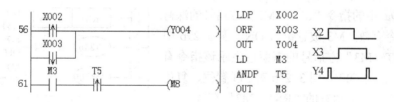

图 3-27　边沿检测触点指令

【例 3-3】 单按钮控制电路。

图 3-28 的左图是单按钮控制电路。X7 是按钮信号，用 Y15 控制电动机。电动机停机时按下按钮，因为 Y15 的常开触点断开，M2 的线圈断电，其常闭触点闭合。X7 的上升沿检测触点使 Y15 的线圈通电，电动机开始运行。再次按下按钮，因为 Y15 的常开触点闭合，M2 的线圈通电。其常闭触点断开，使 Y15 的线圈断电，电动机停机。如果 X7 提供等周期的脉冲列信号，Y15 输出波形的频率是 X7 波形频率的一半，因此这个电路具有分频的功能。

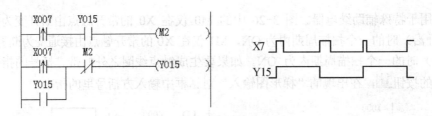

图 3-28 单按钮控制电路

3.3.4 其他指令

1. 置位指令与复位指令

置位指令 SET 将指定的软元件置位，图 3-29a 中 X3 的常开触点接通时，M3 变为 ON 并保持该状态，即使 X3 的常开触点断开，M3 也仍然保持为 ON 不变。

复位指令 RST 将指定的软元件复位，图 3-29a 中 X5 的常开触点接通时，M3 变为 OFF（0 状态）并保持该状态，即使 X5 的常开触点断开，M3 也仍然保持为 OFF 不变。

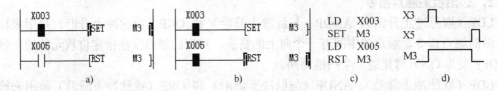

图 3-29 置位/复位指令

图 3-29a 中的置位/复位电路与图 2-27 中的起动-保持-停止电路的功能相同。

SET 指令可以用于 Y、M 和 S，RST 指令可以用于复位 Y、M、S，或将字软元件数据寄存器 D、变址寄存器 Z 和 V 的内容清零，还用来复位累计型定时器 T246～T255 和计数器。对同一个软元件，可以多次使用 SET 和 RST 指令，最后一次执行的指令将决定当前的状态（见图 3-29b）。

图 3-29a 中的指令"SET M3"方括号的深蓝色表示该指令有效，M3 被置位为 ON。图 3-29b 中的指令"RST M3"方括号的深蓝色表示该指令有效，M3 被复位为 OFF。图 3-29b 对 M3 置位、复位的这两条指令中，后执行的"RST M3"有效。

图 3-30 中 X0 的常开触点接通时，累计型定时器 T246 被复位，X3 的常开触点接通时，计数器 C200 被复位，它们的当前值被清 0，常开触点断开，常闭触点闭合。

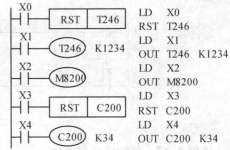

图 3-30 定时器与计数器的复位

在任何情况下，RST 指令都优先执行。计数器处于复位状态时，输入的计数脉冲不起作用。如果不希望计数器和累计型定时器具有断电保持功能，可以在用户程序开始运行时用初始化脉冲 M8002 将它们复位。

2. 主控指令与主控复位指令

用户在编程时，经常会遇到许多线圈同时受一个或一组触点控制的情况，如果在每个线圈的控制电路中都串入同样的触点或电路，将会使用很多触点，主控指令可以解决这一问题。使用主控指令的触点称为主控触点（见图 3-31 中 M10 的触点），它在梯形图中与一般的触点垂直。主控触点是控制一组电路的总开关。

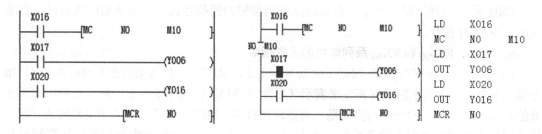

图 3-31 主控指令与主控复位指令

主控指令 MC（Master Control，公共触点串联连接指令）用于表示主控区的开始。MC 指令只能用于输出继电器 Y 和辅助继电器 M（不包括特殊辅助继电器）。

主控复位指令 MCR 是 MC 的复位指令，用来表示主控区的结束。执行 MC 指令后，母线（LD 点）移到主控触点的下面去了，MCR 使左侧母线回到原来的位置。与主控触点下面的母线相连的触点（例如图 3-31 中 X17 和 X20 的触点）使用 LD 或 LDI 指令。

图 3-31 的左图是写入模式的主控电路，右图是监视模式的主控电路，只有在读取模式和监视模式才能看到 M10 的主控触点。

图 3-31 中 X16 的常开触点接通时，执行 MC 和 MCR 之间的指令。X16 的常开触点断开时，不执行上述区间的指令，其中的累计型定时器、计数器、用复位/置位指令驱动的软元件保持其状态不变；其余的软元件被复位，非累计型定时器和用 OUT 指令驱动的软元件变为 OFF（见图 3-31 右图中 Y6 的线圈的状态）。

在 MC 指令区内使用 MC 指令称为嵌套（见图 3-32）。MC 和 MCR 指令中包含嵌套的层数 N0～N7，N0 为最高层，N7 为最低层。在没有嵌套结构时，通常用 N0 编程，N0 的使用次数没有限制；在有嵌套时，MCR 指令将同时复位低的嵌套层，例如指令"MCR N2"将复位 2～7 层。

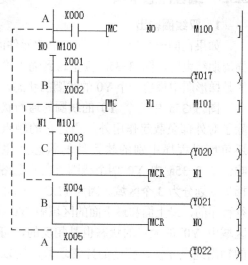

图 3-32 多重嵌套主控指令

主控指令实际上用得不多，有的 PLC（例如 S7-200）没有主控指令。

3. 取反指令（INV）

INV（Inverse）指令在梯形图中用一条 45°的短斜线来表示，它将执行该指令之前的运算结果取反。如果运算结果为 0，则将它变为 1；如果运算结果为 1，则变为 0。在图 3-33 中，如果 X12 和 X3 同时为 ON，则 M4 为 OFF；反之则 M4 为 ON。

图 3-33 取反指令

4．空操作指令

NOP（Non Processing）为空操作指令，使该步序作空操作。

5．END 指令

END 指令为程序结束指令，将强制结束当前的扫描执行过程。生成新的项目时，自动生成一条 END 指令。

6．FX₃U、FX₃UC 和 FX₃G 系列增加的基本指令

FX₃U、FX₃UC 和 FX₃G 系列增加了两条基本指令，MEP（运算结果的上升沿时为 ON）指令用水平电源线上向上的垂直箭头来表示（见图 3-34），仅在该指令左边触点电路的逻辑运算结果从 OFF→ON 的一个扫描周期，有能流流过它。MEF（运算结果的下降沿时为 ON）指令用水平电源线上向下的垂直箭头来表示，仅在该指令左边触点电路的逻辑运算结果从 ON→OFF 的一个扫描周期，有能流流过它。

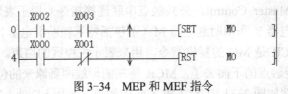

图 3-34　MEP 和 MEF 指令

3.3.5　编程注意事项

1．双线圈输出

如果在同一个程序中，同一个软元件的线圈使用了两次或多次，称为双线圈输出。在扫描周期结束时，图 3-35a 真正送到输出模块的是梯形图中最后一个 Y0 的线圈的状态。

图 3-35a 中两个 Y0 的线圈的通断状态除了对外部负载起作用外，通过它的触点，还可能对程序中别的软元件的状态产生影响。图 3-35a 中 Y0 两个线圈所在的电路将梯形图划分为 3 个区域。因为 PLC 是循环执

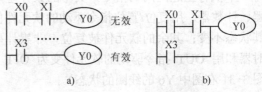

图 3-35　双线圈输出的处理

行程序的，最上面和最下面的区域中 Y0 的状态相同。如果两个线圈的通断状态相反，不同区域中 Y0 的触点的状态也是相反的，可能会使程序运行异常。作者曾遇到因双线圈引起的输出继电器快速振荡的异常现象。所以，一般应避免出现双线圈输出现象，例如可以将图 3-35a 改画为图 3-35b。

2．程序的优化设计

在设计并联电路时，应将单个触点的支路放在下面；设计串联电路时，应将单个触点放在右边，否则将多使用一条指令（见图 3-36）。

建议在有线圈的并联电路中，将单个线圈放在上面，将图 3-36a 的电路改为图 3-36b 的电路，可以避免使用入栈指令 MPS 和出栈指令 MPP。

3．梯形图中指令的位置

输出类元件（例如 OUT、MC、SET、RST、PLS、PLF 和大多数应用指令）应放在梯形图的最右边，它们不能直接与左侧母线相连。有的指令（例如 END 和 MCR 指令）不能用

触点驱动，必须直接与左侧母线或临时母线相连。

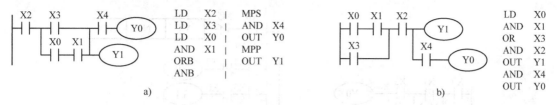

图 3-36　梯形图的优化设计

3.4　习题

1．填空

1）一般用途定时器的线圈_____时开始定时，定时时间到时其常开触点_____，常闭触点_____。

2）一般用途定时器的线圈_____时被复位，复位后其常开触点_____，常闭触点_____，当前值为____。

3）计数器的复位输入电路_____、计数输入电路_____，当前值_____设定值时，计数器的当前值加 1。计数当前值等于设定值时，其常开触点_____，常闭触点_____。再来计数脉冲时，当前值_____。复位输入电路_____时，计数器被复位，复位后其常开触点_____，常闭触点_____，当前值为____。

4）OUT 指令不能用于_____继电器。

5）_____是初始化脉冲，在从_____模式进入_____模式时，它 ON 一个扫描周期。当 PLC 处于 RUN 模式时，M8000 一直为_____。

6）与主控触点下端相连的常闭触点应使用_____指令。

7）软元件中只有_____和_____的元件号采用八进制数。

2．写出图 3-37 所示梯形图的指令表程序。

3．写出图 3-38 所示梯形图的指令表程序。

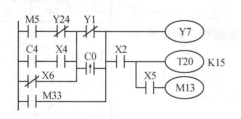

图 3-37　题 2 的图

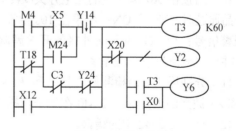

图 3-38　题 3 的图

4．写出图 3-39 中的梯形图对应的指令表程序。

5．写出图 3-40 中的梯形图对应的指令表程序。

6．画出图 3-41a 中的指令表程序对应的梯形图。

7．画出图 3-41b 中的指令表程序对应的梯形图。

8．画出图 3-41c 中的指令表程序对应的梯形图。

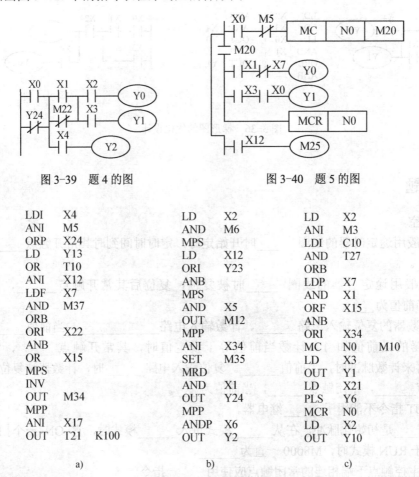

图 3-39 题 4 的图   图 3-40 题 5 的图

LDI	X4		LD	X2		LD	X2
ANI	M5		AND	M6		ANI	M3
ORP	X24		MPS			LDI	C10
LD	Y13		LD	X12		AND	T27
OR	T10		ORI	Y23		ORB	
ANI	X12		ANB			LDP	X7
LDF	X7		MPS			AND	X1
AND	M37		AND	X5		ORF	X15
ORB			OUT	M12		ANB	
ORI	X22		MPP			ORI	X34
ANB			ANI	X34		MC	N0	M10
OR	X15		SET	M35		LD	X3
MPS			MRD			OUT	Y1
INV			AND	X1		LD	X21
OUT	M34		OUT	Y24		PLS	Y6
MPP			MPP			MCR	N0
ANI	X17		ANDP	X6		LD	X2
OUT	T21	K100	OUT	Y2		OUT	Y10

a)   b)   c)

图 3-41 题 6～8 的程序

9．用 PLS 指令设计出使 M0 在 X0 的下降沿 ON 一个扫描周期的梯形图。

10．用接在 X0 输入端的光电开关检测传送带上通过的产品。有产品通过时，X0 为 ON；如果在 10s 内没有产品通过，由 Y0 发出报警信号；用 X1 输入端外接的开关解除报警信号。画出梯形图，并将它转换为指令表程序。

11．分别用上升沿检测触点指令和 PLS 指令设计梯形图，在 X0 或 X1 波形的上升沿，使 M0 在一个扫描周期内为 ON。

12．指出图 3-42 中的错误。

13．用接在 X0～X11 输入端的 10 个键输入十进制数 0～9，将它们以二进制数的形式用 Y0～Y3 输出，Y0 为最低位。用触点和线圈指令设计满足要求的编码电路。

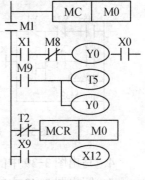

图 3-42 题 12 的图

56

第4章　开关量控制系统梯形图的设计方法

4.1　梯形图的经验设计法

4.1.1　梯形图中的基本电路

1．具有记忆功能的电路

在第 1 章中已经介绍过起动、保持和停止电路（简称为起保停电路），由于该电路在梯形图中得到了广泛的应用，现在将它重画在图 4-1 中。图中的起动信号 X1 和停止信号 X2（例如起动按钮和停止按钮提供的信号）持续为 ON 的时间一般都很短。起保停电路最主要的特点是具有"记忆"功能。按下起动按钮，起动信号 X1 变为 ON（波形图中用高电平表示），X1 的常开触点接通，使 Y1 的线圈"通电"，它的常开触点同时接通。放开起动按钮，X1 变为 OFF（波形图中用低电平表示），其常开触点断开，"能流"经 Y1 的常开触点和 X2 的常闭触点流过 Y1 的线圈，Y1 仍为 ON，这就是所谓的"自锁"或"自保持"功能。

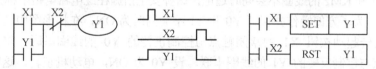

图 4-1　起保停电路与置位/复位电路

在继电器电路和梯形图中，线圈的状态是输出信号，控制线圈的触点电路提供输入信号。起保停电路的记忆功能是将 Y1 的输出信号通过它的常开触点反馈回输入电路实现的。

按下停止按钮，X2 变为 ON，它的常闭触点断开，使 Y1 的线圈"断电"，其常开触点断开。以后即使放开停止按钮，X2 的常闭触点恢复接通状态，Y1 的线圈仍然"断电"。在实际电路中，起动信号和停止信号可能由多个触点组成的串、并联电路提供。

2．置位/复位电路

图 4-1 所示的置位/复位电路的功能与图中的起保停电路完全相同。该电路的记忆作用是用置位/复位指令实现的。值得注意的是，控制复位的是 X2 的常开触点，在起保停电路中，使 Y1 变为 OFF 的是 X2 的常闭触点。

3．三相异步电动机正反转控制电路

图 4-2 是三相异步电动机正反转控制的主电路和继电器控制电路图，图 4-3 是功能与它相同的 PLC 控制系统的外部接线图和梯形图，其中的 KM1 和 KM2 分别是控制正转运行和反转运行的交流接触器。各按钮为 PLC 提供输入信号，PLC 的输出点用来控制两个交流接触器的线圈。

在梯形图中，用两个起保停电路来分别控制电动机的正转和反转。按下正转起动按钮

SB2，X0 变为 ON，其常开触点接通，Y0 的线圈"得电"并自保持，使 KM1 的线圈通电，电动机开始正转运行。按下停止按钮 SB1，X2 变为 ON，其常闭触点断开，使 Y0 线圈"失电"，电动机停止运行。

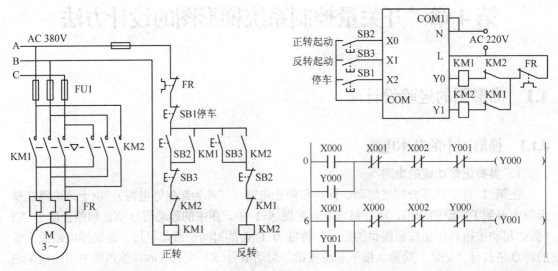

图 4-2 主电路与继电器控制电路图 　　图 4-3 PLC 控制系统的外部接线图与梯形图

在梯形图中，将 Y0 和 Y1 的常闭触点分别与对方的线圈串联，可以保证它们不会同时为 ON，因此 KM1 和 KM2 的线圈不会同时通电，这种安全措施在继电器电路中称为"互锁"。

除此之外，为了方便操作并保证 Y0 和 Y1 不会同时为 ON，在梯形图中还设置了"按钮联锁"，即将反转起动按钮 X1 的常闭触点与控制正转的 Y0 的线圈串联，将正转起动按钮 X0 的常闭触点与控制反转的 Y1 的线圈串联。设 Y0 为 ON，电动机正转，这时如果想改为反转运行，可以不按停止按钮 SB1，直接按反转起动按钮 SB3，X1 变为 ON，它的常闭触点断开，使 Y0 线圈"失电"，同时 X1 的常开触点接通，使 Y1 的线圈"得电"，电动机由正转变为反转。

使用梯形图中的互锁和按钮联锁电路，只能保证 PLC 输出模块中与 Y0 和 Y1 相对应的硬件继电器的常开触点不会同时接通。如果没有图 4-3 的外部接线图中由 KM1 和 KM2 的辅助常闭触点组成的硬件互锁电路，由于切换过程中电感的延时作用，将会出现一个接触器尚未断弧，另一个却已合上的现象，从而造成电源相间瞬时短路的故障。如果因主电路电流过大或接触器质量不好，某一接触器的主触点被断电时产生的电弧熔焊而被粘结，其线圈断电后主触点仍然是接通的，这时如果另一接触器的线圈通电，仍将造成三相电源短路事故。在 PLC 外部设置硬件互锁电路后，即使 KM1 的主触点被电弧熔焊，这时它的与 KM2 线圈串联的辅助常闭触点处于断开状态，因此 KM2 的线圈不可能得电，不会造成电源相间短路。

图 4-3 中的 FR 是作过载保护用的热继电器，异步电动机严重过载时，经过一定时间的延时，热继电器的常闭触点断开，常开触点闭合。其常闭触点与接触器的线圈串联，过载时接触器线圈断电，电动机停止运行，起到了保护作用。

有的热继电器需要手动复位，即热继电器动作后要按一下它自带的复位按钮，其触点才会恢复常态，即常开触点断开，常闭触点闭合。这种热继电器的常闭触点可以像图 4-3 那样接在 PLC 的输出回路，仍然与接触器的线圈串联，这种方案可以节约 PLC 的一个输入点。

有的热继电器有自动复位功能，即热继电器动作后电动机停转，串接在主回路中的热继电器的热元件冷却后，热继电器的触点自动恢复原状。如果这种热继电器的常闭触点仍然接在 PLC 的输出回路，电动机停转后，过一段时间会因热继电器的触点恢复原状而使电动机自动重新运转，可能会造成设备和人身事故。因此有自动复位功能的热继电器的常闭触点不能接在 PLC 的输出回路，必须将它的触点接在 PLC 的输入端（可以接常开触点或常闭触点），用梯形图来实现电动机的过载保护。如果用电子式电动机过载保护器来代替热继电器，也应注意它的复位方式。

4.1.2 经验设计法

1. 基本方法

经验设计法是用设计继电器电路图的方法来设计比较简单的开关量控制系统的梯形图，即在一些典型电路的基础上，根据被控对象对控制系统的具体要求，不断地修改和完善梯形图。有时需要反复调试和修改梯形图，增加一些触点或中间软元件，最后才能得到一个较为满意的结果。

这种设计方法没有普遍的规律可以遵循，具有很大的试探性和随意性，最后的结果不是唯一的，设计所用的时间、设计的质量与设计者的经验有很大的关系，一般用于较简单的梯形图（例如手动程序）的设计。电工手册给出了大量的常用的继电器控制电路，用经验设计法设计梯形图时可以参考这些电路。

2. 钻床刀架运动控制系统的设计

图 4-4a 给出了钻削加工时刀架的运动示意图。刀架开始时在限位开关 X4 处，按下起动按钮 X0，刀架左行，开始钻削加工，到达限位开关 X3 所在位置时停止进给，钻头继续转动，进行无进给切削，6s 后定时器 T0 的定时时间到，刀架自动返回起始位置。

在电动机正反转控制梯形图的基础上，设计出满足要求的 PLC 外部接线图和梯形图（见图 4-4b、图 4-5 和例程"刀架控制"）。为了使刀架的进给运动自动停止，将左限位开关 X3 的常闭触点与控制进给的 Y0 的线圈串联。为了在左限位开关 X3 处进行无进给切削，用 X3 的常开触点来控制定时器 T0 的线圈，T0 的定时时间到时，其常开触点闭合，给控制 Y1

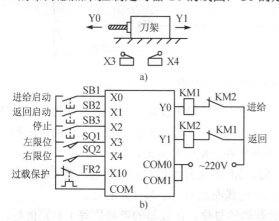

图 4-4　刀架运动示意图与 PLC 外部接线图

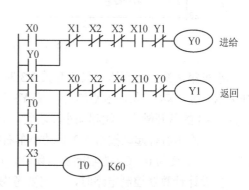

图 4-5　刀架控制的梯形图

的起保停电路提供起动信号，使 Y1 的线圈通电，刀架自动返回。刀架离开 X3 所在位置后，X3 的常开触点断开，T0 被复位。刀架回到 X4 所在位置时，X4 的常闭触点断开，使 Y1 的线圈断电，刀架停在起始位置。

3．控制小车往返次数的程序设计

小车控制系统的示意图和 PLC 外部接线图见图 4-6。假设小车开始时停在最左边，按下右行起动按钮，小车开始右行，之后小车将在两个限位开关之间往返运行。往返 3 次后小车停在最左边。程序见图 4-7（见例程"小车往返次数控制"）。

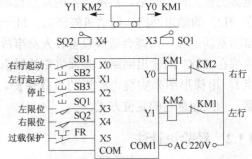

图 4-6 小车控制系统示意图与 PLC 外部接线图

为了控制往返的次数，用右限位开关 X3 给计数器 C0 提供计数脉冲。小车前两次往返时，C0 的当前值小于设定值 3，与 Y0 线圈串联的 C0 的常闭触点闭合，不影响左限位开关 X4 自动起动小车右行。

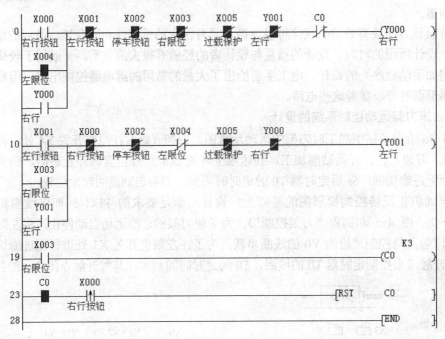

图 4-7 控制小车往返次数的梯形图

小车第 3 次右行到达右限位开关 X3 时，C0 的当前值等于设定值。小车左行到达左限位开关 X4 时，X4 的常闭触点断开，使 Y1 的线圈断电，小车停止左行。因为 C0 的常闭触点断开，X4 的常开触点不能起动小车右行，使小车停在左限位开关处。

下一次用右行起动按钮 X0 起动小车右行时，X0 的上升沿检测触点接通，将 C0 复位，C0 的当前值变为 0。C0 的常闭触点闭合，使 Y0 的线圈通电，小车开始右行。

在设计计数器控制电路时，一定要考虑计数器的复位。计数器的当前值等于设定值后，如果不将它复位，计数器就不能进行下一轮的计数操作了。

4．常闭触点输入信号的处理

有些输入信号只能由常闭触点提供，图 4-8a 是控制电动机运行的继电器电路图，SB1 和 SB2 分别是起动按钮和停止按钮，如果将它们的常开触点接到 PLC 的输入端，梯形图中触点的类型与图 4-8a 完全一致。如果接入 PLC 的是 SB2 的常闭触点，未按图 4-8b 中的停止按钮 SB2 时，其常闭触点闭合，X1 为 ON，梯形图中 X1 的常开触点闭合。显然，在梯形图中应将 X1 的常开触点与 Y0 的线圈串联（见图 4-8c）。按下停止按钮 SB2，其常闭触点断开，X1 变为 OFF，梯形图中 X1 的常开触点断开，Y0 的线圈断电，实现了停机操作。

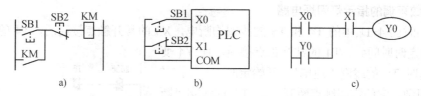

图 4-8　常闭触点输入信号电路

这时梯形图中所用的 X1 的触点类型与 PLC 外接 SB2 的常开触点时刚好相反，与继电器电路图中的习惯也是相反的。因此建议尽可能用常开触点作 PLC 的输入信号，使继电器电路与对应的梯形图电路中触点的常开、常闭类型一致。

如果某些信号只能用常闭触点输入，可以按输入全部为常开触点来设计，这样可以直接将继电器电路图"翻译"为梯形图。然后再将梯形图中对应于外部电路常闭触点的输入继电器的触点改为相反的触点，即常开触点改为常闭触点，常闭触点改为常开触点。

4.2　时序控制系统梯形图的设计方法

4.2.1　常用的定时器应用电路

1．定时范围的扩展

FX 系列的定时器的最长定时时间为 3276.7s，用 M8014 的触点给计数器提供周期为 1min 的时钟脉冲（见图 4-9 和例程"计数器应用"），可以实现最长定时时间为 32767min 的定时。

如果需要更长的定时时间，可以使用图 4-10 所示的电路。当图中的 X5 为 OFF 时，定时器 T0 和 C2 均处于复位状态，它们不能工作。X5 为 ON 时，其常开触点接通，T0 开始定时，600s 后 100ms 定时器 T0 的定时时间到，它的

图 4-9　用于定时的计数器

常闭触点断开，使它自己复位。复位后 T0 的当前值变为 0，下一个扫描

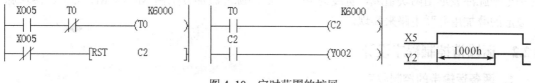

图 4-10　定时范围的扩展

周期因为 T0 的常闭触点接通，它的线圈重新"通电"，又开始定时。T0 将这样周而复始地工作，直到 X5 变为 OFF。从上面的分析可知，图中左边第一行的定时器电路是一个窄脉冲发生器，脉冲的周期等于 T0 的设定值，脉冲的宽度只有一个扫描周期。

T0 产生的脉冲送给 C2 计数，计满 6000 个数（即 1000h）后，C2 的当前值等于设定值，它的常开触点闭合。设 T0 和 C2 的设定值分别为 K_T 和 K_C，对于 100ms 定时器，总的定时时间为

$$T = 0.1 K_T K_C \quad (\text{s})$$

2．参数可调的指示灯闪烁电路

设开始时图 4-11 中的 T4 和 T5 的线圈均断电，X5 的常开触点接通后，T4 的线圈"通电"，2s 后定时时间到，T4 的常开触点接通，使 Y4 变为 ON，同时 T5 的线圈"通电"，开始定时。3s 后 T5 的定时时间到，它的常闭触点断开，使 T4 的线圈"断电"，T4 的常开触点断开，使 Y4 变为 OFF，同时使 T5 的线圈"断电"。在下一个扫描周期，因为 T5 的常闭触点接通，T4 又开始定时，以后 Y4 的线圈将这样周期性地"通电"和"断电"，直到 X5 变为 OFF。Y4"通电"和"断电"的时间分别等于 T5 和 T4 的设定值。

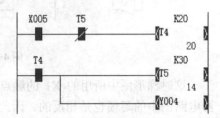

图 4-11　指示灯闪烁电路

闪烁电路实际上是一个具有正反馈的振荡电路，T4 和 T5 的输出信号通过它们的触点分别控制对方的线圈，形成了正反馈。

3．卫生间冲水控制电路

X6 是光电开关检测到的卫生间有使用者的信号（见图 4-12 和例程"定时器应用"），用 Y5 控制冲水电磁阀。从 X6 的上升沿（有人使用）开始，用定时器 T6 实现 3s 的延时，3s 后 T6 的常开触点接通，使 T7 开始定时，M0 输出一个 4s 的脉冲。

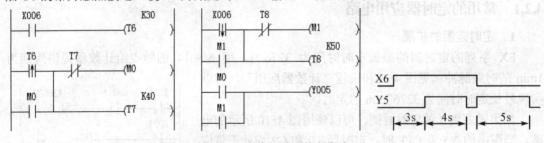

图 4-12　卫生间冲水控制电路

使用者离开时（在 X6 的下降沿），T8 开始定时，M1 输出一个 5s 的脉冲。M1 线圈所在的电路是一个下降沿触发的脉冲定时器电路，由波形图可知，控制冲水电磁阀的 Y5 输出的高电平脉冲波形由两块组成，宽度为 4s 和 5s 的脉冲波形分别由 M0 和 M1 提供。两块脉冲波形的叠加用并联电路来实现。

4.2.2　运输带控制程序设计

1．两条运输带的控制程序

两条运输带顺序相连（见图 4-13），PLC 通过 Y0 和 Y1 控制运输带的两台电动机。为

了避免运送的物料在 1 号运输带上堆积，按下起动按钮 X0，1 号运输带开始运行，8s 后 2 号运输带自动起动（见图 4-14）。停机的顺序与起动的顺序刚好相反，即按了停车按钮 X1 后，先停 2 号运输带，8s 后停 1 号运输带。

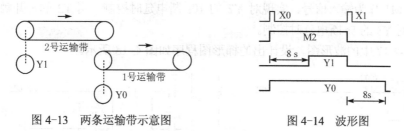

图 4-13　两条运输带示意图　　　　　　　图 4-14　波形图

梯形图程序如图 4-15 所示（见例程"运输带控制"），程序中设置了一个用起动按钮和停车按钮控制的辅助软元件 M2，用它的常开触点控制定时器 T0 以及 T1 等组成的断开延时定时器。

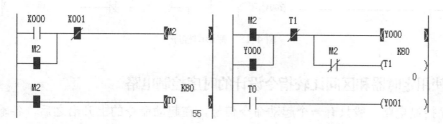

图 4-15　梯形图程序

T0 的常开触点在 X0 的上升沿 8s 之后接通，在 T0 的线圈断电（M2 的下降沿）时断开。综上所述，可以用 T0 的常开触点直接控制 2 号运输带 Y1。

按下起动按钮 X0，M2 变为 ON，控制 1 号运输带的 Y0 的线圈通电。按下停车按钮，M2 变为 OFF，T1 开始定时，8s 后 T1 的定时时间到，Y0 的线圈断电。

2．3 条运输带的控制程序

3 条运输带顺序相连（见图 4-16 和例程"运输带控制"），PLC 通过 Y2～Y4 控制 3 台运输带的电动机。为了避免运送的物料在 1 号和 2 号运输带上堆积，按下起动按钮 X2，1 号运输带开始运行，5s 后 2 号运输带自动起动，再过 5s 后 3 号运输带自动起动。停机的顺序与起动的顺序刚好相反，即按了停车按钮 X3 后，3 号运输带立即停机，5s 后 2 号运输带停机，再过 5s 停 1 号运输带。

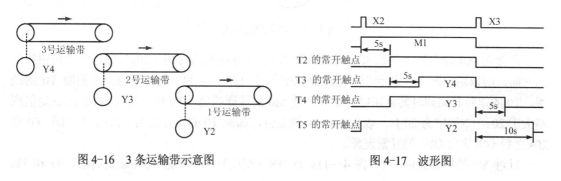

图 4-16　3 条运输带示意图　　　　　　　图 4-17　波形图

图 4-17 中的波形图给出了程序设计的思路。程序中设置了一个用起动按钮 X2 和停车按钮 X3 控制的辅助继电器 M1。用它的常开触点控制 T2 的线圈，用 T2 的常开触点控制 T3 的线圈，用 T3 的常开触点控制 Y4 的线圈。

此外用 M1 作为输入信号，实现对 Y2 的 10s 断电延时控制。用 T2 的常开触点作为输入信号，实现对 Y3 的 5s 断电延时控制。

根据图 4-17 中的波形图，设计出的梯形图程序如图 4-18 所示。

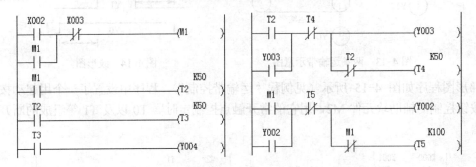

图 4-18 梯形图程序

4.2.3 使用定时器和区间比较指令设计的时序控制电路

时序控制电路一般只有一个起动命令信号，在起动命令的上升沿之后，各输出量的 ON/OFF 状态根据预定的时间自动地发生变化，最后回到初始状态。

图 4-19 中的电路对输出量的控制，是通过对定时器当前值使用区间比较指令（ZCP）来实现的（见例程"时序控制"）。以图 4-19 中的第二条 ZCP 指令为例，T0 的当前值（以 0.1s 为单位）与常数 150 和 200 比较，指令中的 M13 用来指定目标软元件，共占用连续的 3 个软元件（M13～M15）。若 T0 的当前值小于 150，M13 为 ON；若 T0 的当前值大于等于 150 且小于等于 200，M14 为 ON；若 T0 的当前值大于 200，M15 为 ON。M14 在 15～20s 区间为 ON。

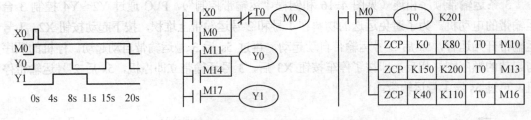

图 4-19 时序控制系统

用接在 X0 输入端的按钮来控制 Y0 和 Y1，需定时的总时间（20s）远远大于按钮按下的时间，所以用控制 M0 的起保停电路来记忆起动命令，用 M0 的常开触点来控制 T0 的线圈。T0 的定时时间到时其常闭触点断开，使 M0 的线圈断电，T0 停止定时。T0 的设定值应略大于 20s，本例中为 20.1s，以保证 M14 被复位，如果 T0 的设定值为 K200，将出现 Y0 在 20s 之后不能变为 OFF 的异常现象。

以对 Y1 的控制为例，Y1 在 4～11s 为 ON（高电平），T0 是 100ms 定时器，4s 和 11s

分别对应定时器的当前值 40 和 110，图 4-19 中的第 3 条 ZCP 指令使目标软元件 M17 在 4～11s 为 ON，所以可以用 M17 来控制 Y1。

从 Y0 的波形可知，Y0 在 0～8s 和 15～20s 两段时间内为 ON，可以用两条 ZCP 指令来控制 Y1。在 0～8s 区间，第一条 ZCP 指令使 M11 为 ON；在 15～20s 区间，第二条 ZCP 指令使 M14 为 ON，所以将 M11 和 M14 的常开触点并联后来控制 Y1 的线圈，就可以得到图 4-19 所示的 Y0 的波形图。

4.2.4　使用多个定时器接力定时的时序控制电路

用户可以用多个定时器 "接力" 定时来控制时序控制电路中输出继电器的工作。按下起动按钮 X1 后，要求 Y2 和 Y3 按图 4-20 中的时序工作，图中用 T1、T2 和 T3 来对 3 段时间定时。起动按钮提供给 X1 的是短信号，为了保证定时器的线圈有足够长的 "通电" 时间，用起保停电路控制 M1。按下起动按钮 X1 后，M1 变为 ON 并保持，其常开触点使定时器 T1 的线圈 "通电"，开始定时。6s 后 T1 的常开触点闭合，使 T2 的线圈 "通电"，T2 开始定时。8s 后 T2 的常开触点闭合，使 T3 的线圈 "通电"……各定时器以 "接力" 的方式依次对各段时间定时（见图 4-21 和例程 "时序控制"）。直至最后一段定时结束，T3 的常闭触点断开，使 M1 变为 OFF；M1 的常开触点断开，使 T1 的线圈 "断电"；T1 的常开触点断开，又使 T2 的线圈 "断电"……这样所有的定时器都被复位，系统回到初始状态。

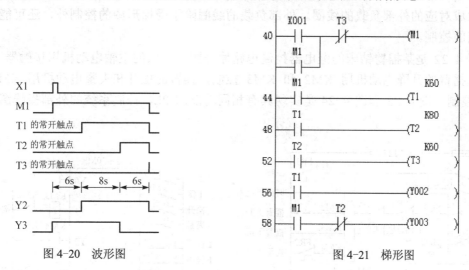

图 4-20　波形图　　　　　　　　　图 4-21　梯形图

控制 Y2 和 Y3 的输出电路可以根据波形图来设计。由图 4-20 可知，Y2 的波形与 T1 的常开触点的波形相同，所以用 T1 的常开触点来控制 Y2 的线圈。Y3 的波形可以由 T2 常开触点的波形反相后，再与 M1 的波形相 "与" 而得到，即 $Y3 = M1 \cdot \overline{T2}$。用常闭触点可以实现取反，"与" 运算可以用触点的串联来实现，所以 Y3 的线圈用 M1 的常开触点和 T2 的常闭触点组成的串联电路来驱动。

4.3　根据继电器电路图设计梯形图的方法

用 PLC 改造继电器控制系统时，因为原有的继电器控制系统经过长期的使用和考验，已经被证明能完成系统要求的控制功能，而继电器电路图与梯形图在表示方法和分析方法上有很多相似之处，可以根据继电器电路图来设计梯形图，即将继电器电路图"转换"为具有相同功能的 PLC 的外部硬件接线图和梯形图。因此，根据继电器电路图来设计梯形图是一条捷径。这种设计方法一般不需要改动控制面板，保持了系统原有的外部特性，操作人员不用改变长期形成的操作习惯。

在设计时应注意梯形图与继电器电路图的区别，梯形图是一种软件，是 PLC 图形化的程序。而继电器电路是由硬件元件组成的，梯形图和继电器电路有本质的区别。例如，在继电器电路图中，由同一个继电器的多对触点控制的多个继电器的状态可能同时变化，而 PLC 的 CPU 是串行工作的，即 CPU 同时只能处理 1 条与触点和线圈有关的指令，根据继电器电路图设计梯形图时有很多需要注意的地方。

4.3.1　基本方法

在分析 PLC 控制系统的功能时，可以将它想象成一个继电器控制系统中的控制箱，其外部接线图描述了这个控制箱的外部接线，梯形图是这个控制箱的内部"线路图"，梯形图中的输入继电器和输出继电器是这个控制箱与外部世界联系的"接口继电器"，这样就可以用分析继电器电路图的方法来分析 PLC 控制系统。在分析时可以将梯形图中输入继电器的触点想象成对应的外部输入器件的触点或电路，将输出继电器的线圈想象成对应的外部负载的线圈。外部负载的线圈除了受梯形图的控制外，还可能受外部触点的控制。

图 4-22 是某摇臂钻床的继电器控制电路原理图。钻床的主轴电动机用接触器 KM1 控制，摇臂的升降电动机用 KM2 和 KM3 控制，摇臂的松开和夹紧电动机用 KM4 和 KM5 控制。图 4-23 和图 4-24 是实现具有相同功能的 PLC 控制系统的外部接线图和梯形图。

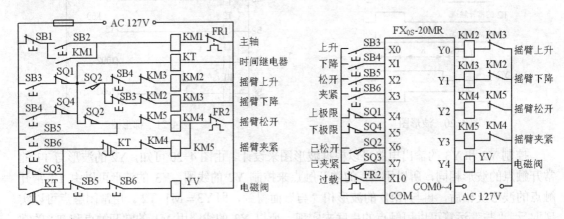

图 4-22　继电器控制电路原理图　　　　图 4-23　PLC 控制系统的外部接线图

将继电器电路图转换为功能相同的 PLC 的外部接线图和梯形图的步骤如下：

1）了解和熟悉被控设备的工艺过程和机械的动作情况，根据继电器电路图分析和掌握控制系统的工作原理，这样才能做到在设计和调试控制系统时心中有数。

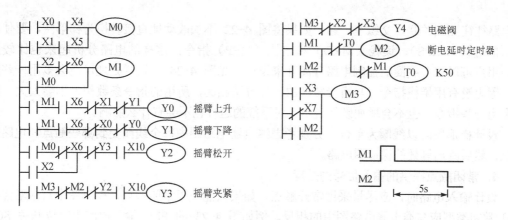

图 4-24　梯形图与断电延时的波形图

2）确定 PLC 的输入信号和输出负载，画出 PLC 的外部接线图。

继电器电路图中的交流接触器和电磁阀等执行机构用 PLC 的输出继电器来控制，它们的线圈接在 PLC 的输出端。按钮、控制开关、限位开关以及接近开关等用来给 PLC 提供控制命令和反馈信号，它们的触点接在 PLC 的输入端。继电器电路图中的中间继电器和时间继电器的功能用 PLC 内部的辅助继电器和定时器来完成，它们与 PLC 的输入继电器和输出继电器无关。

画出 PLC 的外部接线图后，同时也确定了 PLC 的各输入信号和输出负载对应的输入继电器和输出继电器的软元件号。例如图 4-23 中控制摇臂上升的按钮 SB3 接在 PLC 的 X0 输入端子上，该控制信号在梯形图中对应的输入继电器的软元件号为 X0。在梯形图中，可以将 X0 的触点想象为 SB3 的触点。

3）确定与继电器电路图的中间继电器、时间继电器对应的梯形图中的辅助继电器（M）和定时器（T）的软元件号。

第 2 步和第 3 步建立了继电器电路图中的元件和梯形图中的软元件号之间的对应关系。为梯形图的设计打下了基础。

4）根据上述对应关系画出梯形图。

4.3.2　应注意的问题

根据继电器电路图设计梯形图时应注意以下问题：

1. 遵守梯形图语言中的语法规定

例如在继电器电路图中，触点可以放在线圈的左边，也可以放在线圈的右边，但是在梯形图中，线圈和输出类指令（例如 RST、SET 和应用指令等）必须放在同一行电路的最右边。

2. 设置中间单元

在梯形图中，若多个线圈都受某一触点串并联电路的控制，为了简化电路，在梯形图中可以设置用该电路控制的辅助继电器，例如图 4-24 中的 M0 和 M1，它们类似于继电器电路的中间继电器。

3. 分离交织在一起的电路

在继电器电路中，为了减少使用的器件和少用触点，从而节省硬件成本，各个线圈的控制电路往往互相关联，交织在一起。如果将图 4-22 不加改动地直接转换为梯形图，要使用大量的进栈（MPS）、读栈（MRD）和出栈（MPP）指令，这样的电路分析起来也比较麻烦。用户可以将各线圈的控制电路分离开来设计（见图 4-24），这样处理可能会多用一些触点，因为没有用堆栈指令，与直接转换的设计方法相比，所用的指令条数相差不会太大。即使多用一些指令，也不会增加硬件成本，对系统的运行也不会有什么影响。

设计梯形图时以线圈为单位，分别考虑继电器电路图中每个线圈受到哪些触点和电路的控制，然后画出等效的梯形图电路。

4. 常闭触点提供的输入信号的处理

设计输入电路时，应尽量采用常开触点，如果只能使用常闭触点，梯形图中对应触点的常开/常闭类型应与继电器电路图中的相反。例如图 4-23 的 PLC 输入电路中限位开关 SQ1 的常闭触点接在 X4 端子上，继电器电路图中 SQ1 的常闭触点在梯形图中对应的是 X4 的常开触点。

5. 梯形图电路的优化设计

为了减少语句表指令的指令条数，在串联电路中，单个触点应放在电路块的右侧，在并联电路中，单个触点应放在电路块的下面。

6. 时间继电器瞬动触点的处理

除了延时动作的触点外，时间继电器还有在线圈通电或断电时马上动作的瞬动触点。对于有瞬动触点的时间继电器，可以在梯形图中对应的定时器的线圈两端并联辅助继电器，后者的触点相当于时间继电器的瞬动触点。

7. 断电延时的时间继电器的处理

图 4-22 中的 KT 属于线圈断电后开始延时的时间继电器。FX 系列 PLC 没有相同功能的定时器，但是可以用线圈通电后延时的定时器来实现断电延时功能（见图 4-24 中右侧的起保停电路和波形图）。

8. 外部联锁电路的设立

为了防止控制正反转的两个接触器同时动作，造成三相电源短路，应在 PLC 外部设置硬件联锁电路。图 4-22 中的 KM2 与 KM3、KM4 与 KM5 的线圈分别不能同时通电，除了在梯形图中设置与它们对应的输出继电器的线圈串联的常闭触点组成的软件联锁电路外，还应在 PLC 外部设置硬件联锁电路。

9. 热继电器过载信号的处理

如果热继电器属于自动复位型，其触点提供的过载信号必须通过输入电路提供给 PLC（见图 4-23 中的 FR2 的常闭触点），用梯形图实现过载保护。如果属于手动复位型热继电器，其常闭触点可以在 PLC 的输出电路中与控制电动机的交流接触器的线圈串联。

10. 尽量减少 PLC 的输入信号和输出信号

PLC 的价格与 I/O 点数有关，减少输入/输出信号的点数是降低硬件费用的主要措施。

一般只需要同一个输入器件的一个常开触点或常闭触点给 PLC 提供输入信号。在梯形图中，可以多次使用同一个输入继电器的常开触点和常闭触点。在继电器电路图中，如果几个触点的串/并联电路只出现一次或总是作为一个整体多次出现，可以将它们作为 PLC 的一个输入信号，只占 PLC 的一个输入点。

某些器件的触点如果在继电器电路图中只出现一次，并且与 PLC 输出端的负载串联

（例如有手动复位功能的热继电器的常闭触点），不必将它们作为 PLC 的输入信号，可以将它们放在 PLC 外部的输出回路，仍然与相应的外部负载串联。

继电器控制系统中某些相对独立且比较简单的部分，可以用继电器电路控制，这样同时减少了所需的 PLC 的输入点和输出点。

例如，图 4-22 中控制主轴电动机的交流接触器 KM1 的电路相当简单，它与别的电路也没有什么联系，像这样的电路可以仍然用继电器电路来控制。

11. 外部负载的额定电压

PLC 的继电器输出模块和双向可控硅输出模块一般只能驱动额定电压 AC 220V 的负载。如果系统原来的交流接触器的线圈电压为 380V，应将线圈换成 220V 的，或在 PLC 外部设置中间继电器。

4.4 顺序控制设计法与顺序功能图

4.4.1 顺序控制设计法

用经验设计法设计梯形图时，没有一套固定的方法和步骤可以遵循，具有很大的试探性和随意性，对于不同的控制系统，没有一种通用的容易掌握的设计方法。在设计复杂系统的梯形图时，用大量的中间单元来完成记忆、联锁和互锁等功能，由于需要考虑的因素很多，它们往往又交织在一起，分析起来非常困难，并且很容易遗漏一些应该考虑的问题。修改某一局部电路时，可能对系统的其他部分产生意想不到的影响，因此梯形图的修改也很麻烦。用经验设计法设计出的梯形图往往很难阅读，给系统的维修和改进带来了很大的困难。

所谓顺序控制，就是按照生产工艺预先规定的顺序，在各个输入信号的作用下，根据内部状态和时间的顺序，各个执行机构在生产过程中自动地、有秩序地进行操作。

使用顺序控制设计法时，首先根据系统的工艺过程，画出顺序功能图（Sequential Function Chart，SFC），然后根据顺序功能图画出梯形图。编程软件 GX Developer 为用户提供了顺序功能图语言，生成顺序功能图后便完成了编程工作。

顺序控制设计法是一种先进的设计方法，很容易被初学者接受，对于有经验的工程师，也会提高设计效率，程序的调试、修改和阅读也很方便。例如，某厂有经验的电气工程师用经验设计法设计某控制系统的梯形图，花了两周的时间，同一系统改用顺序控制设计法，只用了不到半天的时间就完成了梯形图的设计和模拟调试，现场试车一次成功。

顺序功能图是描述控制系统的控制过程、功能和特性的一种图形，也是设计 PLC 的顺序控制程序的有力工具。顺序功能图并不涉及所描述的控制功能的具体技术，它是一种通用的技术语言，可以供不同专业的人员之间进行技术交流之用。

1993 年 5 月公布的 IEC 的 PLC 标准（IEC 61131）中，顺序功能图被定为 PLC 位居首位的编程语言。顺序功能图主要由步、动作（或命令）、有向连线、转换和转换条件组成。

4.4.2 步与动作

1. 步

顺序控制设计法最基本的思想是将系统的一个工作周期划分为若干个顺序相连的阶段，

这些阶段称为步（Step），可以用软元件（例如辅助继电器 M 和状态 S）来代表各步。步是根据输出量的状态变化来划分的，在任何一步之内，各输出量的 ON/OFF 状态不变，但是相邻两步输出量总的状态是不同的。步的这种划分方法使代表各步的软元件的状态与各输出量的状态之间有着极为简单的逻辑关系。

运料矿车开始时停在右侧限位开关 X1 处（见图 4-25），按下起动按钮 X3，Y11 变为 ON，打开贮料斗的闸门，开始装料，同时用定时器 T0 定时；8s 后定时时间到，Y11 变为 OFF，关闭贮料斗的闸门，Y12 变为 ON，开始左行；碰到左限位开关 X2 时，Y12 变为 OFF，停止左行，Y13 变为 ON，开始卸料，同时用定时器 T1 定时；10s 后定时时间到，Y13 变为 OFF，停止卸料，Y10 变为 ON，开始右行；碰到右限位开关 X1 后返回初始步，矿车停止运行。

根据 Y10~Y13 的 ON/OFF 状态的变化，一个工作周期显然可以分为装料、左行、卸料和右行 4 步，另外还应设置等待起动的初始步，分别用 M0~M4 来代表这 5 步。图 4-25 左下侧是有关软元件的波形图（时序图），右边是描述该系统的顺序功能图。图中用矩形方框表示步，方框中可以用数字来表示该步的编号，一般用代表该步的软元件的软元件号作为步的编号，例如 M0 等，这样在根据顺序功能图设计梯形图时较为方便。

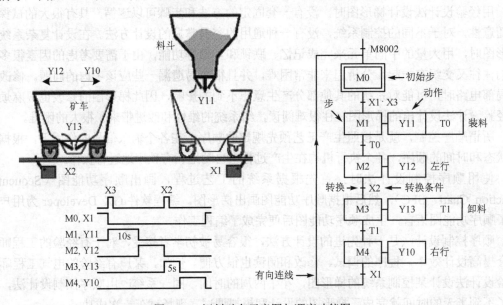

图 4-25 运料矿车示意图与顺序功能图

2．初始步

与系统的初始状态相对应的步称为初始步，初始状态一般是系统等待起动命令的相对静止的状态。初始步用双线方框表示，每一个顺序功能图至少应该有一个初始步。

3．活动步

当系统正处于某一步所在的阶段时，该步处于活动状态，则称该步为"活动步"。步处于活动状态时，相应的动作被执行；处于不活动状态时，相应的非存储型动作被停止执行。

4．与步对应的动作或命令

用户可以将一个控制系统划分为被控系统和施控系统。例如在数控车床系统中，数控装置是施控系统，而车床是被控系统。对于被控系统，在某一步中要完成某些"动作"（action）；对于施控系统，在某一步中则要向被控系统发出某些"命令"（command）。为了叙述方便，下面将命令或动作统称为动作，并用矩形框中的文字或符号来表示，该矩形框应与相应的步的符号相连。

如果某一步有几个动作，则可以用图 4-26 中的两种画法来表示，但是并不隐含这些动作之间的任何顺序。说明命令的语句应清楚地表明该命令是存储型的还是非存储型的。存储型的动作可以用表 4-1 中的 S 和 R 来表示。

图 4-26　多个动作的表示方法

下一章图 5-19 中的 Y2 在连续的 5 步 M1～M5 中都应为 ON，在 Y2 开始为 ON 的第一步 M1 的动作框内，用指令"S　Y2"表示将 Y2 置位。该步变为不活动步后，Y2 继续保持 ON 状态。在 Y2 为 ON 的最后一步 M5 的下一步 M0 的动作框内，用指令"R　Y2"表示将 Y2 复位，复位后 Y2 变为 OFF 状态。

在图 4-25 中，定时器 T0 的线圈应在 M1 为活动步时"通电"，M1 为不活动步时断电。从这个意义上来说，T0 的线圈相当于步 M1 的一个非存储型的动作，所以将 T0 作为步 M1 的动作来处理。步 M1 下面的转换条件 T0 由在延时时间到时闭合的 T0 的常开触点提供。因此动作框中的 T0 对应的是 T0 的线圈，转换条件 T0 对应的是 T0 的常开触点。

除了以上的基本结构之外，使用动作的修饰词（见表 4-1）可以在一步中完成不同的动作。修饰词允许在不增加逻辑的情况下控制动作。例如，可以使用修饰词 L 来限制配料阀打开的时间。

表 4-1　使用动作的修饰词

修饰词	意　义	说　明
N	非存储型	当步变为不活动步时动作终止
S	置位（存储）	当步变为不活动步时动作继续，直到动作被复位
R	复位	被修饰词 S、SD、SL 或 DS 起动的动作被终止
L	时间限制	步变为活动步时动作被起动，直到步变为不活动步或设定时间到
D	时间延迟	步变为活动步时延迟定时器被起动，如果延迟之后步仍然是活动的，则动作被起动和继续，直到步变为不活动步
P	脉冲	当步变为活动步，动作被起动并且只执行一次
SD	存储与时间延迟	在时间延迟之后动作被起动，一直到动作被复位
DS	延迟与存储	在延迟之后如果步仍然是活动的，则动作被起动直到被复位
SL	存储与时间限制	步变为活动步时动作被起动，一直到设定的时间到或动作被复位

4.4.3　有向连线与转换条件

1．有向连线

在顺序功能图中，随着时间的推移和转换条件的实现，将会发生步的活动状态的进展，这种进展按有向连线规定的路线和方向进行。在画顺序功能图时，将代表各步的方框按它们成为活动步的先后次序顺序排列，并用有向连线将它们连接起来。步的活动状态习惯的进展方向是从上到下或从左至右，在这两个方向有向连线上的箭头可以省略。如果不是上述的方向，则应在有向连线上用箭头注明进展方向。在可以省略箭头的有向连线上，为了更易于理解也可以加箭头。

2. 转换

转换用有向连线上与有向连线垂直的短画线来表示，转换将相邻两步分隔开。步的活动状态的进展是由转换的实现来完成的，并与控制过程的发展相对应。

3. 转换条件

使系统由当前步进入下一步的信号称为转换条件，转换条件是与转换相关的逻辑命题。转换条件可以是外部的输入信号，例如按钮、指令开关、限位开关的接通和断开等，也可以是 PLC 内部产生的信号，例如定时器、计数器常开触点的接通等，转换条件还可能是若干个信号的与、或、非逻辑组合。

顺序控制设计法用转换条件控制代表各步的软元件，让它们的状态按一定的顺序变化，然后用代表各步的软元件去控制 PLC 的各输出继电器。

转换条件可以用文字语言、布尔代数表达式或图形符号标注在表示转换的短线旁边（见图 4-27），使用得最多的是布尔代数表达式。

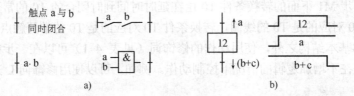

图 4-27 转换与转换条件

转换条件 X0 和 $\overline{X0}$ 分别表示当输入信号 X0 为 ON 和 OFF 时转换实现。↑X0 和 ↓X0 分别表示当 X0 从 OFF→ON 和从 ON→OFF 时转换实现。图 4-27b 中用高电平表示步 12 为活动步，反之则用低电平表示。转换条件 X0·C0 表示 X0 的常开触点与 C0 的常闭触点同时闭合，在梯形图中则用两个触点的串联来表示这样一个"与"转换条件。

为了便于将顺序功能图转换为梯形图，一般用代表各步的软元件的元件号作为步的代号，并用软元件的元件号来标注转换条件和各步的动作或命令。

4.4.4 顺序功能图的基本结构

1. 单序列

单序列由一系列相继激活的步组成，每一步的后面仅有一个转换，每一个转换的后面只有一个步（见图 4-28a）。在单序列中，有向连线没有分支与合并。

2. 选择序列

选择序列的开始称为分支（见图 4-28b），转换符号只能标在水平连线之下。如果步 5 是活动步，并且转换条件 h 为 1，将发生由步 5→步 8 的进展。如果步 5 是活动步，并且转换条件 k 为 1，将发生由步 5→步 10 的进展。如果将转换条件 k 改为 k·$\overline{h}$，则当 k 和 h 同时为 ON 时，将优先选择 h 对应的序列，一般只允许同时选择一个序列，即选择序列中的各序列是互相排斥的，其中的任何两个序列都不会同时执行。

选择序列的结束称为合并（见图 4-28b），几个选择序列合并到一个公共序列时，用需要重新组合的序列相同数量的转换符号和水平连线来表示，转换符号只允许标在水平连线之上。如果步 9 是活动步，并且转换条件 j 为 1，则将发生由步 9→步 12 的进展。如果步 11 是活动步，并且 n 为 1，则将发生由步 11→步 12 的进展。

3．并行序列

当转换的实现导致几个序列同时激活时，这些序列称为并行序列。并行序列用来表示系统的几个同时工作的独立部分的工作情况。并行序列的开始称为分支（见图 4-28c）。当步 3 是活动步，并且转换条件 e 为 1，4 和 6 这两步同时变为活动步，同时步 3 变为不活动步。为了强调转换的同步实现，水平连线用双线表示。步 4 和步 6 被同时激活后，每个子序列中活动步的进展将是独立的。在表示同步的水平双线之上，只允许有一个转换符号。

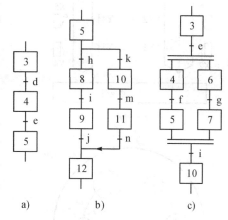

图 4-28　顺序功能图的基本结构

并行序列的结束称为合并（见图 4-28c），在表示同步的水平双线之下，只允许有一个转换符号。当直接连在水平双线上的所有的前级步（步 5 和步 7）都处于活动状态，并且转换条件 i 为 1 时，才会发生步 5 和步 7 到步 10 的进展，即步 5 和步 7 同时变为不活动步，而步 10 变为活动步。

在并行序列的每一个分支点最多允许 8 条支路，每条支路的步数不受限制。

4．复杂的顺序功能图举例

某专用钻床用来加工圆盘状零件上均匀分布的 6 个孔。图 4-29a 是侧视图，图 4-29b 是工件的俯视图。在进入自动运行之前，两个钻头应在最上面，上限位开关 X3 和 X5 为 ON，系统处于初始步，加计数器 C0 被复位，计数当前值被清零。在顺序功能图中，用状态 S 来代表各步。

操作人员放好工件后，按下起动按钮 X0，转换条件 $X0 \cdot X3 \cdot X5$ 满足，由初始步转换到步 S21，Y0 变为 ON，工件被夹紧。夹紧后压力继电器 X1 为 ON，由步 S21 转换到步 S22 和步 S25，Y1 和 Y3 使两只钻头同时开始向下钻孔，设定值为 3 的加计数器 C0 的当前计数值加 1。

大钻头钻到由限位开关 X2 设定的深度时，进入步 S23，Y2 使大钻头上升，升到由限位开关 X3 设定的起始位置时停止上升，进入等待步 S24。小钻头钻到由限位开关 X4 设定的深度时，进入步 S26，Y4 使小钻头上升。升到由限位开关 X5 设定的起始位置时停止上升，进入等待步 S27。

C0 加 1 后计数当前值为 1，C0 的常闭触点闭合，转换条件 $\overline{C0}$ 满足。两个钻头都上升到位后，将转换到步 S28。Y5 使工件旋转 120°，旋转到位时 X6 变为 ON，又返回步 S22 和 S25，开始钻第 2 对孔。转换条件"↑X6"中的"↑"表示转换条件仅在 X6 的上升沿时有效。如果将转换条件改为 X6，因为在转换到步 S28 之前转换条件 X6 就为 ON，进入步 S28 之后将会马上离开该步，不能使工件旋转。转换条件改为"↑X6"后，解决了这个问题。

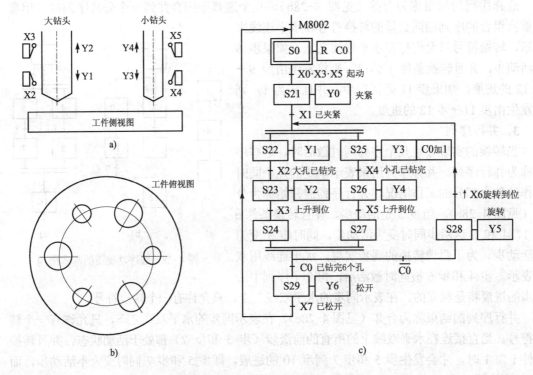

图 4-29 组合钻床的顺序功能图

3 对孔都钻完后，C0 的当前值等于设定值 3，其常开触点闭合，转换条件 C0 满足，将转换到步 S29，Y6 使工件松开。松开到位时，限位开关 X7 为 ON，系统返回初始步 S0。

顺序功能图中包含了选择序列和并行序列。因为要求两个钻头向下钻孔和钻头提升的过程同时进行，故采用并行序列来描述上述的过程。由 S22～S24 和 MS25～MS27 组成的两个单序列分别用来描述大钻头和小钻头的工作过程。在步 S21 之后，有一个并行序列的分支。当 S21 为活动步，并且转换条件 X1 得到满足（X1 为 ON），并行序列的两个单序列中的第 1 步（步 S22 和 S25）同时变为活动步。此后两个单序列内部各步的活动状态的转换是相互独立的，例如大孔或小孔钻完时的转换一般不是同步的。

两个单序列的最后 1 步（步 S24 和 S27）应同时变为不活动步。但是两个钻头一般不会同时上升到位，不可能同时结束运动，所以设置了等待步 S24 和 S27，它们用来同时结束两个子序列。当两个钻头均上升到位，限位开关 X3 和 X5 分别为 ON，大、小钻头两个子系统分别进入各自的等待步时，并行序列将会立即结束。

在步 S24 和 S27 之后，有一个选择序列的分支。没有钻完 3 对孔时，C0 的常闭触点闭合，转换条件 $\overline{C0}$ 满足，如果两个钻头都上升到位，则将从步 S24 和 S27 转换到步 S28。如果已经钻完了 3 对孔，C0 的常开触点闭合，转换条件 C0 满足，则将从步 S24 和 S27 转换到步 S29。

在步 S21 之后，有一个选择序列的合并。当步 S21 为活动步，并且转换条件 X1 为 ON，将转换到步 S22 和 S25。当步 S28 为活动步，而且转换条件 ↑X6 得到满足，也会转换到步 S22 和 S25。

74

4.4.5 顺序功能图中转换实现的基本规则

1. 转换实现的条件

在顺序功能图中，步的活动状态的进展是由转换的实现来完成的。转换实现必须同时满足以下两个条件：

1）该转换所有的前级步都是活动步。

2）相应的转换条件得到满足。

如果转换的前级步或后续步不止一个，则转换的实现称为同步实现（见图 4-30）。为了强调同步实现，有向连线的水平部分用双线表示。

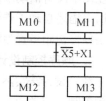

图 4-30　转换的同步实现

转换实现的第一个条件不可缺少，如果取消了第一个条件，因为误操作或器件的故障产生错误的转换条件时，不管当时处于哪一步，都会转换到该转换的后续步，不但不能保证系统按顺序功能图规定的顺序工作，甚至可能会造成重大的事故。

2. 转换实现应完成的操作

转换实现时应完成以下两个操作：

1）使所有由有向连线与相应转换符号相连的后续步都变为活动步。

2）使所有由有向连线与相应转换符号相连的前级步都变为不活动步。

转换实现的基本规则是根据顺序功能图设计梯形图的基础，它适用于顺序功能图中的各种基本结构，和下一章介绍的各种顺序控制梯形图的编程方法。

在梯形图中，用软元件（例如 M 和 S）代表步，当某步为活动步时，该步对应的软元件为 ON。当该步之后的转换条件满足时，转换条件对应的触点或电路接通，因此可以将该触点或电路与代表所有前级步的软元件的常开触点串联，作为与转换实现的两个条件同时满足对应的电路。例如图 4-30 中的转换条件为 $\overline{X5}+X1$，它的两个前级步为步 M10 和步 M11，应将逻辑表达式 $(\overline{X5}+X1) \cdot M10 \cdot M11$ 对应的触点串并联电路，作为转换实现的两个条件同时满足对应的电路。在梯形图中，该电路接通时，应使代表前级步的软元件 M10 和 M11 复位，同时使代表后续步的软元件 M12 和 M13 置位（变为 ON 并保持），完成以上任务的电路将在本书 5.2 节中介绍。

3. 绘制顺序功能图时的注意事项

下面是针对绘制顺序功能图时常见的错误提出的注意事项：

1）两个步绝对不能直接相连，必须用一个转换将它们隔开。

2）两个转换也不能直接相连，必须用一个步将它们隔开。

3）顺序功能图中的初始步一般对应于系统等待起动的初始状态，这一步可能没有什么输出处于 ON 状态，因此有的初学者在画顺序功能图时很容易遗漏掉这一步。初始步是必不可少的，一方面因为该步与它的相邻步相比，从总体上说输出变量的状态各不相同；另一方面如果没有该步，无法表示初始状态，系统也无法返回停止状态。

4）自动控制系统应能多次重复执行同一工艺过程，因此在顺序功能图中一般应有由步和有向连线组成的闭环，即在完成一次工艺过程的全部操作之后，应从最后一步返回初始步，系统停留在初始状态（单周期操作）。在连续循环工作方式时，将从最后一步返回下一工作周期开始运行的第一步。

5）在顺序功能图中，只有当某一步的前级步是活动步时，该步才有可能变为活动步。如果用没有断电保持功能的软元件来代表各步，进入 RUN 模式时，它们均处于 OFF 状态，必须用初始化脉冲 M8002 的常开触点作为转换条件，将初始步预置为活动步，否则因为顺序功能图中没有活动步，系统将无法工作。如果系统有自动、手动两种工作方式，顺序功能图是用来描述自动工作过程的，这时还应在系统由手动工作方式进入自动工作方式时，用适当的条件将初始步置为活动步（见本书 5.3 节）。

4．顺序控制设计法的本质

经验设计法实际上是试图用输入信号 X 直接控制输出信号 Y（见图 4-31a），如果无法直接控制，或者为了实现记忆、联锁、互锁等功能，只好被动地增加一些辅助软元件和辅助触点。由于不同的系统的输出量 Y 与输入量 X 之间的关系各不相同，以及它们对联锁、互锁的要求千变万化，不可能找出一种简单通用的设计方法。

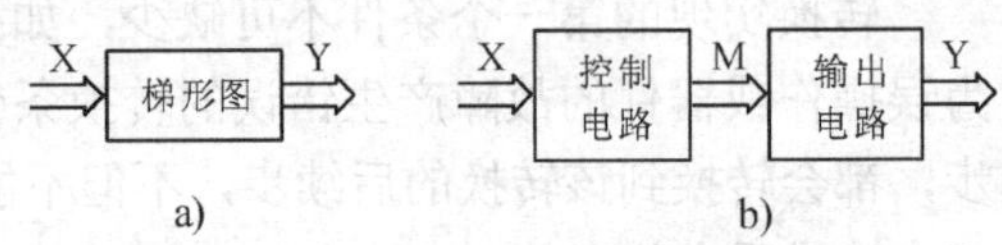

顺序控制设计法则是用输入量 X 控制代表各步的软元件（例如辅助继电器 M），再用它们控制输出量 Y（见图 4-31b）。任何复杂系统的代表步的辅助继电器的控制电路，其设计方法都是相同的，并且很容易掌握。由于代表步的辅助继电器是依次顺序变为 ON/OFF 状态的，实际上已经基本上解决了经验设计法中的记忆、联锁等问题。

图 4-31　信号关系图

不同的控制系统的输出电路都有其特殊性，因为步 M 是根据输出量 Y 的 ON/OFF 状态来划分的，M 与 Y 之间具有很简单的"或"或者相等逻辑关系，所以输出电路的设计极为简单。由于以上原因，顺序控制设计法具有简单、规范、通用的优点。

4.5　习题

1．用经验设计法设计满足图 4-32 所示波形的梯形图。

2．用经验设计法设计满足图 4-33 所示波形的梯形图。

3．按下按钮 X0 后，Y0 变为 ON 并自保持，T0 定时 7s 后，用 C0 对 X1 输入的脉冲计数，计满 4 个脉冲后，Y0 变为 OFF（见图 4-34），同时 C0 和 T0 被复位，在 PLC 刚开始执行用户程序时，C0 也被复位，设计出梯形图。

4．用经验设计法设计图 4-35 要求的输入/输出关系的梯形图。

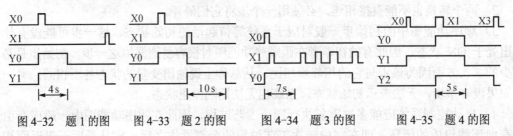

图 4-32　题 1 的图　　图 4-33　题 2 的图　　图 4-34　题 3 的图　　图 4-35　题 4 的图

5．要求在 X0 从 ON 变为 OFF 的下降沿时，Y1 输出一个 2s 的脉冲后自动 OFF（见

图 4-36）。X0 为 OFF 的时间不限，设计出梯形图程序。

6．用时序控制法设计图 4-37 要求的输入/输出关系的梯形图。

7．小车在初始状态时停在中间，限位开关 X0 为 ON，按下起动按钮 X3，小车按图 4-38 所示的顺序运动，最后返回并停在初始位置。用经验设计法设计小车控制的梯形图。

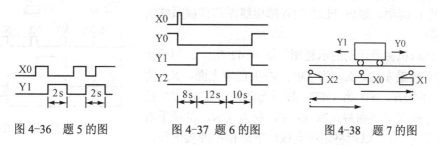

图 4-36　题 5 的图　　　　图 4-37　题 6 的图　　　　图 4-38　题 7 的图

8．图 4-39 是异步电动机星形—三角形起动电路的主回路，按下起动按钮 X0，交流接触器 KM1 和 KM2 的线圈通电，电动机的定子绕组接成星形，开始起动。延时 8s 后，电动机的转速接近额定转速，PLC 将 KM2 的线圈断开，使 KM3 的线圈通电，定子绕组改接为三角形。按下停止按钮 X1 后电动机停止运行。KM2 和 KM3 的主触点不能同时闭合，否则将造成电源断路事故。画出 PLC 的外部接线图，用经验控制法设计梯形图，KM1～KM3 分别用 Y1～Y3 来控制。

9．用 FX 系列 PLC 实现图 4-40 所示的继电器电路图的功能，画出 PLC 的外部接线图，设计出梯形图程序。

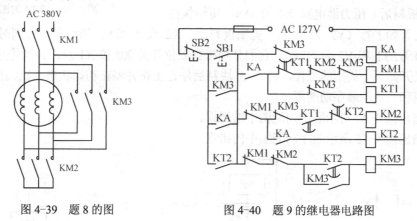

图 4-39　题 8 的图　　　　　图 4-40　题 9 的继电器电路图

10．简述划分步的原则。

11．简述转换实现的条件和转换实现时应完成的操作。

12．初始状态时某压力机的冲压头停在上面，限位开关 X2 为 ON，按下起动按钮 X0，输出继电器 Y0 控制的电磁阀线圈通电，冲压头下行。压到工件后压力升高，压力继电器动作，使输入继电器 X1 变为 ON，用 T1 保压延时 5s 后，Y0 OFF，Y1 ON，上行电磁阀线圈通电，冲压头上行。返回到初始位置时碰到限位开关 X2，系统回到初始状态，Y1 OFF，冲压头停止上行。画出控制系统的顺序功能图。

13．某组合机床动力头进给运动示意图和输入/输出信号时序图如图 4-41 所示，为了节省篇幅，将各限位开关提供的输入信号和 M8002 提供的初始化脉冲信号画在一个波形图中。设动力头在初始状态时停在左边，限位开关 X3 为 ON，Y0～Y2 是控制动力头运动的 3 个电磁阀。按下起动按钮 X0 后，动力头向右快速进给（简称为快进），碰到限位开关 X1 后变为工作进给（简称为工进），碰到限位开关 X2 后快速退回（简称为快退），返回初始位置后停止运动。画出 PLC 的外部接线图和控制系统的顺序功能图。

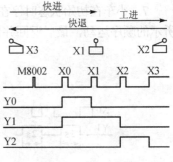

图 4-41　题 13 的图

14. 冲床机械手运动的示意图如图 4-42 所示。初始状态时机械手在最左边，X4 为 ON；冲头在最上面，X3 为 ON；机械手松开，Y0 为 OFF。按下起动按钮 X0，Y0 被置位，工件被夹紧并保持，2s 后 Y1 变为 ON，机械手右行，直到碰到 X1，以后将顺序完成以下动作：冲头下行，冲头上行，机械手左行，机械手松开，系统返回初始状态，各限位开关和定时器提供的信号是各步之间的转换条件。画出 PLC 的外部接线图和控制系统的顺序功能图。

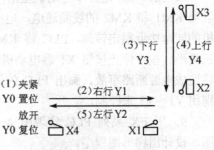

图 4-42　题 14 的图

15. 初始状态时，图 4-43 中剪板机的压钳和剪刀在上限位置，X0 和 X1 为 ON。按下起动按钮 X10，工作过程如下：首先板料右行（Y0 为 ON）至限位开关 X3 为 ON，然后压钳下行（Y1 为 ON 并保持）。压紧板料后，压力继电器 X4 为 ON，压钳保持压紧，剪刀开始下行（Y2 为 ON）。剪断板料后，X2 变为 ON，压钳和剪刀同时上行（Y3 和 Y4 为 ON，Y1 和 Y2 为 OFF），它们分别碰到限位开关 X0 和 X1 后，分别停止上行，均停止后，又开始下一周期的工作，剪完 5 块料后停止工作并停在初始状态。试画出 PLC 的外部接线图和系统的顺序功能图。

16. 指出图 4-44 所示顺序功能图中的错误。

17. 指出图 4-45 所示顺序功能图中的错误。

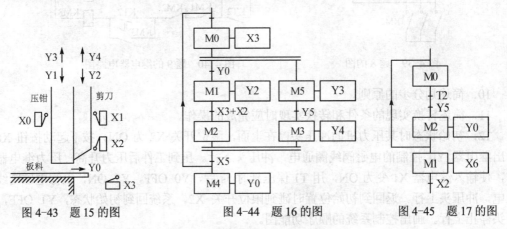

图 4-43　题 15 的图　　　图 4-44　题 16 的图　　　图 4-45　题 17 的图

78

第5章 顺序控制梯形图的编程方法

根据系统的顺序功能图设计梯形图的方法，称为顺序控制梯形图的编程方法。

自动控制程序的执行对硬件的可靠性的要求是很高的，如果机械限位开关、接近开关、光电开关等不能提供正确的反馈信号，自动控制程序是无法成功执行的。在这种情况下，为了保证生产的进行，需要改为手动操作，在调试设备时也需要在手动状态下对各被控对象进行独立的操作。因此除了自动程序外，一般还需要设计手动程序。

开始执行自动程序时，要求系统处于与自动程序的顺序功能图中初始步对应的初始状态。如果开机时系统没有处于初始状态，则应进入手动工作方式，用手动操作使系统进入初始状态后，再切换到自动工作方式，也可以设置使系统自动进入初始状态的工作方式（见本书5.3节）。系统在进入初始状态后，还应将与顺序功能图的初始步对应的软元件置位，为转换的实现做好准备，并将其余各步对应的软元件置为OFF，这是因为在没有并行序列或并行序列未处于活动状态时，同时只能有一个活动步。

在本书5.1～5.2节中，假设刚开始执行用户程序时，系统已处于要求的初始状态，除初始步之外其余各步对应的软元件均为OFF。在程序中用初始化脉冲M8002将初始步置位，为转换的实现做好准备。

本书5.1节介绍使用三菱的STL（步进梯形）指令的编程方法，STL指令是用于设计顺序控制程序的专用指令，该指令易于理解，使用方便。如果读者使用三菱的PLC，建议优先采用STL指令来设计顺序控制程序。

本书5.2节介绍使用置位复位指令的编程方法，这种编程方法的通用性很强，可以用于各个厂家的PLC。

有的系统具有单周期、连续、单步、自动返回原点和手动等多种工作方式，这种控制系统的顺序控制梯形图的设计是比较复杂和困难的，本书5.3节介绍了这类系统的顺序控制程序的编程方法。

本章介绍的编程方法很容易掌握，用它们可以迅速地、得心应手地设计出任意复杂的开关量控制系统的梯形图。

5.1 使用STL指令的编程方法

5.1.1 STL指令

步进梯形（Step Ladder）指令简称为STL指令，FX系列PLC还有一条使STL指令复位的RET指令。使用这两条指令，用户可以很方便地编制顺序控制梯形图程序。

STL指令使编程者可以生成流程和工作与顺序功能图非常接近的程序。顺序功能图中的每一步对应一小段程序，每一步与其他步是完全隔离开的。使用者根据他的要求将这些程序段按一定的顺序组合在一起，就可以完成控制任务。这种编程方法可以节约编程的时间，并能减少编程错误。

用 FX 系列 PLC 的状态（S）编制顺序控制程序时，应与 STL 指令一起使用。使用 STL 指令的状态的常开触点称为 STL 触点，它是一种"胖"触点，从图 5-1 可以看出顺序功能图与梯形图之间的对应关系。STL 触点驱动的电路块具有 3 个功能，即对负载的驱动处理、指定转换条件和指定转换目标。

STL 触点一般是与左侧母线相连的常开触点，当某一步为活动步时，对应的 STL 触点接通，它右侧的电路被处理，直到下一步被激活。从 STL 指令开始，到 RET 指令结束的程序段内，可以使用标准梯形图的绝大多数指令和结构，包括应用指令。某一 STL 触点闭合后，该步的负载线圈被驱动。当该步后面的转换条件满足时，转换实现，即后续步对应的状态被 SET 指令或 OUT 指令置位，后续步变为活动步，同时与原活动步对应的状态被系统程序自动复位，原活动步的 STL 触点断开。

图 5-1 中 STL 触点的画法来自 FX$_{2N}$ 系列 PLC 的编程手册，图 5-2 中 STL 指令的画法来自编程软件，这两个图中的电路是等效的。建议读者用图 5-1 中的表示方法来理解 STL 指令的功能。

图 5-2 中的 STL 指令实际上是控制它下面的 STL 区的逻辑条件，对应于图 5-1 中的 STL 触点。在下一条 STL 指令或 RET 指令出现时，STL 区结束。

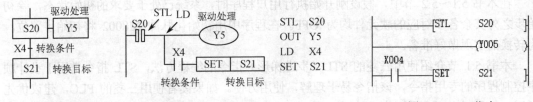

图 5-1　顺序功能图与 STL 指令　　　　　　　　　　　　图 5-2　STL 指令

如果使用了 IST 指令，系统的初始步应使用初始状态 S0～S9，S10～S19 用于自动返回原点。初始步应放在顺序功能图的最上面，在由 STOP 模式切换到 RUN 模式时，可用初始化脉冲 M8002 的常开触点来将初始步对应的状态置为 ON，为以后步的活动状态的转换做好准备。需要从某一步返回初始步时，可以对初始状态使用 OUT 指令或 SET 指令。

FX$_{1S}$ 仅有 128 点断电保持的状态（S0～S127），FX$_{1N}$ 和 FX$_{2N}$ 有 1000 点状态（S0～S999），FX$_{3G}$ 和 FX$_{3U}$ 有 4096 点状态。在由 STOP 模式进入 RUN 模式时，可以使用 M8002 的常开触点和区间复位指令（ZRST）来将除初始步以外的其余各步的状态复位。

5.1.2　单序列的编程方法

1. 旋转工作台控制程序设计

图 5-3 中的旋转工作台用凸轮和限位开关来实现运动控制。在初始状态时左限位开关 X3 为 ON，按下起动按钮 X0，Y0 变为 ON，电动机驱动工作台沿顺时针正转，转到右限位开关 X4 所在位置时暂停 5s（用 T0 定时），定时时间到时 Y1 变为 ON，工作台反转，回到限位开关 X3 所在的初始位置时停止转动，系统回到初始状态。

工作台一个周期内的运动由图中自上而下的 4 步组成，它们分别对应于 S0 和 S20～

S22，步 S0 是初始步。程序见例程"旋转工作台控制"。

PLC 上电时进入 RUN 模式，初始化脉冲 M8002 的常开触点闭合一个扫描周期，梯形图中第一行的 SET 指令将初始步 S0 置为活动步。如果没有这一操作，则 S0 为 OFF，初始步为不活动步，即使转换条件满足，也不能转换到步 S20。只有在步 S20 为活动步时，才执行梯形图中程序步第 8 步的"STL S20"指令下面的两行指令。S20 为 OFF 时，则不执行它们。图 5-3 的程序状态中 S20 为 ON，只有步 S20 的动作 Y0 的线圈通电。T0 和 Y1 的线圈虽然接在左侧电源线上，因为它们分别受到所在步的状态 S21 和 S22 的控制，此时它们的线圈断电。

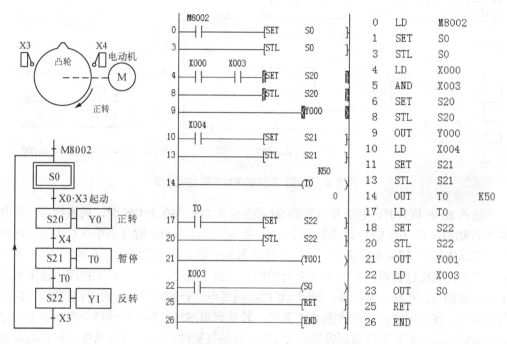

图 5-3　旋转工作台的顺序功能图与梯形图

在梯形图的第 2 行和第 3 行，用 S0 的 STL 触点（对应于指令"STL S0"）和 X0、X3 的常开触点组成的等效的串联电路，驱动置位指令"SET S20"。上述串联电路代表了转换实现的两个条件。S0 的 STL 触点闭合表示转换的前级步 S0 是活动步，X0 和 X3 的常开触点同时闭合表示转换条件 X0·X3 满足。在初始步时按下起动按钮 X0，如果 3 个触点同时闭合，则转换实现的两个条件同时满足。此时置位指令"SET S20"被执行，后续步 S20 变为活动步，同时系统程序自动地将前级步 S0 复位为不活动步。

S20 的 STL 触点（对应于指令"STL S20"）闭合后，该步的负载被驱动，Y0 的线圈通电，工作台正转。限位开关 X4 动作时，转换条件得到满足，下一步的状态 S21 被置位，进入暂停步，同时前级步的状态 S20 被自动复位，系统将这样一步一步地工作下去。在最后一步，工作台反转，返回限位开关 X3 所在的位置时，用"OUT S0"指令使初始步对应的 S0 变为 ON 并保持，系统返回并停止在初始步。

在图 5-3 中最后一步 S22 的程序结束之处，一定要使用 RET 指令，才能结束步 S22 对应的 STL 区，否则系统将不能正常工作。

2. 运料矿车控制程序设计

本书第 4 章中的图 4-25 所示的运料矿车的顺序功能图重画在图 5-4，用状态 S0、S20～S23 替换了 M0～M4。图中同时给出了根据顺序功能图画出的梯形图。程序见例程"运料矿车控制"。

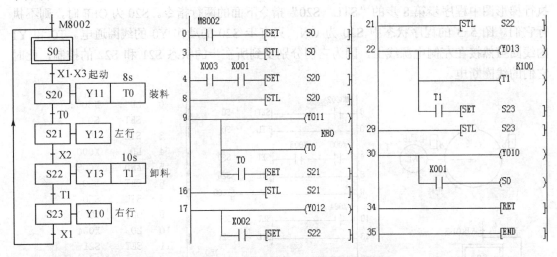

图 5-4　运料矿车的顺序功能图与梯形图

刚进入 RUN 模式时，初始步对应的 S0 被置位为 ON。S0 为 ON 时，只执行梯形图中左边第 3 行初始步对应的 STL 区中的程序。X1 和 X3 同时为 ON 时（小车在右边的装料位置且按了起动按钮），转换条件满足，下一步的状态 S20 被置位，同时前级步的状态 S0 被自动复位。转换后只执行梯形图中步序号 9 开始的步 S20 对应的 STL 区中的程序。该步的动作 Y11 的线圈通电，小车开始装料。同时 T0 的线圈通电，开始定时。定时时间到时，T0 的常开触点闭合，使后续步对应的状态 S21 置位，转换到步 S21。系统将这样一步一步地工作下去。在最后一步，矿车右行返回限位开关 X1 所在的位置时，S0 的线圈通电，使初始步对应的 S0 变为 ON 并保持，系统返回并停止在初始步。

3. 程序的调试

顺序功能图是用来描述控制系统的外部性能的，因此应根据顺序功能图而不是梯形图来调试顺序控制程序。用户可以用软元件批量监视功能或软元件登录监视功能来监视所有的步和动作；使用仿真软件调试程序时，用户可以用位软元件窗口和定时器、计数器的当前值窗口来调试程序。

4. 使用 STL 指令的注意事项

1）与 STL 触点相连的触点应使用 LD 或 LDI 指令，即 LD 点移到 STL 触点的右侧，该点成为临时母线。下一条 STL 指令的出现意味着前一步对应的 STL 程序区的结束和新的 STL 程序区的开始。RET 指令意味着整个 STL 程序区的结束，LD 点返回左侧母线。各 STL 触点驱动的电路一般放在一起，最后一个 STL 电路结束时一定要使用 RET 指令，否则将会出现"STL 指令错误"信息，PLC 不能执行用户程序。

2）STL 触点可以直接驱动或通过别的触点驱动 Y、M、S、T 等软元件的线圈和应用指令。STL 区内不能使用入栈（MPS）指令。

3）由于 CPU 只执行活动步对应的电路块，使用 STL 指令时允许双线圈输出，即不同的 STL 触点可以分别驱动同一个软元件的一个线圈。但是同一个软元件的线圈不能在可能同时为活动步的 STL 区内出现，在有并行序列的顺序功能图中，应特别注意这一问题。

4）在步的活动状态的转换过程中，相邻两步的状态会同时 ON 一个扫描周期，可能会引发瞬时的双线圈问题。为了避免不能同时接通的两个输出（例如控制异步电动机正、反转的交流接触器线圈）同时动作，除了在梯形图中设置软件互锁电路外，还应在 PLC 外部设置由常闭触点组成的硬件互锁电路。

在下一次运行之前，应将定时器复位。同一个定时器的线圈可以在不同的步使用，但是如果同一个定时器用于相邻的两步，在步的活动状态转换时，该定时器的线圈不能断开，当前值不能复位，将导致定时器的非正常运行。

5）OUT 指令与 SET 指令均可以用于步的活动状态的转换，将原来的活动步对应的状态复位，此外还有自保持功能。

SET 指令用于将 STL 状态置位为 ON 并保持，以激活对应的步。如果 SET 指令在 STL 区内，一旦当前的 STL 步被激活，原来的活动步对应的状态 S 就被系统程序自动复位。SET 指令一般用于驱动状态的软元件号比当前步的状态的软元件号大的 STL 步。

在 STL 区内的 OUT 指令用于顺序功能图中的闭环和跳步，如果想向前跳过若干步，或跳回已经处理过的步，则可以对状态使用 OUT 指令（见图 5-5 和图 5-6）。OUT 指令还可以用于远程跳步，即从顺序功能图中的一个序列跳到另外一个序列（见图 5-7）。以上情况虽然可以使用 SET 指令，最好使用 OUT 指令。

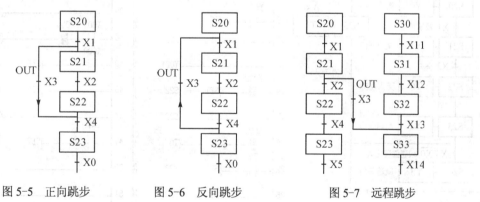

图 5-5　正向跳步　　　　图 5-6　反向跳步　　　　图 5-7　远程跳步

6）STL 指令不能与 MC-MCR 指令一起使用。在 FOR-NEXT 结构、子程序和中断程序中，不能有 STL 程序块。另外，STL 程序块不能出现在 FEND 指令之后。

STL 程序块中可以使用最多 4 级嵌套的 FOR-NEXT 指令，虽然并不禁止在 STL 触点驱动的电路块中使用 CJ 指令，但是可能引起附加的和不必要的程序流程混乱。为了保证程序易于维护和快速查错，建议不要在 STL 程序中使用跳步指令。

7）并行序列或选择序列中分支处的支路数不能超过 8 条，总的支路数不能超过 16 条。

8）在转换条件对应的电路中，不能使用 ANB、ORB、MPS、MRD 和 MPP 指令。可以用转换条件对应的复杂电路来驱动辅助继电器，再用后者的常开触点来做转换条件。

9）与条件跳步指令（CJ）类似，CPU 不执行处于断开状态的 STL 触点驱动的电路块中的指令，在没有并行序列时，同时只有一个 STL 触点接通，因此使用 STL 指令可以显著地缩短用户程序的执行时间，提高 PLC 的输入-输出响应速度。

5.1.3 选择序列的编程方法

复杂的控制系统的顺序功能图由单序列、选择序列和并行序列组成，掌握了选择序列和并行序列的编程方法，就可以将复杂的顺序功能图转换为梯形图。对选择序列和并行序列编程的关键在于对它们的分支与合并的处理，转换实现的基本规则是设计复杂系统梯形图的基础。

图 5-8 和图 5-9 是自动门控制系统的顺序功能图和梯形图（见例程"自动门控制"）。人靠近自动门时，感应器 X0 为 ON，Y0 驱动电动机高速开门；碰到开门减速开关 X1 时，变为低速开门；碰到开门极限开关 X2 时电动机停转，开始延时；若在 0.5s 内感应器检测到无人，Y2 起动电动机高速关门；碰到关门减速开关 X3 时，改为低速关门，碰到关门极限开关 X4 时电动机停转。程序中的 0.5s 延时主要是用来确认有人还是无人。

在关门期间若感应器检测到有人，停止关门，T1 延时 0.5s 后自动转换为高速开门。

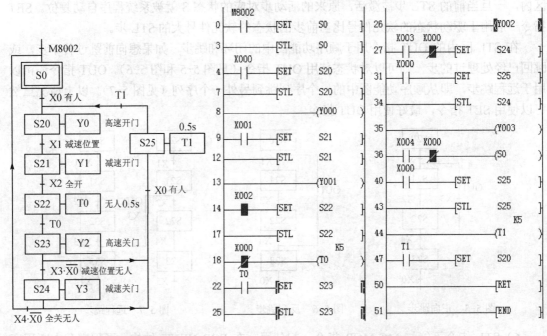

图 5-8　自动门控制系统的顺序功能图　　　　　　　　图 5-9　梯形图

1. 选择序列的分支的编程方法

图 5-8 中的步 S23 之后有一个选择序列的分支。当步 S23 是活动步（S23 为 ON）时，如果转换条件 X0 为 ON（检测到有人），将转换到步 S25；如果转换条件 X3·$\overline{X0}$ 为 ON（门关至减速位置且无人），将进入步 S24，减速关门。

如果在某一步的后面有 N 条选择序列的分支，则该步的 STL 指令后面应有 N 条分别指明各转换条件和转换目标的电路。例如步 S23 之后有两条选择序列的分支，两个转换条件分别为 X3·$\overline{X0}$ 和 X0，可能分别进入步 S25 和步 S24，即在 S23 的 STL 指令后面，有两条分别由 X3·$\overline{X0}$ 和 X0 作为置位条件的电路。

2．选择序列的合并的编程方法

图 5-8 中的步 S20 之前有一个由两条支路组成的选择序列的合并，当 S0 为活动步，转换条件 X0 得到满足，或者步 S25 为活动步，转换条件 T1 得到满足，都将使步 S20 变为活动步，同时系统程序将步 S0 或步 S25 复位为不活动步。

在梯形图中，由 S0 和 S25 的 STL 触点驱动的电路块中均有转换目标 S20，对它们的后续步 S20 的置位（将它变为活动步）是用 SET 指令实现的，对相应前级步的复位（将它变为不活动步）是由系统程序自动完成的。其实在设计梯形图时，没有必要特别留意选择序列的合并如何处理，只要正确地确定每一步的转换条件和转换目标，就能"自然地"实现选择序列的合并。

梯形图中 T0 的线圈同时受到 S22 的 STL 触点和 X0 的常闭触点的控制，所以产生步 S22 之后的转换实际上需要两个条件，即检测到该步无人（X0 为 OFF）和定时时间到。

5.1.4 并行序列的编程方法

1．专用钻床控制的程序结构

图 5-12 是本书第 4 章中图 4-29 所示的专用钻床的顺序功能图，它描述的实际上是自动程序，除此之外，还有手动程序。在运行自动程序之前，首先应满足规定的初始条件。如果不满足，可以切换到手动方式，用手动按钮分别独立操作各执行机构，使系统进入要求的初始状态。

因为 STL 指令不能用于子程序，例程"专用钻床控制"没有采用子程序的结构，而是用条件跳转来切换自动程序和手动程序，程序结构如图 5-10 所示。自动开关 X20 为 ON 时，跳过手动程序，执行自动程序。X20 为 OFF 时，跳过自动程序，执行手动程序。跳转指令"CJ　P63"跳转到 END 指令处。程序中软元件的注释见图 5-11。

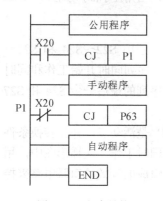

图 5-10　程序结构

软元件名	注释	软元件名	注释
X000	起动按钮	X015	反转按钮
X001	已夹紧	X016	夹紧按钮
X002	大孔钻完	X017	松开按钮
X003	大钻完	X020	自动开关
X004	小孔钻完	Y000	夹紧阀
X005	小钻升完	Y001	大钻降
X006	旋转到位	Y002	大钻升
X007	已松开	Y003	小钻降
X010	大钻升AN	Y004	小钻升
X011	大钻降AN	Y005	工件正转
X012	小钻升AN	Y006	松开阀
X013	小钻降AN	Y007	工件反转
X014	正转按钮	Y010	

图 5-11　注释表

2．公用程序与手动程序

图 5-13 是公用程序和手动程序。在手动方式（X20 为 OFF）和首次扫描（M8002 为 ON）时，将顺序功能图中的非初始步对应的状态（S21～S29）批量复位，然后将初始步 S0 置位。上述操作主要是防止由自动方式切换到手动方式，然后又返回自动方式时，可能会出现同时有多个活动步的异常情况。

在手动方式，用手动按钮 X10～X17 分别独立控制大、小钻头的升降，工件的旋转和夹紧、松开。每对功能相反的输出继电器用对方的常闭触点实现互锁，用限位开关的常闭触点对钻头的升降限位。图中的"大钻升 AN"是大钻头上升按钮的简称，"大钻升完"是大钻头上升到位的限位开关的简称。

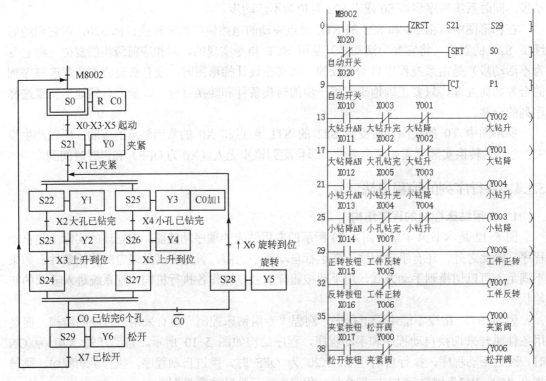

图 5-12　专用钻床的顺序功能图　　　　　图 5-13　公用程序和手动程序

3. 自动程序

图 5-14 是用 STL 指令编制的自动控制梯形图。图 5-12 中分别由 S22~S24 和 S25~S27 组成的两个单序列是并行工作的，设计梯形图时应保证这两个序列同时开始工作和同时结束，即两个序列的第一步 S22 和 S25 应同时变为活动步，两个序列的最后一步 S24 和 S27 应同时变为不活动步。

并行序列的分支的处理是很简单的。在图 5-12 中，当步 S21 是活动步，并且转换条件 X1 为 ON 时，步 S22 和 S25 同时变为活动步，两个序列开始同时工作。在梯形图中，用 S21 的 STL 触点（对应于指令"STL　S21"）和 X1 的常开触点组成的等效的串联电路来控制对 S22 和 S25 同时置位，系统程序将前级步 S21 变为不活动步。

另一种情况是当步 S28 为活动步，并且在 X6 的上升沿时，步 S22 和 S25 也应同时变为活动步，两个序列开始同时工作。在梯形图中，用 S28 的 STL 触点（对应于指令"STL S28"）和 X6 的上升沿检测触点组成的等效的串联电路来控制对 S22 和 S25 的同时置位。

图 5-12 中并行序列合并处的转换有两个前级步 S24 和 S27，根据转换实现的基本规则，当它们均为活动步并且满足转换条件时，将实现并行序列的合并。未钻完 3 对孔时，C0 的常闭触点闭合，转换条件 $\overline{C0}$ 满足，将转换到步 S28，即该转换的后续步 S28 变为活动步（S28 被置位），系统程序自动地将该转换的前级步 S24 和 S27 同时变为不活动步。图 5-14

86

的第 84 和第 85 步是两条连续的 STL 指令，对应于 S24 和 S27 串联的 STL 触点。它们和 C0 的常闭触点组成的等效串联电路使 S28 置位。串联的 STL 触点的个数（即连续的 STL 指令的条数）不能超过 8 个，换句话说，一个并行序列中的序列数不能超过 8 个。

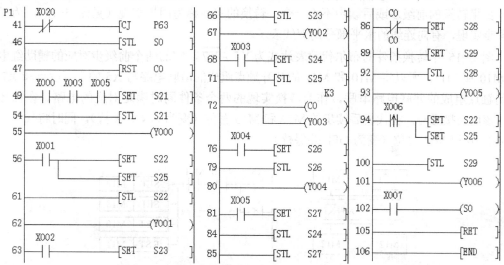

图 5-14 专用钻床的自动控制梯形图

如果不涉及并行序列的合并，同一个状态的 STL 指令只能在梯形图中使用一次。

钻完 3 对孔时，C0 的常开触点闭合，转换条件 C0 满足，将转换到步 S29。在梯形图中，用 S24 和 S27 的 STL 触点（对应于两条连续的 STL 指令）和 C0 的常开触点组成的等效串联电路，将 S29 置位。

5.2 使用置位/复位指令的编程方法

5.2.1 单序列的编程方法

1. 编程的基本方法

在顺序功能图中，如果某一转换的所有前级步都是活动步，并且满足该转换对应的转换条件，将会实现转换。即该转换所有的后续步都应变为活动步，该转换所有的前级步都应变为不活动步。

在梯形图中，用辅助继电器（M）代表步，当某步为活动步时，该步对应的辅助继电器为 ON。当该步之后的转换条件满足时，转换条件对应的触点或电路接通，因此可以将该触点或电路与代表所有前级步的辅助继电器的常开触点串联，作为与转换实现的两个条件同时满足对应的电路。该电路接通时，将所有后续步对应的辅助继电器置位和将所有前级步对应的辅助继电器复位。

在任何情况下，代表步的辅助继电器的控制电路都可以用这一原则来设计，每一个转换对应一个这样的控制置位和复位的电路块，有多少个转换就有多少个这样的电路块，这种编程方法也称为以转换为中心的编程方法。这种设计方法特别有规律，在设计复杂的顺序功能图的梯形图时既容易掌握，又不容易出错。

这种编程方法与转换实现的基本规则之间有着严格的对应关系，用它编制复杂的顺序功能图的梯形图时，更能显示出它的优越性。

如果转换的前级步或后续步不止一个，转换的实现称为同步实现（见图 5-15）。为了强调同步实现，有向连线的水平部分用双线表示。

图 5-15 中转换条件的布尔代数表达式为 $X5+\overline{X7}$，它的两个前级步对应的辅助继电器为 M10 和 M11，所以将 M10 和 M11 的常开触点组成的串联电路与 X5 的常开触点和 X7 的常闭触点组成的并联电路串联，作为转换实现的两个条件同时满足对应的电路。在梯形图中，该电路接通时，将代表后续步的 M12 和 M13 置位（变为 ON 并保持），同时将代表前级步的 M10 和 M11 复位（变为 OFF 并保持）。

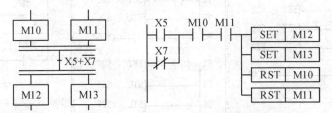

图 5-15　使用置位/复位指令的编程方法

2. 两运输带控制程序设计

（1）控制电路的设计

图 5-16 中的两条运输带顺序相连，为了避免运送的物料在 1 号运输带上堆积，按下起动按钮后，1 号运输带开始运行，5s 后 2 号运输带自动起动。停机的顺序与起动的顺序刚好相反，间隔仍然为 5s。图 5-16 同时给出了控制系统的顺序功能图和梯形图。

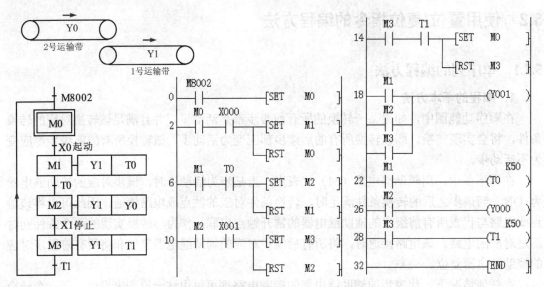

图 5-16　运输带控制系统的顺序功能图与梯形图

以初始步下面的 X0 对应的转换为例，要实现该转换，需要同时满足两个条件，即该转

88

换的前级步是活动步（M0 为 ON）和转换条件满足（X0 为 ON）。在梯形图中，用 M0 和 X0 的常开触点组成的串联电路来表示上述条件。该电路接通时，两个条件同时满足。此时应将该转换的后续步变为活动步，即用置位指令（SET 指令）将 M1 置位。还应将该转换的前级步变为不活动步，即用复位指令（RST 指令）将 M0 复位。

图 5-16 给出了该项目的梯形图程序（见例程"两运输带顺序控制"）。梯形图的前 5 块电路是用上述方法编写的控制步 M0～M3 的置位复位电路，每一个转换对应一块这样的电路。

（2）输出电路的设计

用户应根据顺序功能图，用代表步的辅助继电器的常开触点或它们的并联电路来控制输出位的线圈。Y0 仅仅在步 M2 为 ON，因此可以用 M2 的常开触点直接控制 Y0 的线圈。

接通延时定时器 T0 仅在步 M1 为活动步时定时，因此用 M1 的常开触点控制 T0。同样的，用 M3 的常开触点控制 T1。Y1 的线圈在步 M1～M3 均为 ON，因此将 M1～M3 的常开触点并联后，来控制 Y1 的线圈。

使用这种编程方法时，不能将输出继电器的线圈与 SET 和 RST 指令并联。以图 5-16 中 M0 和 X0 的串联电路为例，它接通的时间是相当短的，只有一个扫描周期。该串联电路接通后，M0 马上被复位，下一扫描周期该串联电路被断开。而输出继电器的线圈至少应该在某一步对应的全部时间内被接通。所以应根据顺序功能图，用代表步的辅助继电器的常开触点或它们的并联电路来驱动输出继电器的线圈。

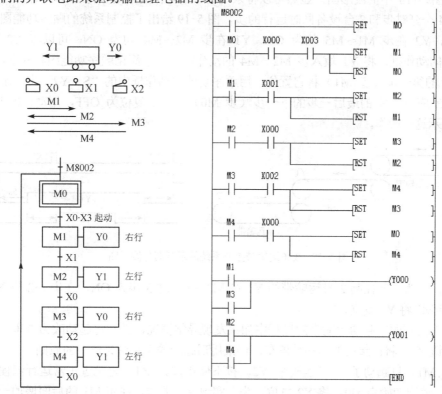

图 5-17　小车控制系统的顺序功能图与梯形图

3．小车顺序控制程序设计

图 5-17 是某小车运动的示意图、顺序功能图和用置位/复位指令设计的梯形图。设小车

89

在初始位置时停在左边，左限位开关 X0 为 ON；按下起动按钮 X3 后，小车向右运动（简称为右行），碰到中限位开关 X1 时，变为左行；返回左限位开关 X0 处变为右行，碰到右限位开关 X2 时变为左行，返回起始位置后停止运动。

将一个工作周期划分为初始步和 4 个运动步，分别用 M0～M4 来代表这 5 步。起动按钮 X3、限位开关 X0～X2 的常开触点是各步之间的转换条件。

根据顺序功能图，很容易画出梯形图（见例程"小车顺序控制"）。例如图 5-17 中步 M1 的前级步为 M0，该步前面的转换条件为 X0·X3。在梯形图中，用 M0、X0 和 X3 的常开触点组成的串联电路来控制对后续步 M1 的置位和对前级步 M0 的复位。

从顺序功能图可以看出，控制右行的 Y0 在步 M1 和步 M3 都要工作，所以用 M1 和 M3 的常开触点的并联电路来控制 Y0 的线圈。同样的，用 M2 和 M4 的常开触点的并联电路来控制 Y1 的线圈。

5.2.2　选择序列与并行序列的编程方法

1．三运输带控制系统的顺序控制

本书第 4 章中图 4-16 所示的 3 条运输带重画在图 5-18，同时给出了各输入、输出的波形图。按下起动按钮后，1～3 号运输带顺序起动；按下停止按钮后，3～1 号运输带顺序停机。

根据图 5-18 中的波形图，显然可以将系统的一个工作周期划分为 6 步，即等待起动的初始步、4 个延时步和 3 台设备同时运行的步。图 5-19 给出了控制系统的顺序功能图。从波形图可知，Y2 在步 M1～M5 均为 ON，Y1 在步 M2～M4 均为 ON。可以将 Y2 填入步 M1～M5 的动作框，将 Y1 填入步 M2～M4 的动作框。为了简化顺序功能图和程序，在 Y2 应为 ON 的第一步（步 M1）将它置位，用顺序功能图动作框中的"S　Y2"来表示这一操作；在 Y2 应为 ON 的最后一步的下一步（步 M0）将 Y2 复位为 OFF，用动作框中的"R Y2"来表示这一操作。

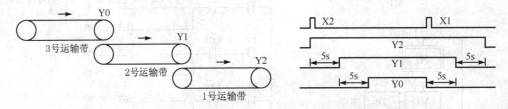

图 5-18　3 条运输带控制系统的示意图与波形图

同样的，为了使控制 2 号运输带的 Y1 在 M2～M4 这 3 步为 ON，在步 M2 将 Y1 置为 ON，在步 M5 将 Y1 复位。

操作人员在顺序起动运输带的过程中如果发现异常情况，需要将起动改为停车。此时按下停止按钮 X1，将已起动的运输带停车，仍采用后起动的运输带先停车的原则。

在步 M1，只起动了 1 号运输带 Y2。按下停止按钮 X1，将跳过正常运行流程中的步 M2～M5，返回初始步 M0，将 Y2 复位。为了实现这一要求，在步 M1 的后面增加一条返回初始步的有向连线，并用停止按钮 X1 作为转换条件。

在步 M2 已经起动了两条运输带，按下停止按钮 X1，跳转到步 M5，将后起动的 Y1 复位，5s 后返回初始步，将先起动的 Y2 复位。为了实现这一要求，在步 M2 的后面，增加一

条转换到步 M5 的有向连线，并用停止按钮 X1 作为转换条件。满足要求的顺序功能图如图 5-19 所示。

步 M2 之后有一个选择序列的分支，当它是活动步（M2 为 ON），并且转换条件 X1 得到满足，后续步 M5 将变为活动步，M2 变为不活动步。如果步 M2 为活动步，并且转换条件 T1 得到满足，后续步 M3 将变为活动步，步 M2 变为不活动步。

步 M5 之前有一个选择序列的合并，当步 M2 为活动步，并且转换条件 X1 满足，或者步 M4 为活动步，并且转换条件 T2 满足，步 M5 都应变为活动步。

此外，在步 M1 之后有一个选择序列的分支，在步 M0 之前有一个选择序列的合并。

如果某一转换与并行序列的分支、合并无关，它的前级步和后续步都只有一个，需要复位/置位的辅助继电器也只有一个，因此对选择序列的分支与合并的编程方法实际上与对单序列的编程方法完全相同。

图 5-19 所示的顺序功能图中，除了 M8002、X2 和步 M3 之后的 X1 对应的转换，别的转换均与选择序列的分支、合并有关。所有的转换都只有一个前级步和一个后续步，对应的梯形图（见图 5-20 和例程"三运输带顺序控制"）是非常"标准的"，每一个控制置位/复位的电路块都由前级步对应的辅助继电器 M 和转换条件对应的 X 或 T 的常开触点组成的串联电路、一条 SET 指令和一条 RST 指令组成。

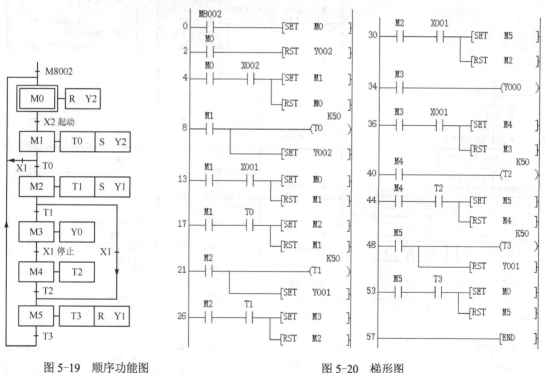

图 5-19　顺序功能图　　　　　　　　图 5-20　梯形图

2. 双面钻孔的组合机床的顺序控制

组合机床是针对特定工件和特定加工要求设计的自动化加工设备，通常由标准通用部件和专用部件组成，PLC 是组合机床电气控制系统中的主要控制设备。

用于双面钻孔的组合机床在工件相对的两面钻孔，机床由动力滑台提供进给运动，刀具电动机固定在动力滑台上。图 5-21 为双面钻孔组合机床的工作示意图，图 5-22 为相应的 PLC 外部接线图。程序见例程"双面组合机床控制"。

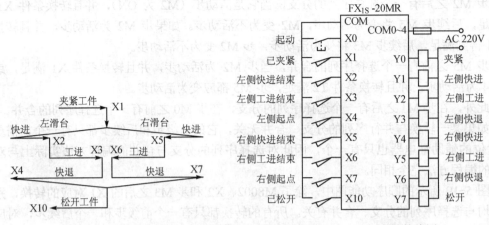

图 5-21 双面钻孔组合机床的工作示意图　　　图 5-22 PLC 外部接线图

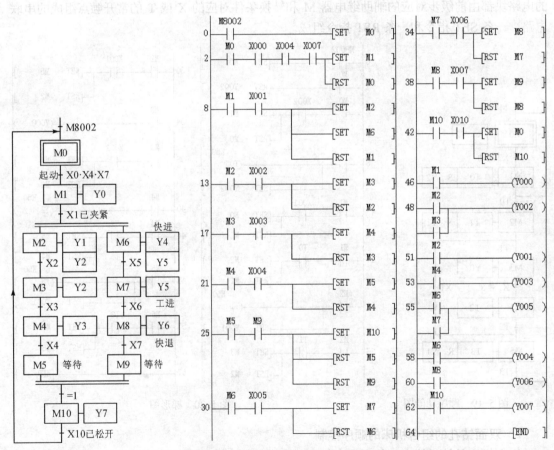

图 5-23 组合机床控制系统的顺序功能图与梯形图

自动运行之前限位开关 X4 和 X7 为 ON。工件装入夹具后，按下起动按钮 X0，转换条件 X0·X4·X7 满足，转换到步 M1。工件被夹紧后，限位开关 X1 变为 ON，并行序列中两个子序列的起始步 M2 和 M6 变为活动步,两侧的左、右动力滑台同时进入快速进给工步。以后两个动力滑台的工作过程是相对独立的。两侧的加工均完成后,两侧的动力滑台退回原位,系统进入步 M10。工件被松开后,限位开关 X10 变为 ON,系统返回初始步 M0,一次加工的工作循环结束。

在图 5-23 的并行序列中,两个子序列分别用来表示左、右侧滑台的进给运动,两个子序列应同时开始工作和同时结束。实际上左、右滑台的工作是先后结束的,为了保证并行序列中的各子序列同时结束,在各子序列的末尾增设了一个等待步(即步 M5 和 M9),它们没有什么操作。如果两个子序列分别进入了步 M5 和 M9,表示两侧滑台的快速退回均已结束(限位开关 X4 和 X7 均已动作),应转换到步 M10,将工件松开。步 M5 和 M9 之后的转换条件为"=1",它对应于二进制常数 1,表示应无条件转换,在梯形图中,该转换等效为一根短接线,或理解为不需要转换条件。

图 5-23 中步 M1 之后有一个并行序列的分支,当 M1 是活动步,并且转换条件 X1 满足时,步 M2 与步 M6 应同时变为活动步,这是用 M1 和 X1 的常开触点组成的串联电路使 M2 和 M6 同时置位来实现的;与此同时,步 M1 应变为不活动步,这是用复位指令来实现的。

步 M10 之前有一个并行序列的合并,该转换实现的条件是所有的前级步(即步 M5 和 M9)都是活动步,因为转换条件是"=1",即无条件转换,只需将 M5 和 X9 的常开触点串联,作为使 M10 置位和使 M5、M9 复位的条件。

5.3 具有多种工作方式的系统的编程方法

5.3.1 工作方式

1. 控制要求与硬件配置

为了满足生产的需要,很多工业设备要求设置多种工作方式,例如手动工作方式和自动工作方式,自动方式又可以细分为连续、单周期、单步和自动返回初始状态等工作方式。如何实现多种工作方式,并将它们融合到一个程序中,是梯形图设计的难点之一。手动程序比较简单,一般用经验法设计,复杂的自动程序一般用顺序控制法设计。

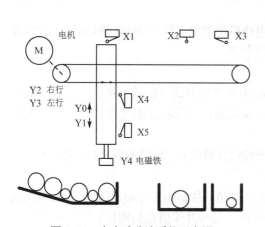

图 5-24　大小球分选系统示意图

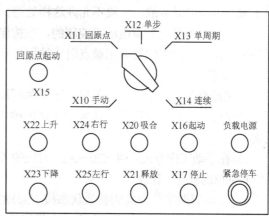

图 5-25　操作面板

某机械手用来分选钢质大球和小球（见图 5-24），操作面板如图 5-25 所示，图 5-26 是 PLC 外部接线图。输出继电器 Y4 为 ON 时，钢球被电磁铁吸住，为 OFF 时被释放。

工作方式选择开关的 5 个位置分别对应于 5 种工作方式，操作面板左下部的 6 个按钮是手动按钮。为了保证在紧急情况下（包括 PLC 发生故障时）能可靠地切断 PLC 的负载电源，设置了交流接触器 KM（见图 5-26）。在 PLC 开始运行时按下 "负载电源" 按钮，使 KM 线圈得电并自锁，KM 的主触点接通，给外部负载提供交流电源。出现紧急情况时用 "紧急停车" 按钮断开负载电源。

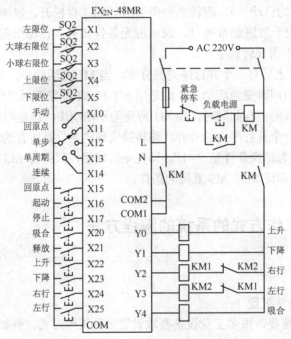

图 5-26　PLC 外部接线图

对于电磁吸盘这一类执行机构，在紧急停车时如果切断它的电源，它吸住的铁磁物体会掉下来，可能造成事故，一般不允许这样处理。

右行和左行是用异步电动机控制的，在控制电动机的交流接触器 KM1 和 KM2 的线圈回路中，设置了由它们的常闭触点组成的硬件互锁电路。

2．工作方式

系统设有手动、单周期、单步、连续和回原点 5 种工作方式。机械手从初始状态（最上面和最左边）开始，将钢球分选到到不同的槽中，最后返回初始状态的过程，称为一个工作周期。

1）在手动工作方式，用 X20～X25 对应的 6 个按钮分别独立控制机械手的升、降、左行、右行和钢球的吸合、释放。

2）在单周期工作方式的初始状态按下起动按钮 X16，从初始步 M0 开始，机械手按顺序功能图（见图 5-30）的规定完成一个周期的工作后，返回并停留在初始步。

3）在连续工作方式的初始状态按下起动按钮 X16，机械手从初始步开始，工作一个周期后又开始搬运下一个钢球，反复连续地工作。按下停止按钮 X17，并不马上停止工作，完成最后一个周期的工作后，系统才返回并停留在初始步。

4）在单步工作方式，从初始步开始，按一下起动按钮，系统转换到下一步，完成该步的任务后，自动停止工作并停留在该步，再按一下起动按钮，才开始执行下一步的操作。单步工作方式常用于系统的调试。

5）机械手在最上面和最左边且电磁铁线圈断电时，称为系统处于原点状态。在进入单周期、连续和单步工作方式之前，系统应处于原点状态。如果不满足这一条件，可以选择回原点工作方式，然后按回原点起动按钮 X15，使系统自动返回原点状态。

在原点状态，顺序功能图中的初始步 M0 为 ON，为进入单周期、连续和单步工作方式做好了准备。

5.3.2 使用置位/复位指令的编程方法

1. 程序的总体结构

项目的名称为"使用 SR 指令的大小球分选控制"（见同名例程），在主程序中，用调用子程序的方法来实现各种工作方式的切换（图 5-27）。由 PLC 的外部接线图可知，工作方式选择开关是单刀 5 掷开关，同时只能选择一种工作方式。梯形图中的"回原点 KG"是回原点开关的简称。

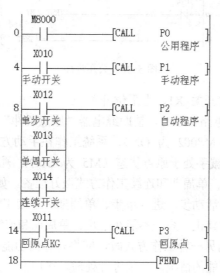

图 5-27　主程序

M8000 的常开触点一直接通，从指针 P0 开始的公用程序是无条件调用的，供各种工作方式公用。

方式选择开关在手动位置时，X10 为 ON，调用从指针 P1 开始的手动程序。

选择回原点工作方式时，X11 为 ON，调用从指针 P3 开始的回原点程序（见图 5-33）。

用户可以为连续、单周期和单步工作方式分别设计一个单独的子程序。考虑到这些工作方式使用相同的顺序功能图，它们的程序有很多共同之处，为了简化程序，减少程序设计的工作量，将单步、单周期和连续 3 种工作方式的程序合并为从指针 P2 开始的自动程序（见

图 5-31 和图 5-32）。在自动程序中，应考虑用什么方法区分这 3 种工作方式。

2．公用程序

图 5-28 中的公用程序用于处理各种工作方式都要执行的任务，以及不同的工作方式之间相互切换的处理。

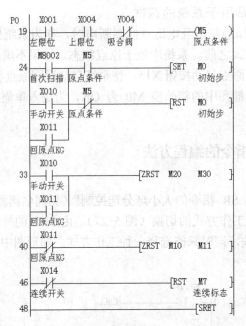

图 5-28　公用程序

在公用程序中，左限位开关 X1、上限位开关 X4 的常开触点和表示电磁铁线圈断电的 Y4 的常闭触点组成的串联电路接通时，辅助继电器"原点条件" M5 变为 ON。

在开始执行用户程序（M8002 为 ON）、系统工作在手动方式或自动回原点方式（X10 或 X11 为 ON）时，当机械手处于原点状态（M5 为 ON），顺序功能图中的初始步对应的 M0 将被置位，为进入单步、单周期和连续工作方式做好准备。如果此时 M5 为 OFF 状态，M0 将被复位，初始步为不活动步，进入单步、单周期和连续工作方式后按起动按钮也不会转换到下一步，自动运行被禁止，系统不能在单步、单周期和连续工作方式工作。

从一种工作方式切换到另一种工作方式时，应将有存储功能的位软元件复位。工作方式较多时，应仔细考虑各种可能的情况，分别进行处理。在切换工作方式时应执行下列操作：

1）当系统从自动工作方式切换到手动或自动回原点工作方式（X10 或 X11 为 ON）时，用区间复位指令 ZRST 将除初始步以外的各步对应的辅助继电器 M20～M30 复位，否则以后返回自动工作方式时，可能会出现同时有两个活动步的异常情况，引起错误的动作。

2）在退出自动回原点工作方式时，回原点开关 X11 的常闭触点闭合。此时将自动回原点的顺序功能图（见图 5-33）中各步对应的 M10 和 M11 复位，以防止下次进入自动回原点方式时，可能会出现同时有两个活动步的异常情况。

3）在非连续工作方式，连续开关 X14 的常闭触点闭合，将连续标志 M7 复位。

3．手动程序

X10 为 ON 时调用手动程序（见图 5-29），手动操作时用 X20～X25 对应的 6 个按钮控制钢球的吸合和释放，机械手的升、降、右行和左行。为了保证系统的安全运行，在手动程序中设置了一些必要的联锁。

1）左、右、上、下极限开关 X1、X3～X5 的常闭触点分别与控制机械手运动对应的输出继电器的线圈串联，以防止因机械手运行超限出现事故。

2）设置上升阀与下降阀之间、左行与右行接触器之间的互锁，用来防止功能相反的两个输出继电器同时为 ON。

3）上限位开关 X4 的常开触点与控制左、右行的 Y3 和 Y2 的线圈串联，机械手升到最高位置才能左、右移动，以防止机械手在较低位置运行时与别的物体碰撞。

4）机械手在最左边（X1 为 ON）时才允许释放钢球（将 Y4 复位）。

4. 自动程序

图 5-30 是机械手控制系统单周期、连续和单步工作方式的顺序功能图。该图是一种典型结构，可以用于别的具有多种工作方式的系统，最上面的转换条件与公用程序有关。单周期、连续和单步 3 种工作方式用连续标志 M7 和转换允许标志 M6 来区分。

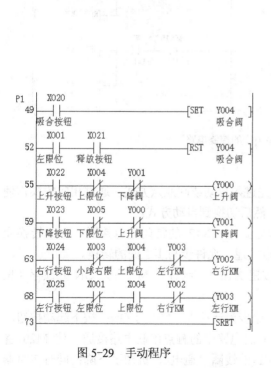

图 5-29 手动程序

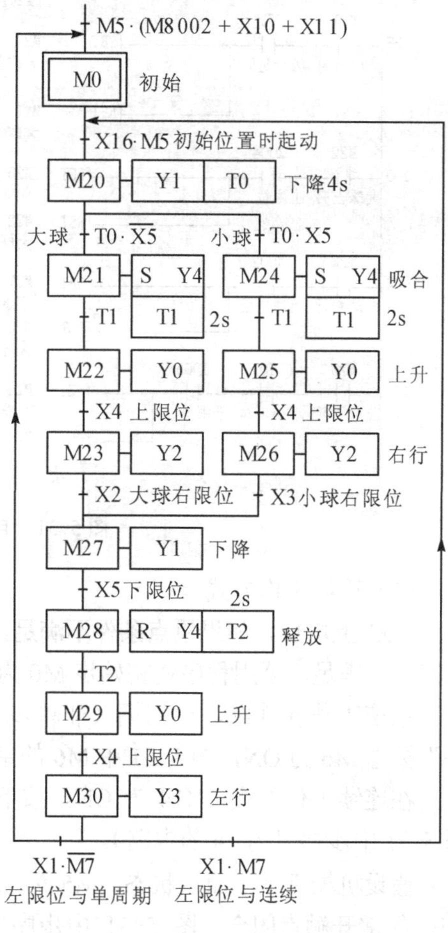

图 5-30 自动程序顺序功能图

使用置位/复位指令设计的自动程序见图 5-31 和图 5-32。图 5-31 用于控制代表步的辅助继电器，图 5-32 是输出电路。

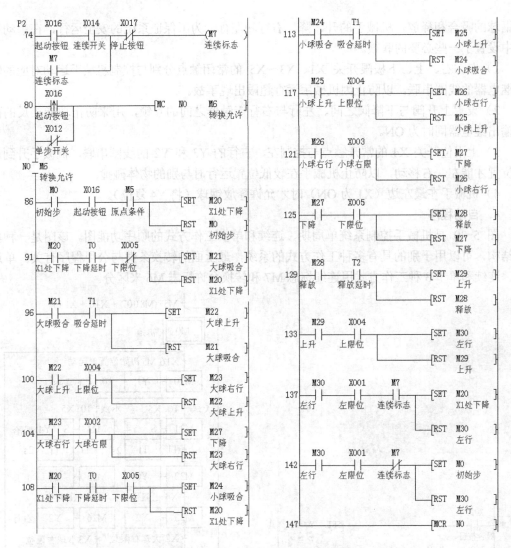

图 5-31　自动程序中步的控制电路

（1）连续工作方式

PLC 上电后，如果原点条件不满足，应首先进入手动或回原点方式，通过相应的操作使原点条件满足，公用程序使初始步 M0 为 ON，然后切换到自动方式。

系统工作在连续、单周期（非单步）工作方式时，X12 的常闭触点接通，使"转换允许"标志 M6 为 ON，图 5-31 中 M6 的主控触点接通，允许步与步之间的转换。

在连续工作方式，X14 为 ON，按下起动按钮 X16，连续标志 M7 变为 ON 并锁存（见图 5-31 中步序号为 74 的电路）。

假设机械手处于原点状态，M5 为 ON；初始步为活动步，M0 为 ON；按下起动按钮，X16 的常开触点闭合。图 5-31 中步序号为 86 的电路中的触点串联电路接通，使 M20 置位，M0 复位，系统从初始步转换到下降步，Y1 的线圈"通电"，机械手下降；同时定时器 T0 开始定时。机械手碰到大球时，下限位开关 X5 不会动作，T0 的定时时间到时，转换条件 T0·$\overline{X5}$ 满足，将转换到步 M21。机械手碰到小球时，下限位开关 X5 动作，T0 的定时时

98

间到时，转换条件 T0·X5 满足，将转换到步 M24。在步 M21 或步 M24，Y4 被 SET 指令置位，钢球被吸住；为了保证钢球被可靠地吸住后机械手再上升，用 T1 延时，2s 后 T1 的定时时间到，它的常开触点接通，使系统进入上升。以后系统将这样一步一步地工作下去，直到步 M30，机械手左行返回原点位置，左限位开关 X1 变为 ON，因为连续工作标志 M7 为 ON，转换条件 X1·M7 满足，系统返回步 M20，反复连续地工作下去。按下停止按钮 X17 后，M7 变为 OFF，但是系统不会立即停止工作，在完成当前工作周期的全部操作后，小车在步 M30 返回最左边，左限位开关 X1 为 ON，转换条件 X1·$\overline{M7}$ 满足，系统才返回并停留在初始步。

（2）单周期工作方式

在单周期工作方式，X14 为 OFF，按下起动按钮后，M7 不会变为 ON。当机械手在最后一步 M30 返回最左边时，左限位开关 X1 变为 ON，因为这时 M7 处于 OFF 状态，转换条件 X1·$\overline{M7}$ 满足，将返回并停留在初始步 M0，按一次起动按钮，系统只工作一个周期。

（3）单步工作方式

在单步工作方式，X12 为 ON，它的常闭触点断开，"转换允许"辅助继电器 M6 在一般情况下为 OFF，不允许步与步之间的转换。当某一步的工作结束后，转换条件满足，如果没有按起动按钮 X16，M6 处于 OFF 状态，不会转换到下一步，要等到按下起动按钮 X16，M6 在 X16 的上升沿 ON 一个扫描周期，M6 的主控触点接通，转换条件才能使系统进入下一步。

设系统处于初始状态，M0 为 ON，原点条件满足，M5 为 ON。按下起动按钮 X16，M6 变为 ON，使图 5-31 中步序号为 86 的电路中的串联电路接通，系统进入下降步。放开起动按钮后，M6 变为 OFF。

在下降步，Y1 的线圈"通电"，假设机械手碰到的是小球，下限位开关 X5 变为 ON。T0 的延时时间到时，与 Y1 的线圈串联的 T0 和 X5 的常闭触点断开（见图 5-32），使 Y1 的线圈"断电"，机械手停止下降。

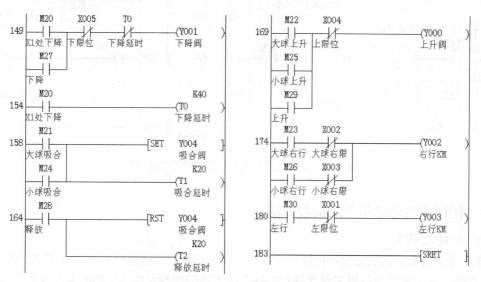

图 5-32　自动程序中的输出电路

T0 和 X5 的常开触点闭合后，如果没有按起动按钮，X16 和 M6 处于 OFF 状态，一直要等到按下起动按钮，M16 和 M6 变为 ON，M6 的主控触点接通，转换条件 T0·X5 才能使系统从步 M20 转换到步 M24。以后在完成某一步的操作后，都必须按一次起动按钮 X16，系统才能进入下一步。

图 5-31 中步序号 142 对 M0 置位（SET）的电路应放在步序号为 86 的对 M20 置位的电路的后面，否则在单步工作方式从步 M30 返回步 M0 时，将会马上进入步 M20。

在图 5-31 中，控制 M6（转换允许）的是起动按钮 X16 的上升沿检测触点，在步 M30 按起动按钮，M6 的主控触点仅 ON 一个扫描周期。步序号 142 开始的电路使 M0 置位后，下一扫描周期处理步序号为 86 的电路时，M6 已变为 OFF，所以不会使 M20 变为 ON，要等到下一次按起动按钮时，M20 才会变为 ON。

（4）输出电路

图 5-32 是自动控制程序的输出电路，图中 X1～X4 的常闭触点是为单步工作方式设置的。以控制左行的 Y3 为例，当小车碰到左限位开关 X1 时，控制左行的辅助继电器 M30 不会马上变为 OFF，如果 Y3 的线圈不与左限位开关 X1 的常闭触点串联，机械手不能停在 X1 处，还会继续左行，可能造成事故。

（5）自动回原点程序

图 5-33 是自动回原点程序的顺序功能图和用置位/复位指令设计的梯形图。在回原点工作方式（X11 为 ON）按下回原点起动按钮 X15，M10 变为 ON，机械手上升；升到上限位开关处时 X4 变为 ON，机械手左行；碰到左限位开关时，X1 变为 ON，将 M11 和 Y4 复位，Y3 变为 OFF。如果电磁铁吸住了钢球，此时电磁铁的线圈断电，钢球落入左边的槽内。由公用程序可知，这时原点条件满足，M5 为 ON，初始步 M0 被置位，为进入单周期、连续和单步工作方式做好了准备，因此可以认为步 M0 是步 M11 的后续步。

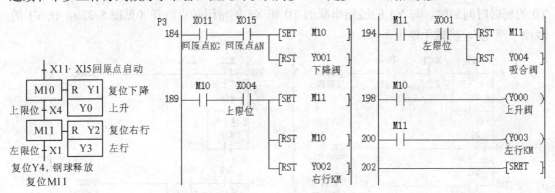

图 5-33　自动返回原点的顺序功能图与梯形图

5.3.3　使用步进梯形指令的编程方法

1. 初始化程序

FX 系列 PLC 的状态初始化指令 IST（Initial State）的功能指令编号为 FNC 60，它与 STL 指令一起使用，专门用来设置具有多种工作方式的控制系统的初始状态和设置有关的特殊辅助继电器的状态，可以简化复杂的顺序控制程序的设计工作。IST 指令只能使用一次，它应放在程序开始的地方，被它控制的 STL 电路应放在它的后面。

机械手控制系统的顺序功能图如图 5-34 所示。项目名称为"使用 STL 指令的大小球分选控制"（见同名例程），该系统的初始化程序（见图 5-36）用来设置初始状态和原点位置条件。IST 指令中的 S20 和 S30 用来指定在自动操作中用到的最低和最高的状态的软元件号，IST 中的源操作数可以取 X、Y 和 M。图 5-36 中 IST 指令的源操作数 X10 用来指定与工作方式有关的输入继电器的首软元件，它实际上指定从 X10 开始的 8 个输入继电器具有以下的意义。

X10：手动

X11：回原点

X12：单步运行

X13：单周期运行（半自动）

X14：连续运行（全自动）

X15：回原点起动

X16：自动操作起动

X17：停止

X10～X14 中同时只能有一个处于接通状态，必须使用选择开关，以保证这 5 个输入中不可能有两个同时为 ON。

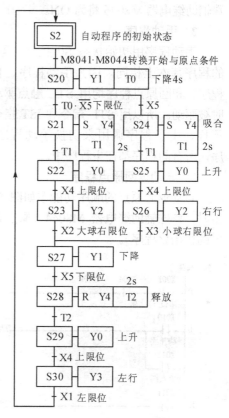

图 5-34　顺序功能图

IST 指令的执行条件满足时，初始状态 S0～S2 和下列的特殊辅助继电器被自动指定为以下功能，以后即使 IST 指令的执行条件变为 OFF，这些软元件的功能仍保持不变。

S0：手动操作初始状态

S1：回原点初始状态

S2：自动操作初始状态

M8040：为 1 时禁止所有的状态转换

M8041：转换起动（从初始状态的转换被允许，连续标志）

M8042：起动脉冲（按下起动按钮时的脉冲输出）

M8043：回原点完成

M8044：原点条件满足

M8045：禁止所有输出复位

M8046：STL 状态动作（至少有一个状态为 ON）

M8047：STL 监控有效

如果改变了当前选择的工作方式，在"回原点完成"标志 M8043 变为 ON 之前，所有的输出继电器将变为 OFF。"STL 监控有效"标志 M8047 的线圈"通电"时，当前的活动步对应的状态的软元件号按从大到小的顺序排列，存放在特殊数据寄存器 D8040～D8047 中，因此可以同时监控 8 点活动步对应的状态的软元件号。此外，若有任何一个状态为 ON，特殊辅助继电器 M8046 将为 ON。

2．手动程序

手动程序用初始状态 S0 控制（见图 5-36），与图 5-29 中的程序基本上相同。因为手动程序、自动程序（不包括回原点程序）和回原点程序均用 STL 触点驱动，这 3 部分程序不会同时被驱动。所以用 STL 指令和 IST 指令编程时，不是像图 5-27 那样，用子程序调用来切换手动程序、自动程序和回原点程序，所有的程序都在主程序中。

3．自动返回原点程序

自动返回原点的顺序功能图如图 5-35 所示，当原点条件满足时，特殊辅助继电器 M8044（原点条件）为 ON（见图 5-36 中的初始化程序）。

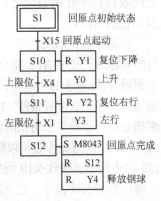

图 5-35 回原点的顺序功能图

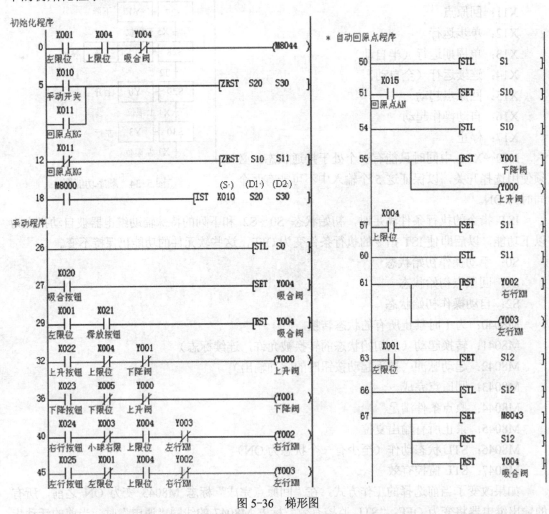

图 5-36 梯形图

自动返回原点结束后，用 SET 指令将 M8043（回原点完成）置为 ON，并用 RST 指令将回原点顺序功能图中的最后一步 S12 复位，返回原点的顺序功能图中的步应使用 S10～S19。

4．自动程序

用 STL 指令设计的自动程序的顺序功能图如图 5-34 所示，特殊辅助继电器 M8041（转换起动）和 M8044（原点条件）是从自动程序的初始步 S2 转换到下一步 S20 的转换条件。自动程序的梯形图见图 5-37。

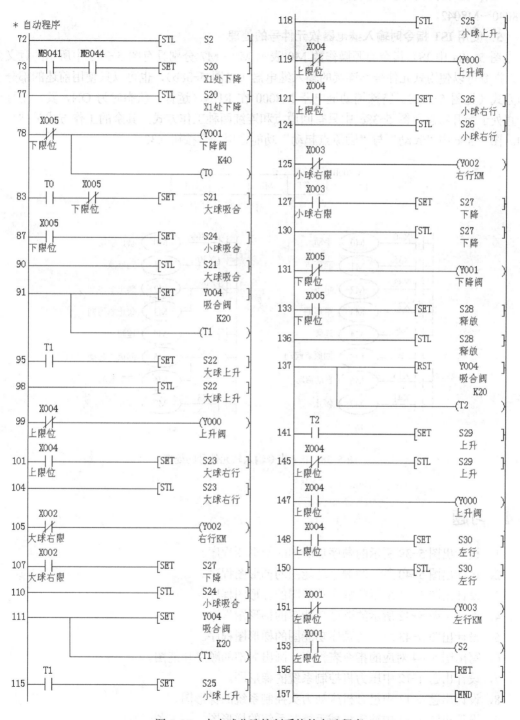

图 5-37　大小球分选控制系统的自动程序

使用 IST 指令后，系统的手动、自动、单周期、单步、连续和回原点这几种工作方式的切换是系统程序自动完成的，但是必须按照前述的规定，安排 IST 指令中指定的控制工作方式用的输入继电器 X10～X17 的软元件号顺序。

工作方式的切换是通过特殊辅助继电器 M8040～M8042 实现的，IST 指令自动驱动 M8040～M8042。

5. 使用 IST 指令时输入继电器软元件号的处理

图 5-38a 中 IST 指令的源操作数 M0 表示 M0～M7 分别具有图 5-38b 中所示的意义。IST 指令可以使用软元件号不连续的输入继电器（见图 5-38b），也可以只使用前述的部分工作方式（见图 5-38c）。特殊辅助继电器 M8000 在 RUN（运行）状态时为 ON，其常闭触点一直处于断开状态。图 5-38c 中只有回原点和连续两种工作方式，其余的工作方式是被禁止的。图 5-38c 中"起动"与"回原点起动"功能合用一个按钮 X32。

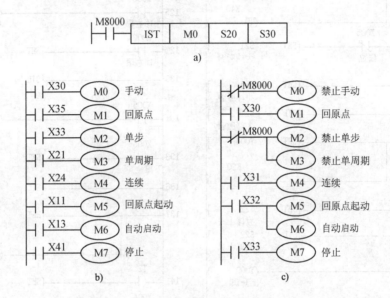

图 5-38　IST 指令输入软元件号的处理

5.4　习题

1. 设计出图 5-39 所示的顺序功能图的梯形图程序。
2. 设计出图 5-40 所示的顺序功能图的梯形图程序。
3. 设计出图 5-41 所示的顺序功能图的梯形图程序。
4. 设计出图 5-42 所示的顺序功能图的梯形图程序。
5. 设计出图 5-43 所示的顺序功能图的梯形图程序。
6. 写出图 5-44 对应的指令表程序，画出局部的顺序功能图。
7. 设计出题 4-12 中压力机控制系统的梯形图。
8. 设计出题 4-13 中组合机床动力头控制系统的梯形图。
9. 设计出题 4-14 中冲床机械手控制系统的梯形图。

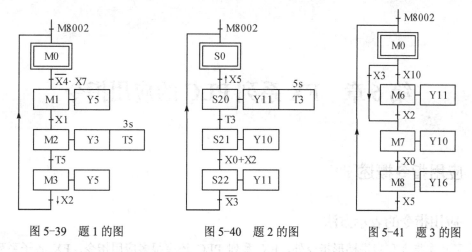

图 5-39 题 1 的图   图 5-40 题 2 的图   图 5-41 题 3 的图

10．设计出题 4-15 中剪板机控制系统的梯形图。

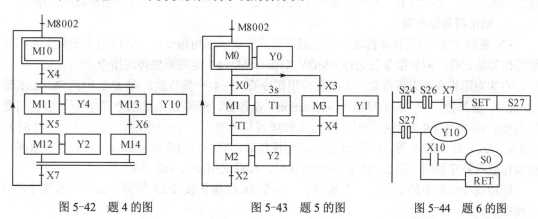

图 5-42 题 4 的图   图 5-43 题 5 的图   图 5-44 题 6 的图

11．液体混合装置如图 5-45 所示，上限位、下限位和中限位液位传感器被液体淹没时为 ON，阀 A、阀 B 和阀 C 为电磁阀，线圈通电时阀门打开，线圈断电时关闭。开始时容器是空的，各阀门均关闭，各传感器均为 OFF；按下起动按钮后，打开阀 A，液体 A 流入容器；中限位开关变为 ON 时，关闭阀 A，打开阀 B，液体 B 流入容器；当液面到达上限位开关时，关闭阀 B，电动机 M 开始运行，搅动液体；60s 后停止搅动，打开阀 C，放出混合液；当液面降至下限位开关之后再过 5s，容器放空，关闭阀 C，打开阀 A，又开始下一周期的操作；按下停止按钮，在当前工作周期的操作结束后，才停止操作（停在初始状态）。画出 PLC 的外部接线图和控制系统的顺序功能图，设计出梯形图程序。

12．用置位/复位指令设计题 11 中液体混合装置的梯形图程序，要求设置手动、连续、单周期、单步 4 种工作方式。

13．要求与题 12 相同，用 STL 指令设计。

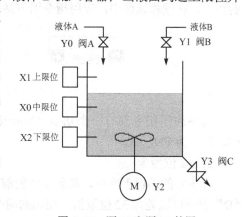

图 5-45 题 11 和题 12 的图

第6章　FX系列PLC的应用指令

6.1　应用指令概述

6.1.1　应用指令的表示方法

除了基本指令和步进梯形指令外，FX系列PLC还有很多应用指令，FX各子系列可以使用的应用指令见附录B，表中子系列下面的"○"表示某一子系列可以使用该应用指令。

1．助记符与操作数

FX系列PLC采用计算机通用的助记符形式来表示应用指令。一般用指令的英文名称或缩写作为助记符，例如指令助记符BMOV（Block Move）是数据块传送指令。

有的应用指令没有操作数，大多数应用指令有1～4个操作数。图6-1中的ⓈⓄ表示源（Source）操作数，ⒹⓄ表示目标（Destination）操作数，S和D右边的"·"表示可以使用变址功能。本书用（S·）表示ⓈⓄ。源操作数或目标操作数不止一个时，可以表示为（S1）、（S2）、（D1）和（D2）等。n或m表示其他操作数，它们常用来表示常数，或源操作数和目标操作数的补充说明。需要注释的项目较多时，可以采用m1、m2等方式。

应用指令的指令助记符占一个程序步，每个16位操作数和32位操作数分别占2个和4个程序步。

用编程软件输入图6-1中的应用指令MEAN时，单击工具条中的按钮，输入"MEAN D0 D10 K3"，指令助记符和各操作数之间用空格分隔，K3用来表示十进制常数3。

当图6-1中X0的常开触点接通时，执行指令MEAN，求3个（n＝3）数据寄存器D0～D2中的数据的平均值，运算结果用D10保存。图6-1中的应用指令是FX的编程手册的画法。在编程软件中，应用指令用方括号来表示（见图6-2）。

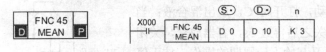

图6-1　应用指令

每条应用指令都有一个功能（Function）编号，图6-1中的MEAN指令的功能号为45，简写为FNC 45。

2．32位指令

在FX的编程手册中，每条指令的前面给出了图6-1左图所示的图形。该图形左下角的"D"表示可以处理32位数据，相邻的两个数据寄存器组成32位的数据寄存器对。

以数据传送指令"DMOV D2 D4"为例（见图6-2），该指令将D2和D3组成的32位整数（D2，D3）中的数据传送给（D4，D5），D2 为低 16 位数据，D3 为高 16 位数据。指令前面没有"D"时表示处理 16 位数据。处理 32 位数据时，为了避免出现错误，建议使用首地址为偶数的操作数。

3．脉冲执行指令

图 6-1 左图所示的图形右下角的"P"表示可以采用脉冲（Pulse）执行方式。仅仅在图 6-2 中的 X0 由 OFF 变为 ON 状态的上升沿时，执行一次 INCP 指令。在编程软件中，直接输入"INCP D6"，指令和操作数之间用空格分隔。

图 6-2 中的指令 INCP 是脉冲执行的，最下面的"INC"指令后面没有"P"，在 X0 为 ON 的每个扫描周期都要执行一次 INC 指令。

INC（加 1）、DEC（减 1）和 XCH（数据交换）等指令一般应使用脉冲执行方式。如果不需要每个周期都执行指令，使用脉冲执行方式可以减少指令执行的时间。符号"P"和"D"可以同时使用，例如 DMOVP，其中的 MOV 是传送指令的助记符。

在附录 B 的应用指令简表中可以查到各条指令是否可以处理 32 位数据，是否可以使用脉冲执行功能。表中"32 位指令"和"脉冲指令"下面的"○"用来表示有相应的功能。

4．变址寄存器

FX 系列有 16 个变址寄存器（V0～V7 和 Z0～Z7）。在传送指令和比较指令中，变址寄存器 V 和 Z 用来在程序执行过程中修改软元件的编号，循环程序一般需要使用变址寄存器。在程序中输入 Z 和 V，将会自动转换为 Z0 和 V0。

图 6-3 中 Z1 的值为 4，D6Z1 相当于软元件 D10（6 + 4）。变址寄存器还可以用于常数，图 6-3 中 V0 的值为 50，K100V0 相当于十进制常数 K150（100 + 50）。X1 的触点接通时，常数 50 被送到 V0，4 被送到 Z1，ADD（加法）指令完成运算（K100V0）+（D6Z1）→（D7Z1），即 150 +（D10）→（D11）。

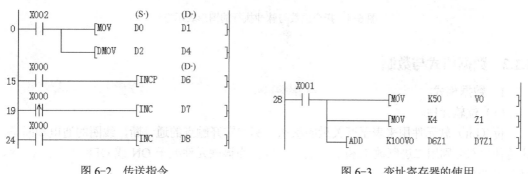

图 6-2　传送指令　　　　　　　　　　图 6-3　变址寄存器的使用

32 位指令中 V、Z 自动组对使用，V 为高 16 位，Z 为低 16 位。例如 32 位变址指令中的 Z0 代表 V0 和 Z0 的组合。

设 Z1 的值为 10，因为输入继电器采用八进制地址，在计算 X10Z1 的地址时，Z1 的值 K10 首先被换算成八进制数 12，再进行地址的加法运算。因此，X10Z1 被指定为 X22（八进制数 10+12=22），而不是 X20。

5．指令位数与脉冲执行的图形表示方法

在编程手册中，用图形表示指令是否可以使用 16 位指令和 32 位指令，是否可以使用连

续执行型指令和脉冲执行型指令。

图 6-4a 左侧上下的虚线表示指令与 16 位、32 位无关，例如 FNC 07（WDT）。

图 6-4b 左侧上半段的实线和下半段的 D 分别表示可以使用 16 位和 32 位指令。

图 6-4c 左侧下半段的虚线表示不能使用 32 位指令，上半段的实线表示能使用 16 位指令。

图 6-4d 左侧上半段的虚线表示不能使用 16 位指令，下半段的 D 表示能使用 32 位指令。

图 6-4e 右侧上半段的实线表示能使用连续执行型指令，右侧下半段的虚线表示不能使用脉冲执行型指令。

图 6-4f 右侧上半段的实线表示可以使用连续执行型指令，下半段的 P 表示可以使用脉冲执行型指令。

图 6-4g 表示既能使用连续执行型指令，也能使用脉冲执行型指令。右侧上半段的三角形图形表示使用了连续执行型指令后，每个扫描周期目标操作数的内容都会变化。

图 6-4h 是手册中完整的表示方式，指令 ADD 既能使用连续执行型指令，也能使用脉冲执行型指令；既能使用 16 位指令，也能使用 32 位指令。

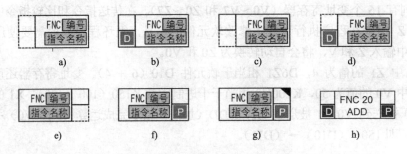

图 6-4　指令位数与脉冲执行的图形表示方法

6.1.2　数据格式与数制

1．数据格式

（1）位软元件

位（bit）软元件用来表示开关量的状态，例如常开触点的通、断，线圈的通电和断电，这两种状态分别用二进制数 1 和 0 来表示，或称为该软元件处于 ON 或 OFF 状态。X、Y、M 和 S 为位软元件。

（2）位软元件的组合

FX 系列 PLC 用 KnP 的形式表示连续的位软元件组，每组由 4 个连续的位软元件组成，P 为位软元件的首地址，n 为位软元件的组数（n = 1～8）。例如，K2M10 表示由 M10～M17 组成的两个位软元件组，M10 为数据的最低位（首位）。16 位操作数时，n = 1～4，n < 4 时高位为 0；32 位操作数时，n = 1～8，n < 8 时高位为 0。

建议在使用成组的位软元件时，X 和 Y 的首地址（最低位）为 0，例如 X0、X10、Y20 等。对于 M 和 S，首地址可以采用能被 8 整除的数，也可以采用元件号的最低位为 0 的地址作首地址，例如 M32 和 S50 等。

（3）字软元件

一个字由 16 个二进制位组成，字软元件用来处理数据，例如定时器和计数器的当前值寄存器和数据寄存器 D 都是字软元件，位软元件 X、Y、M、S 等也可以组成字软元件来进行数据处理。

（4）软元件的缩写

位软元件输入继电器、输出继电器、辅助继电器和状态的缩写分别为 X、Y、M 和 S。

KnX、KnY、KnM、KnS 分别是 X、Y、M 和 S 组成的位软元件组。

K、H 分别是十进制整数常数和十六进制整数常数，例如 K10、H3A。

T、C 和 D 分别是定时器、计数器和数据寄存器的缩写，V、Z 是变址寄存器的缩写。

2. 数制

（1）十进制数

十进制数用于辅助继电器 M、定时器 T、计数器 C、状态 S 等软元件的编号。十进制常数 K 还用于定时器、计数器的设定值和应用指令的操作数中的数值的指定。

（2）二进制数

在 FX 系列 PLC 内部，数据以二进制（Binary，简称为 BIN）补码的形式存储，所有四则运算和加 1、减 1 运算都使用二进制数。二进制补码的最高位（第 15 位）为符号位，正数的符号位为 0，负数的符号位为 1，最低位为第 0 位。第 n 位二进制正数为 1 时，该位对应的值为 2^n。以 16 位二进制数 0000 0100 1000 0110 为例，对应的十进制数为

$$2^{10} + 2^7 + 2^2 + 2^1 = 1158$$

最大的 16 位二进制正数为 0111 1111 1111 1111，对应的十进制数为 32767。

正数的补码就是它本身。将一个二进制正整数的各位取反（作非运算）后加 1，得到绝对值与它相同的负数的补码。例如将 1158 对应的补码 0000 0100 1000 0110 逐位取反（0 变为 1，1 变为 0）后，得到 1111 1011 0111 1001，加 1 后得到-1158 的补码 1111 1011 0111 1010。

将负数的补码各位取反后加 1，得到它的绝对值对应的正数的补码。例如将-1158 的补码 1111 1011 0111 1010 逐位取反后得 0000 0100 1000 0101，加 1 后得到 1158 的补码 0000 0100 1000 0110。

（3）十六进制数

多位二进制数读写起来很不方便，为了解决这个问题，可以用十六进制数来表示多位二进制数。十六进制数（Hexadecimal，简称为 HEX，见表 6-1）使用 16 个数字符号，即 0~9 和 A~F，A~F 分别对应于十进制数 10~15，十六进制数采用逢 16 进 1 的运算规则。

表 6-1 不同进制的数的表示方法

十进制数	八进制数	十六进制数	二进制数	BCD 码	十进制数	八进制数	十六进制数	二进制数	BCD 码
0	0	0	00000	0000 0000	9	11	9	01001	0000 1001
1	1	1	00001	0000 0001	10	12	A	01010	0001 0000
2	2	2	00010	0000 0010	11	13	B	01011	0001 0001
3	3	3	00011	0000 0011	12	14	C	01100	0001 0010
4	4	4	00100	0000 0100	13	15	D	01101	0001 0011
5	5	5	00101	0000 0101	14	16	E	01110	0001 0100
6	6	6	00110	0000 0110	15	17	F	01111	0001 0101
7	7	7	00111	0000 0111	16	20	10	10000	0001 0110
8	10	8	01000	0000 1000	17	21	11	10001	0001 0111

4 位二进制数可以转换为 1 位十六进制数，例如二进制数 1010 1110 0111 0101 可以转换为十六进制常数 HAE75。H 用来表示十六进制常数。

（4）八进制数

FX 系列 PLC 的输入继电器和输出继电器的软元件编号采用八进制数。八进制数只使用数字 0~7，不使用 8 和 9，八进制数按 0~7、10~17、……、70~77、100~107 升序排列。

（5）BCD 码

BCD（Binary Coded Decimal）码是各位按二进制编码的十进制数。每位十进制数用 4 位二进制数来表示，0~9 对应的二进制数为 0000~1001，各位 BCD 码之间的运算规则为逢十进 1。以 BCD 码 1001 0110 0111 0101 为例，对应的十进制数为 9675，最高的 4 位二进制数 1001 表示 9000。16 位 BCD 码对应于 4 位十进制数，允许的最大数字为 9999，最小的数字为 0000。

拨码开关（见图 6-5）的圆盘圆周面上有 0~9 这 10 个数字，用按钮来增、减各位要输入的数字。它用内部的硬件将显示的数字转换为 4 位二进制数。PLC 用输入继电器读取的多位拨码开关的输出值就是 BCD 码，需要用数据转换指令 BIN 将它转换为 16 位或 32 位整数。

用 PLC 的 4 个输出点给译码驱动芯片 4547 提供输入信号（见图 6-6），可以用 LED 七段显示器显示一位十进制数。需要用数据转换指令 BCD 将 PLC 中的 16 位或 32 位整数转换为 BCD 码，然后分别送给各个译码驱动芯片。

图 6-5　拨码开关

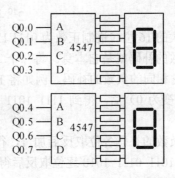

图 6-6　LED 七段显示器电路

（6）浮点数

二进制浮点数和十进制浮点数将在本章 6.5.1 节介绍。

6.1.3　怎样学习应用指令

第 3 章介绍的用于开关量控制的基本指令属于 PLC 最基本的指令，应用指令是指基本指令和第 5 章介绍的步进梯形指令之外的指令。

应用指令可以分为下面几种类型：

（1）较常用的指令

例如，数据的传送与比较、数学运算、跳转、子程序调用和返回等指令。

（2）与数据的基本操作有关的指令

例如，字逻辑运算、数据的移位、循环移位和数据的转换等。

（3）与 PLC 的高级应用有关的指令

例如，与中断、高速计数、位置控制、闭环控制和通信有关的指令，有的涉及一些专门知识，可能需要阅读有关的书籍或教材才能正确地理解和使用它们。

（4）方便指令与外部 I/O 设备指令

它们与 PLC 的硬件和通信等有关，有的指令用于特殊场合，例如旋转工作台指令，绝大多数用户几乎不会用到它们。

（5）用于实现人机对话的指令

它们用于数字的输入和显示，使用这类指令时往往需要用户自制硬件电路板，不但费事，也很难保证可靠性，功能也很有限。现在文本显示器和小型触摸屏的价格已经相当便宜，这类指令的实用价值已经不大。本书对这类指令只作简单介绍。

应用指令的使用涉及很多细节问题，例如指令中的每个操作数可以指定的软元件类型、是否可以使用 32 位操作数和脉冲执行方式、适用的 PLC 型号、对标志位的影响、是否有变址功能等。

PLC 的初学者没有必要花大量的时间去深入了解应用指令使用中的细节，更没有必要死记硬背它们。在使用它们时，可以通过编程手册或编程软件中指令的帮助信息了解它们的详细使用方法。初学时可以浏览一下应用指令的分类、名称和基本功能，知道有哪些应用指令可供使用。

学习应用指令时应重点了解指令的基本功能和有关的基本概念，最好带着问题和编程任务学习应用指令。与其他计算机编程语言一样，应通过读例程、编程序，用 PLC 或仿真软件调试程序，逐渐加深对应用指令的理解，在实践中提高阅读程序和编写程序的能力。仅仅阅读编程手册中或教材中应用指令有关的信息，是永远掌握不了指令的使用方法的。

6.1.4 软元件监视功能

1. 软元件登录监视功能的操作

将图 6-2 和图 6-3 中的程序（见例程"应用指令"）输入到主程序 MAIN，打开 GX Simulator，程序被自动下载到仿真 PLC。

用鼠标双击工具条上的按钮，或执行菜单命令"在线"→"监视"→"软元件登录"，打开"软元件登录监视"对话框（见图 6-7）。

用鼠标双击软元件表格中的第一行，在出现的"软元件登录"对话框中输入软元件号 D0（见图 6-7 左下角的小图），采用默认的数据格式（十进制显示和 16 位整数）。单击"登录"按钮，在"软元件登录监视"对话框表格的第一行出现输入的 D0。用同样的方法在第 2 行输入 D1。

用鼠标双击软元件表格中的第 3 行，在出现的"软元件登录"对话框中输入软元件号 D2（见图 6-7 中间的小图），将数据格式改为十六进制显示和 32 位整数。单击"登录"按钮，在"软元件登录监视"对话框表格的第 3 行出现输入的 32 位整数 D2（D）。用同样的方法在第 4 行输入 D4（D），在下面几行输入 D6~D8、D10 和 D11。

用鼠标双击表格的第 10 行，在出现的"软元件登录"对话框中输入软元件号 X0（见图 6-7 右边的小图），对话框中的数据格式与位软元件无关。单击"登录"按钮，在表格中出现输入的 X0。用同样的方法输入 X1 和 X2。

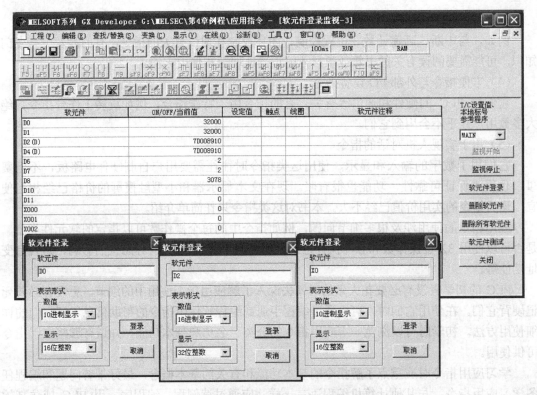

图 6-7　软元件登录监视视图

2. 16 位指令与 32 位指令的仿真实验

单击"监视开始"按钮，开始软元件登录监视，在"当前值"列出现各软元件的初始值。用鼠标双击第一行的 D0，打开"软元件测试"对话框（见图 6-8）。"字软元件/缓冲存储区"中出现 D0。在"设置值"的下面输入 32000，数据格式为默认的十进制和 16 位整数。单击"设置"按钮，在"执行结果"区出现设置的软元件号 D0 和设置的值。

在"字软元件/缓冲存储区"中输入 D2，将数据格式改为十六进制和 32 位整数，输入"设置值"7D008910。单击"设置"按钮，在"执行结果"区出现 D2 和设置的值。

在"位软元件"区中输入 X2，单击"强制 ON"按钮，X2 被强制为 ON。其常开触点闭合，图 6-2 中的 MOV 指令和 DMOV 指令被执行。在"软元件登录监

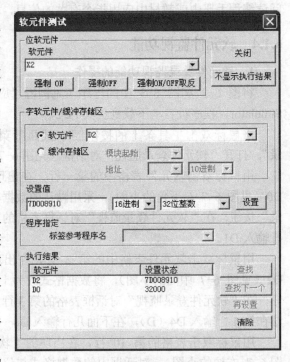

图 6-8　"软元件测试"对话框

112

视"对话框中（见图 6-7）可以看到，D0 中的数据被传送给 D1，（D2，D3）（D2 和 D3 组成的 32 位整数）中的数据被传送给（D4，D5）。用鼠标双击工具条上的按钮，也可以打开"软元件测试"对话框。

3．指令的脉冲执行的仿真实验

如果已关闭"软元件测试"对话框，用鼠标双击图 6-7 中的 X0 所在的行，也可再次打开"软元件测试"对话框。"位软元件"区中出现被双击的 X0，单击"强制 ON"按钮，X0 被强制为 ON。其常开触点闭合，图 6-2 中的 INC 指令和 INCP 指令被执行。在"软元件登录监视"对话框中可以看到脉冲执行的指令的目标软元件 D6 和 D7 的值被加 1（见图 6-7），连续执行的"INC　D8"指令的目标软元件 D8 的值快速增大。

关闭软元件测试对话框，单击工具条上的"监视结束"按钮，将结束软元件登录监视。

4．软元件批量监视功能

单击工具条上的按钮，或执行菜单命令"在线监视"→"软元件批量"，打开"软元件批量监视"对话框（见图 6-9）。输入软元件号 D0，单击"监视开始"按钮，启动监视。图中的监视形式是"位&字"（位与字），同时显示 16 位的字的值和它的每一位的值。可以设置十进制或十六进制的显示方式，按整数、实数和 ASCII 字符显示。图中的"监视状态"对话框是浮动的，可以将它拖放到工具条中。

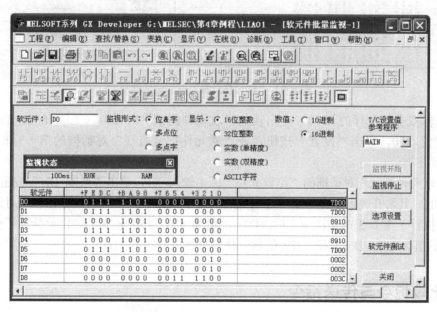

图 6-9　"软元件批量监视"对话框

图 6-10 的上面是"多点位"监视形式，每一行显示两个字的位。下面是十六进制的"多点字"监视形式，每一行显示 8 个 16 位整数或 4 个 32 位整数的值。

5．变址寄存器的仿真实验

图 6-3 中 X1 的常开触点接通时，将执行加法指令 ADD，根据前面的分析，常数 150 与 D10 的值相加，运算结果送给 D11。

将程序下载到仿真 PLC 后，单击工具条上的按钮，打开"软元件批量监视"对话框（见图 6-11）。输入软元件号 D10，单击"监视开始"按钮，启动监视。

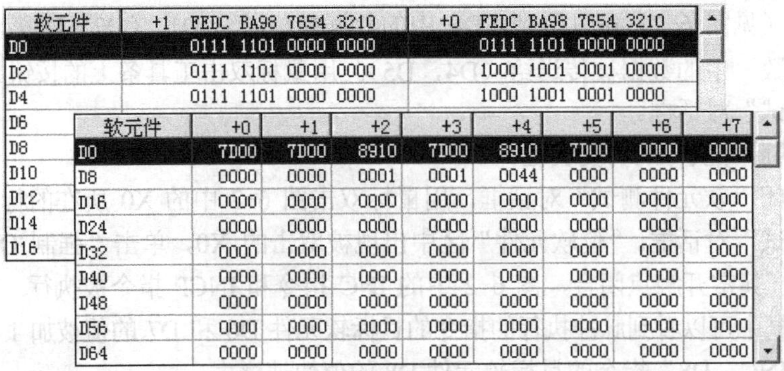

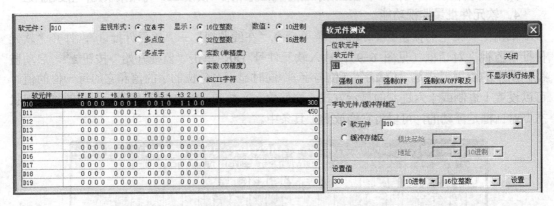

图 6-10　多点位与多点字的软元件批量监视

图 6-11　"软元件批量监视"对话框

用鼠标双击第一行的 D10，在出现的"软元件测试"对话框（见图 6-11 的右图），输入设置值 300。单击"设置"按钮，在"软元件批量监视"对话框的第一行出现 D10 的值 300。

在"软元件测试"对话框的"位软元件"区中输入 X1，单击"强制 ON"按钮，X1 被强制为 ON。其常开触点闭合，图 6-3 中的指令被执行。在"软元件批量监视"对话框中可以看到，执行了图 6-3 的加法指令后，D11 的值为 450（150 + 300）。由此验证了程序中的 K100V0 的值为 150，D6Z1 和 D7Z1 的软元件号分别为 D10 和 D11。

6.2　比较指令与传送指令

6.2.1　比较指令

1. 触点比较指令

触点比较指令（FNC 224～246）相当于一个触点，执行时比较源操作数（S1·）和（S2·），满足比较条件则等效触点闭合，源操作数可以取所有的数据类型。指令表中以 LD 开始的触点比较指令接在左侧母线上，以 AND 开始的触点比较指令与别的触点或电路串联，以 OR 开始的触点比较指令与别的触点或电路并联。

各种触点比较指令的助记符和意义如表 6-2 所示，梯形图中触点比较指令的助记符没有

LD、AND 和 OR。

表 6-2　各种触点比较指令的助记符

功能号	助记符	命 令 名 称	功能号	助记符	命 令 名 称
224	LD=	(S1)=(S2)时运算开始的触点接通	236	AND<>	(S1)≠(S2)时串联触点接通
225	LD>	(S1)>(S2)时运算开始的触点接通	237	AND≤	(S1)≤(S2)时串联触点接通
226	LD<	(S1)<(S2)时运算开始的触点接通	238	AND≥	(S1)≥(S2)时串联触点接通
228	LD<>	(S1)≠(S2)时运算开始的触点接通	240	OR=	(S1)=(S2)时并联触点接通
229	LD≤	(S1)≤(S2)时运算开始的触点接通	241	OR>	(S1)>(S2)时并联触点接通
230	LD≥	(S1)≥(S2)时运算开始的触点接通	242	OR<	(S1)<(S2)时并联触点接通
232	AND=	(S1)=(S2)时串联触点接通	244	OR<>	(S1)≠(S2)时并联触点接通
233	AND>	(S1)>(S2)时串联触点接通	245	OR≤	(S1)≤(S2)时并联触点接通
234	AND<	(S1)<(S2)时串联触点接通	246	OR≥	(S1)≥(S2)时并联触点接通

图 6-12 的右边是梯形图对应的指令表程序（见例程“应用指令”），可以看出每条比较指令占 5 个程序步。当 D12 的值等于 25 且 D14 的值小于等于 D15 的值，或者 D13 的值不等于 33 且 D14 的值小于等于 D15 的值时，Y5 的线圈通电。

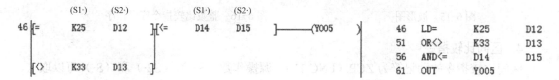

图 6-12　触点比较指令

2. 比较指令

比较指令 CMP（FNC 10，见图 6-13）比较源操作数（S1·）和（S2·），比较的结果送给目标操作数（D·），比较结果用目标软元件的状态来表示。待比较的源操作数（S1·）和（S2·）可以是任意的字软元件，目标操作数（D·）可以取 Y、M 和 S，占用连续的 3 个软元件。

X1 为 ON 时，图 6-13 中的比较指令将十进制常数 100 与计数器 C10 的当前值比较，比较结果送到 M0～M2。比较结果对目标操作数 M0～M2 的影响如图 6-13 所示。X1 为 OFF 时不进行比较，M0～M2 的状态保持不变。

3. 基于比较指令的方波发生器

图 6-14 中 X3 的常开触点接通时（见例程“应用指令”），T0 开始定时，其当前值从 0

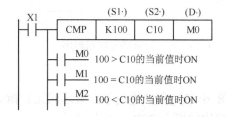

图 6-13　整数比较指令

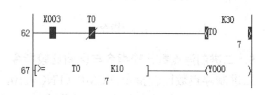

图 6-14　触点比较指令应用程序

115

开始不断增大。当前值等于设定值 30 时，T0 的常闭触点断开，使它的线圈断电，T0 被复位，其当前值被清零。在下一个扫描周期，T0 的常闭触点闭合，其当前值又从 0 开始不断增大。图中第一行的电路相当于一个锯齿波信号发生器（见图 6-15）。

T0 的当前值小于 10 时，触点比较指令 ">= T0 K10" 的比较条件不满足，等效的触点断开，Y0 的线圈断电。当前值大于等于 10 时，指令 ">= T0 K10" 的比较条件满足，等效的触点接通，Y0 的线圈通电。

图 6-16 的功能与图 6-14 的相同，但是使用的是比较指令 CMP。该指令的目标操作数是 M0，实际上占用了 M0～M2（见图 6-13）。在 T1 的当前值大于 10 时，M0 的常开触点接通，使 Y1 的线圈通电。

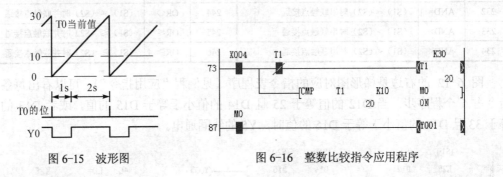

图 6-15　波形图　　　　　　图 6-16　整数比较指令应用程序

4. 区间比较指令

区间比较指令的助记符为 ZCP（FNC 11），源操作数（S1·）、（S2·）和（S·）可以取 K、H 和 D，目标操作数为 Y、M 和 S，占用连续的 3 个软元件，（S1·）应小于（S2·）。图 6-17 中的 X2 为 ON 时，执行 ZCP 指令，将 T3 的当前值与常数 100 和 150 相比较，比较结果对目标操作数 M3～M5 的影响如图 6-17 所示。

图 6-18 的 D9 中是以 kPa 为单位的压力值，压力的下限值和上限值分别为 2000kPa 和 2500kPa。M8013 是周期为 1s 的时钟脉冲。检测到的压力低于下限值时，M3 为 ON，"压力过低" 指示灯 Y2 闪烁；压力大于上限值时，M5 为 ON，"压力过高" 指示灯 Y4 闪烁，压力在 2000～2500kPa 时，M4 为 ON，"压力正常" 指示灯 Y3 点亮。

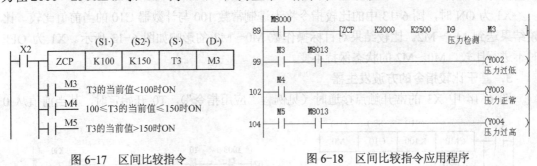

图 6-17　区间比较指令　　　　　　图 6-18　区间比较指令应用程序

5. 二进制浮点数比较指令与区间比较指令

二进制浮点数比较指令 ECMP（FNC 110，见图 6-19）和二进制浮点数区间比较指令 EZCP（FNC 111）的使用方法与比较指令 CMP 和区间比较指令 ZCP 基本上相同。

参与比较的常数被自动转换为浮点数。因为浮点数是 32 位的，浮点数指令的前面加 D。

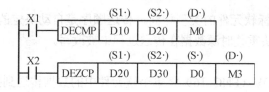

图 6-19　二进制浮点数比较指令与区间比较指令

6.2.2　传送指令

1.　传送指令

传送指令 MOV（FNC 12）将源数据传送到指定的目标软元件，图 6-20 中的 X0 为 ON
时（见例程"数据传送指令"），将 K2X20（X20～X27）的值传送到 K2Y20（Y20～Y27）。

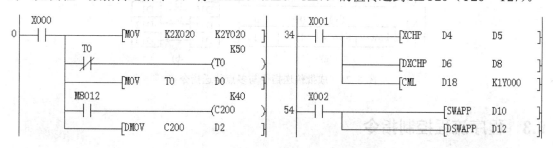

图 6-20　传送指令

2.　移位传送指令

移位传送指令 SMOV（FNC 13）将 4 位十进制源数据（S·）中指定位数的数据传送到 4
位十进制目标操作数（D·）中指定的位置。该指令用得很少。

3.　数据交换指令

执行数据交换指令 XCH（FNC 17）时，数据在指定的目标软元件之间交换，该指令应
采用脉冲执行方式，否则在每一个扫描周期都要交换一次。

4.　取反传送指令

取反传送指令 CML（FNC 14）将源软元件中的数据逐位取反（1→0，0→1，即作
"非"运算），然后传送到指定目标。若源数据为常数 K，该数据会自动转换为二进制数，
CML 用于反逻辑输出时非常方便。图 6-20 所示的 CML 指令将 D18 的低 4 位取反后传送到
Y0～Y3。

5.　高低字节交换指令

一个 16 位的字由两个 8 位的字节组成。16 位运算的 SWAP（FNC 147）指令将 D10 的
高低字节的值互换。图 6-20 中的指令"DSWAPP D12"首先交换 D12 的高字节和低字节，
然后交换 D13 的高字节和低字节。

SWAP 指令必须采用脉冲执行方式，否则在每个扫描周期都要交换一次。

6.　成批传送指令

成批传送指令 BMOV（FNC 15）将源操作数指定的软元件开始的 n 个数据组成的数据
块传送到指定的目标地址区。如果软元件号超出允许的范围，数据仅传送到允许的范围。
BMOV 指令不能用于 32 位整数。

如果源软元件与目标软元件的类型相同，传送顺序是自动决定的（见图 6-21b），以防止源数据块与目标数据块重叠时源数据在传送过程中被改写。

7. 多点传送指令

多点传送指令 FMOV（FNC 16）将单个软元件中的数据传送到指定目标地址开始的 n 个软元件（n≤512），传送后 n 个软元件中的数据完全相同。如果软元件号超出允许的范围，仅仅传送允许范围的数据。

当 X2 为 ON 时（见图 6-21），常数 5678 分别被传送给 D5～D14 这 10 个数据寄存器。

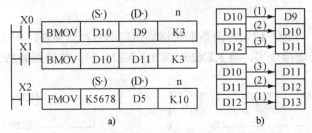

图 6-21　成批传送指令与多点传送指令

6.3　程序流程控制指令

6.3.1　条件跳转指令

1. 跳转指令的基本功能

指针 P（Pointer）用于跳转指令和子程序调用。在梯形图中，指针放在左侧垂直母线的左边。FX 各子系列可以使用的指针点数见表 2-1，例如 FX$_{1S}$ 有 64 点指针（P0～P63），FX$_{1N}$、FX$_{2N}$ 和 FX$_{2NC}$ 有 128 点指针（P0～P127）。条件跳转指令 CJ（FNC 00）用于跳过顺序程序中的某一部分，以控制程序的流程。使用跳转指令可以缩短扫描周期。

图 6-22 中的程序见例程"跳转指令"。程序中的 X0 为 ON 时，跳转条件满足。执行 CJ 指令后，跳转到指针 P1 处，不执行被跳过的那部分指令。如果 X0 为 OFF，跳转条件不满足，不会跳转。执行完 CJ 指令后，顺序执行它下面步序号为 4 的指令。

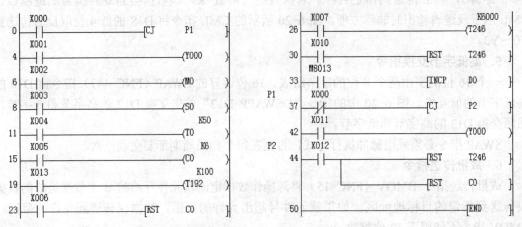

图 6-22　跳转指令的应用程序

如果用特殊辅助继电器 M8000 的常开触点驱动 CJ 指令，相当于无条件跳转，因为运行时 M8000 总是为 ON。

指针可以放置在对应的跳转指令之前（即往回跳），但是如果反复跳转的时间超过监控定时器的设定时间（默认值为 200ms），会引起监控定时器出错。

如果需要跳转到 END 指令所在的步序号，应使用指针 P63。在程序中不需要设置指针 P63，如果生成了指针 P63，反而会出错。

多条跳转指令可以跳到同一个指针处。一个指针只能出现一次，如果出现两次或两次以上，则会出错。CALL 指令（子程序调用）和 CJ 指令不能共用同一个指针。程序之间不能相互跳转。

为了生成指针 P1，双击步 37 所在行左侧垂直母线的左边，在出现的"梯形图输入"对话框中输入 P1。单击"确定"按钮，可以看到生成的指针 P1。

2．跳转对位软元件的影响

打开例程"跳转指令"后，打开 GX Simulator，启动软元件监视视图，生成 X 窗口、Y 窗口、M 窗口和 D 窗口，用梯形图监视程序的运行。

在 X0 为 OFF 时，指令"CJ P1"的跳转条件不满足。用 X 窗口的 X1～X3 能分别控制 Y0、M0 和 S0。令 X0 为 ON，Y0、M0 和 S0 的线圈所在的程序区被跳过。Y0、M0 和 S0 保持跳转之前最后一个扫描周期的状态不变。此时不能用 X1～X3 分别控制 Y0、M0 和 S0，因为在跳转时根本没有执行这几行指令。

3．跳转对定时器的影响

令 100ms 定时器 T0 的线圈开路，再令 X0 为 ON，开始跳转。令 X4 为 ON，T0 的线圈不会通电，它不能定时。

令 X0 为 OFF，X4 为 ON，T0 开始定时。定时期间令 X0 为 ON，开始跳转，T0 停止定时，其当前值保持不变。令 X0 变为 OFF，停止跳转，T0 在保持的当前值的基础上继续定时。X0 为 OFF 时令 X7 为 ON，累积型定时器 T246 开始定时。X0 为 ON 时，令 X12 为 ON，可以用跳转区外的 RST 指令将线圈被跳过的 T246 复位，使它的当前值变为 0。

4．跳转对计数器的影响

X0 为 OFF，未跳转时 C0 可以对 X5 提供的计数脉冲计数。令 X0 变为 ON，在跳转期间 C0 不会计数，它的当前值保持不变，也不能用跳转区内的 X6 将 C0 复位。令 X12 为 ON，可以用跳转区外的 RST 指令将线圈被跳过的 C0 复位，使它的当前值变为 0。令 X0 为 OFF，停止跳转，C0 可以在原当前值的基础上继续计数，也可以用 X6 将它复位。

高速计数器的处理独立于主程序，其工作不受跳转的影响。C235～C255 如果在线圈驱动后跳转，将会继续工作，条件满足时它们的输出触点也会动作。

5．跳转对 T192～T199 的影响

普通的定时器只是在执行线圈指令时进行定时，因此，将它们用于条件满足时才执行线圈指令的跳转区、子程序和中断程序内时，不能进行正常的定时。

在跳转区、子程序和中断程序内，应使用子程序和中断程序专用的 100ms 定时器 T192～T199，其功能不能仿真。

假设跳转开始时图 6-22 中的 T192 正在定时，跳转后即使控制 T192 线圈的 X13 变为 OFF，T192 仍然继续定时。定时时间到时，T192 的触点也会动作，当前值保持为设定值不变。在停止跳转时如果 X13 为 OFF，T192 的线圈断电，当前值变为 0。

6．跳转对应用指令的影响

X0 为 OFF 时未跳转，图 6-22 中周期为 1s 的时钟脉冲 M8013 通过 INCP 指令使 D0 每秒加 1。令 X0 为 ON，在跳转期间不执行 INCP 指令，D0 的值保持不变。但是跳转期间会继续执行高速处理指令 FNC 52～58。如果脉冲输出指令 PLSY（FNC 57）和脉冲宽度调制指令 PWM（FNC 58）在刚开始被 CJ 指令跳过时正在执行，跳转期间将继续工作。

7．跳转对主控指令的影响

如果从主令控制区的外部跳入其内部，不管它的主控触点是否接通，都把它当成接通来执行主令控制区内的程序。如果跳转指令和指针都在同一主令控制区内，主控触点没有接通时不执行跳转。

8．跳转指令与双线圈

同一个位软元件的线圈一般只允许出现一次，如果出现两次或多次，称为双线圈。同一个位软元件的线圈可以在跳转条件相反的两个跳转区内分别出现一次。图 6-22 用 X0 的常开触点和常闭触点分别控制指针 P1 和 P2 对应的跳转。X0 为 ON 时，指令"CJ　P2"的跳转条件不满足，可以用 X11 控制 Y0；X0 为 OFF 时，指令"CJ　P1"的跳转条件不满足，可以用 X1 控制 Y0。

9．跳转指令的应用

【例 6-1】 用跳转指令实现图 6-23 中的流程图的要求，图中标出了跳转和标号指令中的操作数。下面是满足要求的程序。

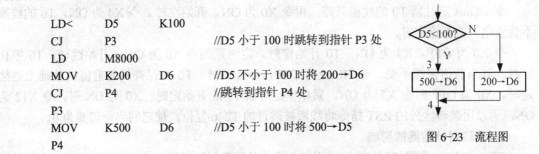

LD<	D5	K100	
CJ	P3		//D5 小于 100 时跳转到指针 P3 处
LD	M8000		
MOV	K200	D6	//D5 不小于 100 时将 200→D6
CJ	P4		//跳转到指针 P4 处
P3			
MOV	K500	D6	//D5 小于 100 时将 500→D5
P4			

图 6-23　流程图

6.3.2　子程序指令与子程序应用例程

1．何时使用子程序

当系统规模较大、控制要求复杂时，如果将全部控制任务放在主程序内，主程序将会非常复杂，既难以调试，也难以阅读。使用子程序可以将程序分成容易管理的小块，使程序结构简单清晰，易于查错和维护。

子程序也用于需要多次反复执行相同任务的地方，只需要编写一次子程序，别的程序在需要的时候调用它，而无须重写该程序。每个扫描周期都要执行一次主程序。子程序的调用可以是有条件的，子程序没有被调用时，不会执行其中的指令。

2．与子程序有关的指令

FX$_{1S}$ 的子程序调用指令 CALL（FNC 01）的操作数为 P0～P62，其他系列的指针范围见表 2-1（不包括 P63），子程序返回指令 SRET（FNC 02）无操作数。

主程序结束指令 FEND（FNC 06）无操作数，表示主程序结束。执行到 FEND 指令时 PLC 进行输入/输出处理、监控定时器刷新，完成后返回第 0 步。主程序是从第 0 步开始到 FEND 指令的程序，子程序是从 CALL 指令指定的指针 Pn 到 SRET 指令的程序。子程序和中断程序应放在 FEND 指令之后。如果有多条 FEND 指令，子程序和中断程序应放在最后的 FEND 指令和 END 指令之间。CALL 指令调用的子程序必须用子程序返回指令 SRET 结束。

FEND 指令如果出现在 FOR-NEXT 循环中，则程序出错。

3. 子程序的调用

图 6-24 中的程序见例程"子程序调用"。X0 为 ON 时，"CALL P1"指令使程序跳到指针 P1 所在的第 13 步，P1 开始的子程序被执行，执行完第 46 步的 SRET 指令后返回到"CALL P1"指令下面第 8 步的指令。子程序放在 FEND（主程序结束）指令之后。

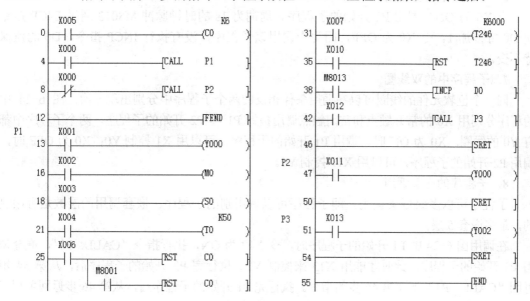

图 6-24　子程序调用例程

同一个指针只能出现一次，同一个指针开始的子程序可以被不同的 CALL 指令多次调用。CJ 指令用过的指针不能再用于 CALL 指令。

4. 子程序调用对位软元件的影响

打开例程"子程序调用"后，打开 GX Simulator，启动软元件监视视图，生成 X 窗口、Y 窗口和 M 窗口。

令 X0 为 ON，调用 P1 开始的子程序，可以用 X1～X3 分别控制 Y0、M0 和 S0。

令 X0 为 OFF，停止调用 P1 开始的子程序。Y0、M0 和 S0 保持 X0 的下降沿前一扫描周期的状态不变，不能用 X1～X3 分别控制 Y0、M0 和 S0，因为这时根本就没有执行该子程序中的指令。

5. 子程序与定时器和计数器

仿真时令 X0 为 OFF，未调用 P1 开始的子程序，不能用 X4 启动 T0 定时。令 X0 为 ON，调用 P1 开始的子程序。令 X4 为 ON，T0 开始定时。在定时过程中令 X0 为 OFF，停止调用 P1 开始的子程序，T0 的当前值保持不变。重新调用该子程序，T0 在保持的当前值的基础上继续定时。在子程序中应使用专用的 100ms 定时器 T192～T199。

在子程序中对累计型定时器或计数器执行 RST 指令后，它的复位状态也被保持。以图 6-24 中的 C0 为例，它的线圈指令在子程序之外，复位指令在子程序内。令 X0 为 ON，调用指针 P1 开始的子程序。令 X6 为 ON，C0 被 RST 指令复位。如果没有第二条"RST C0"指令，在 X6 为 ON（C0 被复位）时，令 X0 为 OFF，停止调用子程序。此时，C0 仍然保持复位状态，用 X5 发出计数脉冲，C0 不能计数。

增加了用一直为 OFF 的 M8001 的常开触点控制复位 C0 的指令后，第一条"RST C0"指令将 C0 复位，第二条"RST C0"指令的执行条件不满足，取消了对 RST 的复位操作，解除了对 C0 复位的保持状态，停止调用子程序后不会影响对 C0 的计数操作。

6．子程序中的应用指令

令 X0 为 ON，调用 P1 开始的子程序。周期为 1s 的时钟脉冲 M8013 通过 INCP 指令使 D0 每秒加 1。令 X0 为 OFF，因为未调用该子程序，没有执行 INCP 指令，D0 的值保持不变。

7．子程序中的双线圈

同一个位软元件的线圈可以在调用条件相反的两个子程序中分别出现一次。图 6-24 中的程序分别用 X0 的常开触点和常闭触点调用指针 P1 和 P2 开始的子程序，两个子程序中都有 Y0 的线圈。X0 为 ON 时，调用 P1 开始的子程序，可以用 X1 控制 Y0；X0 为 OFF 时，调用 P2 开始的子程序，可以用 X11 控制 Y0。

8．子程序的嵌套调用

子程序可以多级嵌套调用，即子程序可以调用别的子程序。嵌套调用的层数是有限制的，最多嵌套 5 层。

在调用图 6-24 中 P1 开始的子程序时，令 X12 为 ON，执行指令"CALL P3"，嵌套调用 P3 开始的子程序。此时才能用 X13 来控制 Y2。执行完 P3 开始的子程序后，从第 54 步返回"CALL P3"下面第 46 步的指令。执行完 P1 开始的子程序后，从第 46 步返回主程序中指令"CALL P1"下面第 8 步的指令。

9．多条 FEND 指令的使用

如果主程序中有因为跳转产生的分支，每条分支结束时都需要用一条 FEND 指令来结束该分支程序。图 6-25 给出了一个使用多条 FEND 指令的例子（见例程"多条 FEND"）。X0 为 ON 时跳转条件满足，跳转到指针 P0 对应的第 11 步。执行第 20 步的 FEND 指令时，跳

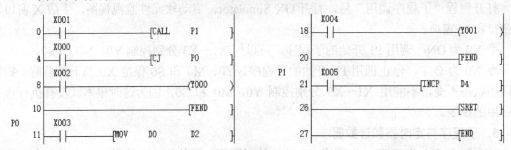

图 6-25 多条 FEND 指令使用例程

转到 END 指令处，结束本次扫描周期的程序执行。X0 为 OFF 时，跳转条件不满足，从第 8 步开始顺序执行指令。执行到第 10 步的 FEND 指令时，跳转到 END 指令处。

10．子程序应用例程

本书中 4.2.2 节的两条运输带控制程序实际上是自动程序。除了自动程序，一般还需要设置手动程序，此外可能还需要公用程序。公用程序用来完成自动和手动都需要的操作，还用来处理自动和手动这两种运行模式的相互切换。

图 6-26 是使用子程序调用的运输带控制程序（见例程"运输带子程序"）。X2 是自动/手动切换开关，X2 的常开触点闭合时，调用 P1 开始的自动程序。X2 的常闭触点闭合时，调用 P2 开始的手动程序，可以用 X3 和 X4，通过 Y0 和 Y1 手动控制两条运输带。

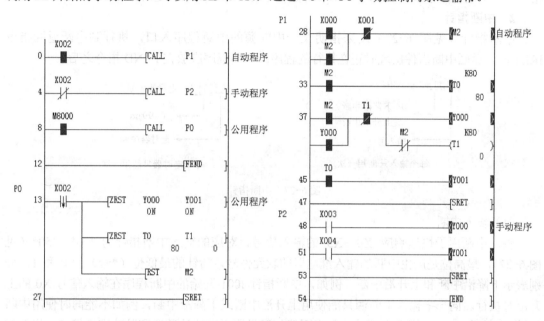

图 6-26　使用子程序调用的运输带控制例程

用一直闭合的 M8000 的常开触点无条件地调用 P0 开始的公用程序。由自动运行切换到手动运行时，公用程序将 Y0、Y1 和 M2 复位为 OFF，还将可能正在定时的 T0 和 T1 复位。如果在切换时未将它们复位，从手动模式返回自动模式时，运输带可能会出现异常的动作。

6.3.3　中断的基本概念与中断指令

1．中断的基本概念

有很多 PLC 内部或外部的事件是随机发生的，例如外部开关量输入信号的上升沿或下降沿、高速计数器的当前值等于设定值等，事先并不知道这些事件何时发生，但是它们出现时又需要尽快地处理它们。例如电力系统中的断路器跳闸时，需要及时记录事故出现的时间。高速计数器的当前值等于设定值时，需要尽快发出输出命令。PLC 用中断来解决上述的问题。

此外，由于 PLC 的扫描工作方式，普通定时器的定时误差很大，定时时间到了也不能马上去处理要做的事情，需要用定时器中断来解决这一问题。

FX 系列 PLC 的中断事件包括输入中断、定时器中断和高速计数器中断。中断事件出现时，在当前指令执行完后，当前正在执行的程序被停止执行（被中断），操作系统将会立即调用一个用户编写的分配给该事件的中断程序。中断程序被执行完后，被暂停执行的程序将从被打断的地方开始继续执行。这一过程不受 PLC 扫描工作方式的影响，因此 PLC 能迅速地响应中断事件。换句话说，中断程序不是在每次扫描循环中处理，而是在需要时才被及时处理。

优化中断程序，使中断程序尽量短小，可以减少中断程序的执行时间，减少对其他处理的延迟，否则可能引起主程序控制的设备操作异常。设计中断程序时应遵循"越短越好"的格言。在中断程序中应使用子程序和中断程序专用的 100ms 累计定时器 T192～T199。

2. 中断指针

中断指针（见图 6-27）用来指明某一中断源的中断程序入口，执行到中断返回指令IRET 时，返回中断事件出现时正在执行的程序。中断程序应放在 FEND 指令之后。

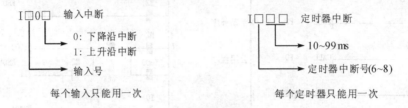

图 6-27　中断指针

（1）输入中断

输入中断用于快速响应 X0～X5 的输入信号，对应的输入中断指针为 I00*～I50*（见图 6-27），最高位是产生中断的输入继电器的软元件号，指针的最低位（*号）为 0 和 1，分别表示下降沿中断和上升沿中断。例如，中断指针 I001 开始的中断程序在输入信号 X0 的上升沿时执行。同一个输入中断源只能使用上升沿中断或下降沿中断，例如不能同时使用中断指针 I200 和 I201。用于中断的输入点不能与已经用于高速计数器和脉冲密度等应用指令的输入点冲突。

（2）定时器中断

FX_{1S}、FX_{1N} 和 FX_{1NC} 系列没有定时器中断功能，其他系列有 3 点定时器中断，中断指针为 I6**～I8**，低两位是以 ms 为单位的中断周期。I6、I7、I8 开始的定时器中断指针分别只能使用一次。定时器中断使 PLC 以指定的中断循环时间（10～99ms）周期性地执行中断程序，循环处理某些任务，处理时间不受 PLC 扫描周期的影响。

如果中断程序的处理时间比较长，或主程序中使用了处理时间较长的指令，并且定时器中断的设定值小于 9ms，可能不能按正确的周期处理定时器中断。建议中断周期不小于10ms。

（3）计数器中断

FX_{2N}、FX_{2NC}、FX_{3U} 和 FX_{3UC} 系列有 6 点计数器中断，中断指针为 I010～I060。计数器中断与高速计数器比较置位指令 HSCS 配合使用，根据高速计数器的计数当前值与计数设定值的关系来确定是否执行相应的中断程序。

3．与中断有关的指令

中断返回指令 IRET、允许中断指令 EI 和禁止中断指令 DI 的应用指令编号分别为 FNC 03～FNC 05，均无操作数，分别占用一个程序步。不是所有的用户都需要 PLC 的中断功能，用户一般也不需要处理所有的中断事件，可以用指令或专用的软元件来控制是否需要中断和需要哪些中断。

PLC 的允许中断指令 EI 允许处理中断事件；禁止中断指令 DI 禁止处理所有的中断事件，允许中断排队等候，但是不允许执行中断程序，直到用中断允许指令重新允许中断；中断返回指令 IRET 用来表示中断程序的结束。

PLC 通常处于禁止中断的状态，指令 EI 和 DI 之间的程序段为允许中断的区间（见图 6-28）。当程序执行到该区间时，如果中断源产生中断，CPU 将停止执行当前的程序，转去执行相应的中断程序，执行到中断程序中的 IRET 指令时，返回原断点，继续执行原来的程序。

中断程序从它对应的唯一的中断指针开始，到第一条 IRET 指令结束。中断程序应放在主程序结束指令 FEND 之后。

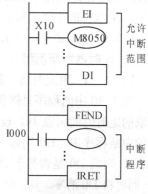

图 6-28　中断指令的使用

4．禁止部分中断源

当某一个中断源被禁止时，即使编写了相应的中断程序，在中断事件出现时也不会执行对应的中断程序。特殊辅助继电器 M8050～M8055 为 ON 时，分别禁止处理 X0～X5 产生的中断；M8056～M8058 为 ON 时，分别禁止处理中断指针为 I6**～I8** 的定时器中断；M8059 为 ON 时，禁止处理所有的计数器中断。

PLC 上电时，M8050～M8059 均为 OFF 状态，没有中断源被禁止。执行允许中断指令 EI 后，CPU 将处理编写了中断程序的中断事件。

5．中断的优先级和中断嵌套

如果有多个中断信号依次出现，则优先级按出现的先后排序，出现越早的优先级越高。若同时出现多个中断信号，则中断指针号小的优先。

执行一个中断程序时，其他中断被禁止。在 FX$_{2N}$、FX$_{2NC}$、FX$_{3U}$ 和 FX$_{3UC}$ 的中断程序中编入 EI 和 DI，可以实现双重中断，只允许两级中断嵌套。如果中断信号在禁止中断区间出现，该中断信号被储存，并在 EI 指令之后响应该中断。不需要禁止中断时，只使用 EI 指令，可以不使用 DI 指令。

6．输入中断的脉冲宽度

各子系列的中断输入信号要求的最小脉冲宽度见编程手册。例如 FX$_{3U}$ 和 FX$_{3UC}$ 的 X0～X5 为 5μs，X6 和 X7 为 50μs。

7．脉冲捕获功能

执行 EI 指令后，用于高速输入的 X0～X5 可以"捕获"窄脉冲信号。在 X0～X5 的上升沿，M8170～M8175 分别通过中断被置位，需要用指令在适当的时候将 M8170～M8175 复位。如果 X0～X5 已经用于其他高速功能，脉冲捕获功能将被禁止。

6.3.4 中断程序例程

FX 的仿真软件不能对中断功能仿真，有关中断的实验只能用硬件 PLC 来做。

1. 输入中断例程

【例 6-2】 在 X0 的上升沿通过中断使 Y0 立即变为 ON，在 X1 的下降沿通过中断使 Y0 立即变为 OFF，编写出中断程序。

图 6-29 中的程序见例程"输入中断程序"。主程序结束指令 FEND 之后是中断程序，中断程序以中断返回指令 IRET 结束。在 X0 的上升沿执行从指针 I001 开始的中断程序，将 Y0 置位。在 X1 的下降沿执行从指针 I100 开始的中断程序，将 Y0 复位。将 Y0 置位或复位后，用输入/输出刷新指令 REF 尽快将 Y0 的新状态送到输出模块。

2. 定时器中断例程

【例 6-3】 用定时器中断，每 1s 将 Y0～Y7 组成的 8 位二进制数加 1。

图 6-30 中的程序见例程"定时器中断程序"。定时器中断的最大定时时间（99ms）小于要求的定时时间间隔 1s。设置中断指针为 I650，中断时间间隔为 50ms。在中断指针 I650 开始的中断程序中，D0 用做中断次数计数器，在中断程序中将 D0 加 1，然后用比较触点指令"LD="判断 D0 是否等于 20。若相等（中断了 20 次），则执行 1 次 INC 指令，将 K2Y0 加 1，同时将 D0 清零。

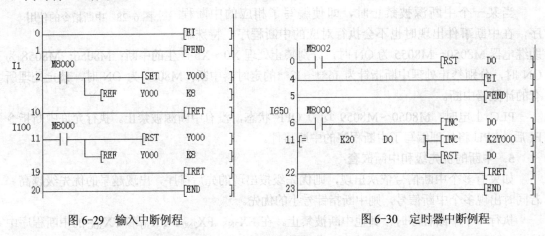

图 6-29 输入中断例程　　　　　　　　图 6-30 定时器中断例程

【例 6-4】 使用定时中断通过 Y0～Y17 控制彩灯，下面是彩灯控制的程序（见例程"定时器中断彩灯控制程序"）。

```
LD      M8002              //首次扫描
MOV     H000F    K4Y0      //置彩灯初值，使 Y0～Y3 为 ON，其余各位为 OFF
RST     D0                 //复位中断次数计数器
EI                         //允许中断
FEND                       //主程序结束
I699                       //99ms 时间间隔的定时器中断
LD      M8000
INC     D0                 //中断次数计数器加 1
LD =    K10      D0        //如果中断了 10 次
```

```
ROR      K4Y0      K1          //彩灯循环右移 1 位
RST      D0                    //复位 D0
IRET                          //中断返回
END
```

中断指针为 I699，定时器中断的时间间隔为 99ms。每中断 10 次（时间间隔为 0.99s）时，将 Y0～Y17 循环右移一位，同时将中断次数计数器 D0 清零。

6.3.5 循环程序与监控定时器指令

1．用于循环程序的指令

循环范围开始指令 FOR（FNC 08）用来表示循环区的起点，它的源操作数循环次数 N（$N = 1～32767$）可以是任意的字软元件。循环最多可以嵌套 5 层。循环范围结束指令 NEXT（FNC 09）用于表示循环区的终点，无操作数。

FOR 与 NEXT 之间的程序被反复执行，执行次数由 FOR 指令的源操作数设定。执行完后，执行 NEXT 后面的指令。

如果 FOR 与 NEXT 指令没有成对使用，或 NEXT 指令放在 FEND 和 END 指令的后面，都会出错。

循环程序是在一个扫描周期中完成的。如果执行 FOR-NEXT 循环程序的时间太长，扫描周期超过监控定时器的设定时间，将会出错。

2．用循环程序求累加和

在 X1 的上升沿调用指针 P1 开始的子程序（见图 6-31），用子程序求 D10 开始的 5 个字的累加和。本例的程序见例程"循环程序"。

在子程序中，首先用复位指令 RST 和区间复位指令 ZRST 将变址寄存器 Z0、保存累加和的 32 位整数（D0，D1）和暂存数据的 32 位整数（D2，D3）清零。因为要累加 5 个字，FOR 指令中的 K5 表示循环 5 次，每次循环累加 1 个数。

求累加和的关键是在循环过程中修改被累加的操作数的软元件号，这是用变址寄存器 Z0 的变址寻址功能来实现的。第一次循环时，Z0 的值为初始值 0，MOV 指令中的 D10Z0 对应的软元件为 D10，被累加的是 D10 的值。累加结束后，INC 指令将 Z0 的值加 1。第二次循环时，D10Z0 对应的软元件为 D11，被累加的是 D11 的值……累加 5 个数后，结束循环，执行 NEXT 指令之后的 SRET 指令。

一个字能表示的最大整数为 32767，如果采用 16 位的加法指令，累加和超过 32767 时，进位标志 M8022 为 ON，不能得到正确的运算结果。为了解决这个问题，采用 32 位的加法指令 DADD。执行加法指令之前，首先将 16 位的被累加的数传送到 D2，因为开机时 D3 被清零，32 位整数（D2，D3）的值与被累加的数相同。

3．双重循环程序

在图 6-32 中，外层循环程序 A 嵌套了内层循环程序 B。每执行一次外层循环 A，就要执行 4 次内层循环 B。循环 A 执行 5 次，因此循环 B 一共要执行 20 次。

打开例程"双重循环程序"后，打开 GX Simulator，启动软元件监视视图，生成 X 窗口。用鼠标双击 X 窗口中的 X1，将它置为 ON。在 X1 的上升沿调用指针 P1 开始的子程序，执行子程序中的双重循环。每次内层循环将 D0 加 1，因为内存循环 B 一共执行了 20

次，所以循环结束后 D0 的值为 20。

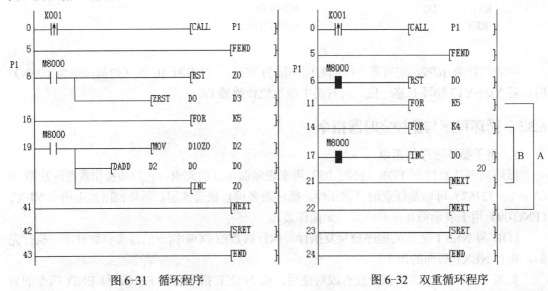

图 6-31　循环程序　　　　　　　　　图 6-32　双重循环程序

4．监控定时器指令

监控定时器又称为看门狗，当 PLC 的扫描周期超过监控定时器的定时时间（默认值为200ms）时，PLC 将停止运行，它上面的 CPU-E（CPU 错误）发光二极管亮。监控定时器指令 WDT（FNC 07）用于复位监控定时器。

如果 FOR-NEXT 循环程序的执行时间过长，可能超过监控定时器的定时时间，可以将WDT 指令插入到循环程序中。

条件跳转指令 CJ 若在它对应的指针之后（即程序往回跳），因连续反复跳转使它们之间的程序被反复执行，可能使监控定时器动作。为了避免出现这样的情况，可以在 CJ 指令和对应的指针之间插入 WDT 指令。

如果 PLC 的特殊 I/O 模块和通信模块的个数较多，PLC 进入 RUN 模式时对这些模块的缓冲存储器初始化的时间较长，可能导致监控定时器动作。另外，如果执行大量的特殊 I/O 模块的 TO/FROM 指令，或向多个缓冲存储器传送数据时，也会导致监控定时器动作。

在上述情况下，用户应在起始步附近用 MOV 指令修改特殊辅助寄存器 D8000 中以 ms为单位的监控定时器的定时时间，然后调用 WDT 指令。

6.4 四则运算指令与逻辑运算指令

6.4.1 四则运算指令

四则运算指令包括 ADD、SUB、MUL 和 DIV（二进制加、减、乘、除）指令和 INC、DEC（加 1、减 1）指令。源操作数可以取所有的数据类型，目标操作数可以取 KnY、KnM、KnS、T、C、D、V 和 Z，32 位乘除指令中 V 和 Z 不能用作目标操作数。每个数据的最高位为符号位，正数的符号位为 0，负数的符号位为 1，所有的运算均为代数运算。

在 32 位运算中被指定的字软元件为低位字，下一个字软元件为高位字。为了避免错误，建议指定字软元件时采用偶数软元件号。

如果目标软元件与源软元件相同，为了避免每个扫描周期都执行一次指令，应采用脉冲执行方式。源操作数为十进制常数（K）时，首先被自动转换为二进制数，然后进行运算。

如果目标操作数（例如 KnM）的位数小于运算结果，将只保存运算结果的低位。假设运算结果为二进制数 11001（十进制数 25），如果指定的目标操作数为 K1Y4（由 Y4~Y7 组成的 4 位二进制数），实际上只能保存低 4 位的二进制数 1001（十进制数 9）。

1．四则运算指令对标志位的影响

1）如果运算结果为 0，零标志 M8020 变为 ON。

2）16 位运算的运算结果超过 32767 或 32 位运算的运算结果超过 2147483647，进位标志 M8022 变为 ON。

3）16 位运算的运算结果小于–32768 或 32 位运算的运算结果小于–2147483648，借位标志 M8021 变为 ON。

4）如果运算出错，例如 DIV 指令的除数为 0，"错误发生"标志 M8004 变为 ON。

2．二进制加法运算指令

二进制加法运算指令 ADD（FNC 20）将源软元件中的二进制数相加，结果送到指定的目标软元件。图 6-33 中的 X0 为 ON 时，将（S1·）指定的软元件 D0 中的数加上（S2·）指定的常数 5，结果送到（D·）指定的目标软元件，即执行（D0）+ 5 →（D0）。因为目标软元件与源软元件相同，采用脉冲执行方式。本节的程序见例程"四则运算"。

3．二进制减法运算指令

二进制减法运算指令 SUB（FNC 21）将（S1·）指定的软元件中的数减去（S2·）指定的软元件中的数，结果送到（D·）指定的目标软元件。图 6-33 中的 X1 为 ON 时，执行 32 位减法指令，即（D2, D3）–（D4, D5）→（D6, D7）。

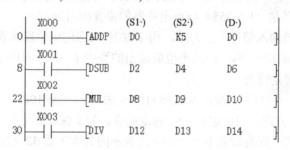

图 6-33　四则运算指令

4．二进制乘法运算指令

16 位二进制乘法运算指令 MUL（FNC 22）将源软元件中的二进制数相乘，32 位运算结果送到指定的目标软元件。图 6-33 中的 X2 为 ON 时，执行（D8）×（D9）→（D10, D11），乘积的低位字送到 D10，高位字送到 D11。32 位乘法的结果为 64 位。目标位软元件（例如 KnM）的位数如果小于运算结果的位数，只能保存结果的低位。

5．二进制除法运算指令

二进制除法运算指令 DIV（FNC 23）将（S1·）指定的软元件中的数除以（S2·）指定的软元件中的数，商送到目标软元件（D·），余数送到（D·）的下一个软元件。图 6-33 中的

X3 为 ON 时，执行 16 位除法运算（D12）/（D13），商送到 D14，余数送到 D15。（D·）为位软元件时，得不到余数。

若除数为 0 则出错，不执行该指令。商和余数的最高位为符号位。

6. 二进制加 1 指令和二进制减 1 指令

二进制加 1 指令 INC（FNC 24）和二进制减 1 指令 DEC（FNC 25）用于对操作数加 1 和减 1。它们不影响零标志、借位标志和进位标志。

图 6-34 中的 X4 每次由 OFF 变为 ON 时，D16 的值加 1，D17 的值减 1。X4 为 ON 时，每一个扫描周期 D15 的值都要加 1。

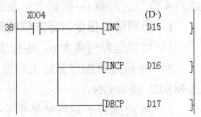

图 6-34 加 1 减 1 指令

7. ADD 指令与 INC 指令的区别

下面将脉冲执行的"ADDP　D0　K1　D0"指令简称为 ADDP 指令，它也有加 1 的功能。

16 位运算时，INCP 指令将 32767 加 1，结果为 −32768；32 位运算时，INCP 指令将 2147483647 加 1，结果为 −2147483648。上述情况标志位不会动作。

脉冲执行的 ADDP 指令将 32767 加 1，结果为 0；DADDP 指令将 2147483647 加 1，结果为 0。

DEC 指令和 SUB 指令也采用类似于 INC 和 ADD 的处理方法。

6.4.2 四则运算指令应用举例

1. 用内置的电位器设置定时器的设定值

FX$_{1S}$、FX$_{1N}$、FX$_{1NC}$ 和 FX$_{3G}$ 系列有两个内置的设置参数用的小电位器，"外部调节寄存器" D8030 和 D8031 的值（0～255）与小电位器的位置相对应。

要求在 X5 提供的输入信号的上升沿，用 D8030 对应的电位器来设置定时器 T0 的设定值，设定的时间范围为 10～15s，即从电位器读出的数字 0～255 对应于 10～15s。设读出的数字为 N，定时器的设定值为

$$(150 - 100) \times N / 255 + 100 = 50 \times N / 255 + 100$$

式中的 150 是 100ms 定时器 T0 定时 15s 的设定值。为了保证运算的精度，应先乘后除。N 的最大值为 255，乘法运算的结果小于一个字能表示的最大正数 32767，因此可以使用 16 位除法指令 DIV。除法运算的结果占用 D20（商）和 D21（余数），D21 不能再作它用。图 6-35 是实现上述要求的程序（见例程"四则运算"）。

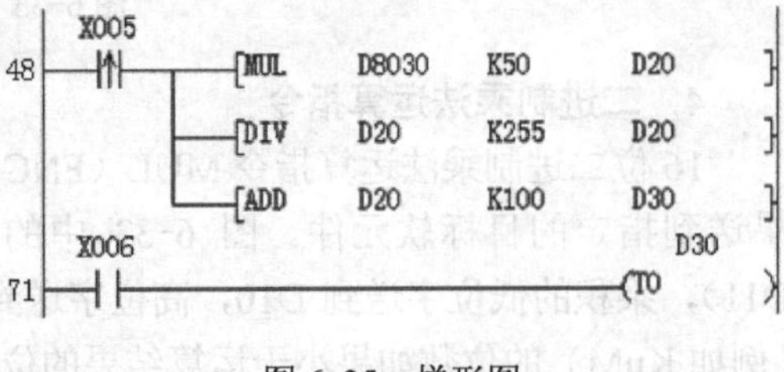

2. 模拟量计算

压力变送器的量程为 0～180kPa，输出信号为 4～20mA，模拟量输入模块的量程为 4～20mA，转换后的数字量为 0～4000，设转换后的数字为 N，如果运算结果以 kPa 为单位，转换公式为

$$P = (180 \times N) / 4000 \quad (kPa)$$

图 6-35 梯形图

计算出的整数压力值为 0～180kPa，与模拟量模块输出的 0～4000 相比，分辨率丢失了很多。显然 kPa 这个单位太大，因此将压力的单位改为 0.1kPa，压力的计算公式为

$$P = (1800 \times N)/4000 \quad (0.1\text{kPa})$$

图 6-36 是压力计算程序，模拟量输入模块输出的转换值用 D22 保存。因为乘法运算的结果为 32 位，采用 32 位的除法指令。仿真调试时用 D 窗口设置模块的转换值，用梯形图监视 D26 中的运算结果，单位为 0.1kPa。

由上式可知最终的运算结果不会超过一个字，在 32 位除法指令中，运算结果用 D26 和 D27 组成的 32 位整数保存。实际上运算结果的有效部分在低位字 D26 中，高位字 D27 的值为 0。

图 6-36　压力计算程序

6.4.3　逻辑运算指令

1. 逻辑运算指令

逻辑运算指令包括 16 位的逻辑与指令 WAND（FNC 26）、逻辑或指令 WOR（FNC 27）、逻辑异或指令 WXOR（FNC 28）和 32 位的 DAND、DOR、DXOR 指令。这些指令以位为单位作相应的运算。

逻辑运算指令将源操作数（S1·）和（S2·）的对应位作与、或、异或位逻辑运算。与、或位逻辑运算的输入/输出关系见表 1-1。

"与"运算时，如果两个源操作数的同一位均为 1，目标操作数的对应位为 1，否则为 0。

"或"运算时，如果两个源操作数的同一位均为 0，目标操作数的对应位为 0，否则为 1。

"异或"运算时，如果两个源操作数的同一位不相同，目标操作数的对应位为 1，否则为 0。

源操作数（S1·）和（S2·）为常数 K 时，指令自动将它转换为二进制数，然后进行逻辑运算。

2. 反相传送指令与求补码指令

反相传送指令 CML（FNC 14）将源软元件中的数据逐位取反，即 1→0，0→1，逐位作"非"运算，并将运算结果传送到指定的目标软元件。

求补码指令 NEG（FNC 29）只有目标操作数，必须采用脉冲执行方式。它将（D·）指定的数的每一位取反后再加 1，结果存于同一软元件，求补码指令实际上是绝对值不变的改变符号的操作。

FX 系列 PLC 的有符号数用 2 的补码的形式来表示，最高位为符号位，正数时该位为 0，负数时该位为 1，求负数的补码后得到它的绝对值。

【例 6-5】 D20 中的数如果是负数，求它的绝对值。

```
LDP     X1                          //在 X1 的上升沿
BON     D20     M0      K15         //D20 的符号位（第 15 位）为 1 时 M0 被置为 ON
LDP     M0                          //在 M0 的上升沿
NEG     D20                         //用求补指令得到 D20 的绝对值
END
```

3．逻辑运算指令基本功能的仿真实验

打开例程"逻辑运算"后，打开 GX Simulator，图 6-37 中的程序被下载到仿真 PLC。单击工具条上的按钮 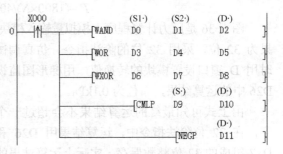，打开软元件批量监视视图，从 D0 开始监视。采用默认的监视形式"位&字"和"16 位整数"显示方式（见图 6-38），设置"数值"为十六进制。

用鼠标双击表格第一行的 D0，打开软元件测试对话框。为各指令的源操作数设置任意的 16 位 16 进制的整数，在"软元件测试"对话框的"位软元件"区输入 X0，将它强制为 ON，执行图 6-37 中的逻辑运算指令，图 6-38 给出了指令执行的结果。

图 6-37 逻辑运算指令

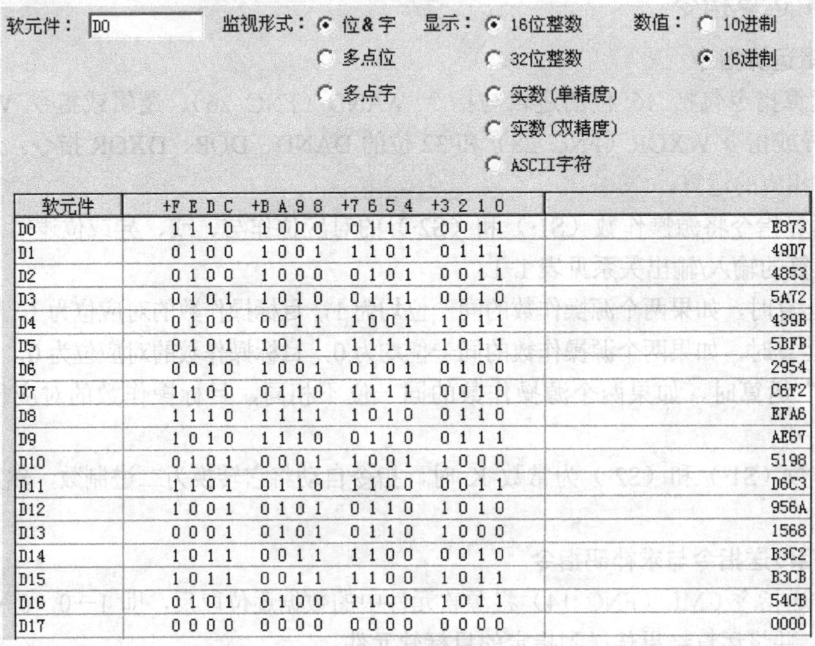

软元件	+F E D C	+B A 9 8	+7 6 5 4	+3 2 1 0	
D0	1 1 1 0	1 0 0 0	0 1 1 1	0 0 1 1	E873
D1	0 1 0 0	1 0 0 1	1 1 0 1	0 1 1 1	49D7
D2	0 1 0 0	1 0 0 0	0 1 0 1	0 0 1 1	4853
D3	0 1 0 1	1 0 1 0	0 1 1 1	0 0 1 0	5A72
D4	0 1 0 0	0 0 1 1	1 0 0 1	1 0 1 1	439B
D5	0 1 0 1	1 0 1 1	1 1 1 1	1 0 1 1	5BFB
D6	0 0 1 0	1 0 0 1	0 1 0 1	0 1 0 0	2954
D7	1 1 0 0	0 1 1 0	1 1 1 1	0 0 1 0	C6F2
D8	1 1 1 0	1 1 1 1	1 0 1 0	0 1 1 0	EFA6
D9	1 0 1 0	1 1 1 0	0 1 1 0	0 1 1 1	AE67
D10	0 1 0 1	0 0 0 1	1 0 0 1	1 0 0 0	5198
D11	1 1 0 1	0 1 1 0	1 1 0 0	0 0 1 1	D6C3
D12	1 0 0 1	0 1 0 1	0 1 1 0	1 0 1 0	956A
D13	0 0 0 1	0 1 0 1	0 1 1 0	1 0 0 0	1568
D14	1 0 1 1	0 0 1 1	1 1 0 0	0 0 1 0	B3C2
D15	1 0 1 1	0 0 1 1	1 1 0 0	1 0 1 1	B3CB
D16	0 1 0 1	0 1 0 0	1 1 0 0	1 0 1 1	54CB
D17	0 0 0 0	0 0 0 0	0 0 0 0	0 0 0 0	0000

图 6-38 逻辑运算的软元件批量监视视图

WAND 指令的源操作数 D0 和 D1 的最低两位均为 1，所以"与"运算的目标软元件 D2 的最低两位为 1。D0 和 D1 的第 2 位和第 3 位中至少有一个为 0，所以 D2 的对应位为 0。

WOR 指令的源操作数 D3 和 D4 的第 2、第 A、第 D 和第 F 位均为 0，所以"或"运算的目标软元件 D5 的这几位均为 0。D3 和 D4 其他的每一位中，至少有一个为 1，所以 D5 的这些位为 1。

WXOR 指令的源操作数 D6 和 D7 的第 0 位、第 3 位和第 C 位均为 0，第 4 位和第 6 位均为 1，所以"异或"运算的目标软元件 D8 的这 5 位均为 0。D6 和 D7 其他各位同一位均不相同，所以 D8 的这些位为 1。

取反传送指令 CML 的目标软元件 D10 的各位是将源软元件 D9 的各位分别取反（1 变为 0，0 变为 1）后得到的。

D11 求补码得到的二进制数的各位是将它原来各位的 0、1 值取反，在最低位加 1 后得到的。将软元件批量监视视图的数值格式改为十进制，用鼠标双击软元件监视视图的 X 窗口中的 X0，改变它的状态。在它的上升沿，可以看到求补指令的操作数 D11 的绝对值不变，仅符号改变。

4．用 WAND 指令将指定位清零

使用逻辑与指令 WAND，可以将某个 16 位整数或 32 位整数的指定位清零，其他位保持不变。

图 6-39 的 WAND 指令中的十六进制常数 H3FFC 的最高两位和最低两位二进制数为 0，其余各位为 1。与 D12 中的数作与运算后，目标软元件 D13 的最高两位和最低两位二进制数均为 0，其余各位与 D12 的相同。

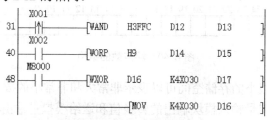

图 6-39　逻辑运算指令应用程序

5．用 WOR 指令将指定位置位

使用逻辑或指令 WOR，可以将某个字或双字的指定位置为 1，其他位保持不变。

图 6-39 的 WORP 指令中的十六进制常数 H9 的第 0 位和第 3 位为 1，其余各位为 0。不管 D14 的第 0 位和第 3 位为 0 或 1，逻辑或运算后目标软元件 D15 的第 0 位和第 3 位总是为 1，其他位与 D14 的相同。

6．用字异或指令判断有哪些位发生了变化

两个相同的字作异或运算后，运算结果的各位均为 0。图 6-39 中的 WXOR 指令对本扫描周期的 K4X30（X30～X47）的值和保存在 D16 中的上一扫描周期的 K4X30 的值作字异或运算。如果这两个扫描周期某个输入继电器的状态未变，目标操作数 D17 对应位的值为 0。反之，D17 对应位的值为 1。执行完 WXOR 指令后，将本扫描周期 K4X30 的值保存到 D16，供下一扫描周期的异或运算使用。

可以用求 ON 位总数指令 SUM（FNC 43）来求 D17 中同时为 1 的位数，即状态同时变化的位的个数。用编码指令 ENCO（FNC 42）来求 D17 中为 1（即状态变化的位）的最高位在字中的位置。

6.5　浮点数转换指令与浮点数运算指令

6.5.1　浮点数

FX 系列的二进制浮点数用于浮点数运算，十进制浮点数用于监控。

1．二进制浮点数

二进制浮点数又称为实数（REAL），它由相邻的两个数据寄存器字（例如 D11 和

D10）组成，D10 中的数是低 16 位。浮点数可以表示为 $1.m \times 2^E$，$1.m$ 为尾数，尾数的小数部分 m 和指数 E 均为二进制数，E 可能是正数，也可能是负数。FX 采用的 32 位实数的格式为 $1.m \times 2^e$，式中指数 $e = E+127$（$1 \leqslant e \leqslant 254$），$e$ 为 8 位正整数。

浮点数的结构如图 6-40 所示，共占用 32 位，需要使用编号连续的一对数据寄存器。最高位（第 31 位）为浮点数的符号位，最高位为 0 时为正数，为 1 时为负数；8 位指数占第 23～30 位；因为规定尾数的整数部分总是为 1，只保留了尾数的小数部分 m（第 0～22 位），第 22 位对应于 2^{-1}，第 0 位对应于 2^{-23}。浮点数的范围为 $\pm 1.175495 \times 10^{-38}$～$\pm 3.402823 \times 10^{38}$。浮点数与 6 位有效数字的十进制数的精度相当。

图 6-40　浮点数的结构

浮点数的优点是用很小的存储空间可以表示非常大和非常小的数。PLC 输入和输出的数值大多是整数，例如模拟量输入模块输出的转换值和送给模拟量输出模块的都是整数。用浮点数来处理这些数据需要进行整数和浮点数之间的相互转换，浮点数的运算速度比整数的运算速度慢一些。

实际上，用户不会直接使用图 6-40 所示的浮点数的二进制格式，对它有一般性的了解就行了。编程软件 GX Developer 支持浮点数，用十进制小数显示和输入浮点数。

使用指令 FLT 和 INT 可以实现整数与二进制浮点数之间的相互转换。

2．十进制浮点数

在不支持浮点数显示的编程工具中，将二进制浮点数转换成十进制浮点数后再进行监控，但是内部的处理仍然采用二进制浮点数。

一个十进制浮点数占用相邻的两个数据寄存器字，例如 D0 和 D1，D0 中是尾数，D1 中是指数，数据格式为尾数 $\times 10^{指数}$，其尾数是 4 位 BCD 整数，范围为 0、1000～9999 和 −1000～−9999，指数的范围为 −41～+35。例如小数 24.567 可以表示为 2456×10^{-2}。

在 PLC 内部，尾数和指数都按 2 的补码处理，它们的最高位为符号位。

使用应用指令 EBCD 和 EBIN，可以实现十进制浮点数与二进制浮点数之间的相互转换。

6.5.2　浮点数转换指令

1．BIN 整数→二进制浮点数转换指令

FLT（FNC 49，见图 6-41）指令将存放在源操作数中的 16 位或 32 位的二进制（BIN）整数转换为二进制浮点数，并将结果存放在目标寄存器中。本节的程序见例程"浮点数转换"。

2．二进制浮点数→BIN 整数转换指令

INT（FNC 129）指令将源操作数（S·）指定的二进制浮点数舍去小数部分后，转换为二进制

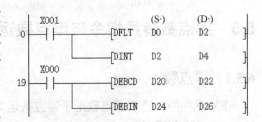

图 6-41　梯形图

（BIN）整数，并存入目标地址（D·）。该指令是 FLT 指令（FNC 49）的逆运算。

3．二进制浮点数→十进制浮点数转换指令

图 6-41 中的 DEBCD（FNC 118）指令将（D20，D21）中的二进制浮点数转换为十进制浮点数后，存入 D22（尾数）和 D23（指数），指令之前的"D"表示双字指令。尾数的绝对值为 1000~9999，或等于 0。例如在源操作数为 $3.4567×10^{-5}$ 时，转换后 D50 =3456，D51= −8。

4．十进制浮点数→二进制浮点数转换指令

DEBIN（FNC 119）指令将源操作数指定的数据寄存器中的十进制浮点数转换为二进制浮点数，并存入目标地址。为了保证浮点数的精度，十进制浮点数的尾数的绝对值应为 1000~9999，或等于 0。

5．整数与浮点数相互转换的仿真实验

图 6-41 中的 DFLT 指令将（D0，D1）中的 32 位整数转换为浮点数，并用（D2，D3）保存。DINT 指令将（D2，D3）中的浮点数转换为 32 位整数，并用（D4，D5）保存。

将程序下载到仿真 PLC，单击工具条上的按钮，打开软元件批量监视视图。设置监视形式为多点字，显示格式为 32 位整数。单击监视开始按钮🔋，各 32 位整数的值均为 0。双击其中的（D0，D1），用出现的"软元件测试"对话框设置（D0，D1）的值为 35765384（见图 6-42），其中的浮点数（D2，D3）用整数方式显示没有什么意义。

打开"软元件内存监视"对话框，生成 X 窗口。用鼠标双击其中的 X1，它的常开触点接通，执行 DFLT 指令后，双字（D2，D3）中是转换后得到的浮点数。在梯形图状态监控中显示的十进制格式的浮点数为 3.577E+007（即 $3.577×10^7$）。将软元件批量监视视图的显示格式改为"实数（单精度）"，（D2，D3）中的浮点数为 3.57654E+007（见图 6-43），它实际上是二进制浮点数的值。图中的 32 位整数（D0，D1）和（D4，D5）的值用浮点数方式显示没有什么意义。

软元件	+0	+1	+2	+3	+4	+5
D0	35765384		1275621154		35765384	

图 6-42　32 位整数格式的软元件批量监视视图

软元件	+0	+1	+2	+3	+4	+5
D0	1.18825E-037		3.57654E+007		1.18825E-037	

图 6-43　浮点数格式的软元件批量监视视图

梯形图监控用十进制浮点数格式显示浮点数，有效数字只有十进制的 4 位。PLC 中和软元件批量监视中使用的是二进制浮点数，其精度相当于 6 位有效数字的十进制数。

6．用浮点数运算求圆的面积

整数格式的半径 r 在 D10 中，用浮点数运算求圆的面积（$πr^2$），运算结果转换为 32 位整数，用（D16，D17）保存。

取圆周率 π 的近似值为 3.142，FX$_{2N}$ 等系列不能直接输入二进制浮点数常数，用 MOV 指令将 π 对应的十进制浮点数的尾数和指数分别输入到 D6 和 D7，然后用 DEBIN 指令将它转换为二进制浮点数（见图 6-44）。用 FLT 指令将 D10 中整数格式的半径转换为二进制浮点数。完成上述操作后，才能执行浮点数运算指令。

FX$_{3G}$、FX$_{3U}$ 和 FX$_{3UC}$ 的浮点数运算指令可以直接使用浮点数常数（见本章 6.10 节）。

将程序下载到仿真 PLC。打开软元件批量监视视图（见图 6-45 左图），设置从 D0 开始监视，监视形式为多点字，显示格式为 16 位整数。单击监视开始按钮🔋，显示各字的值均为 0。用鼠标双击其中的 D10，用出现的"软元件测试"对话框设置 D10 的值为 1000（见图 6-45 右图）。

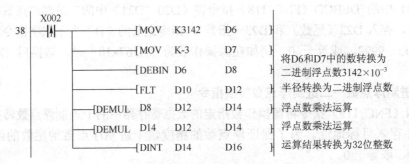

图 6-44 梯形图程序

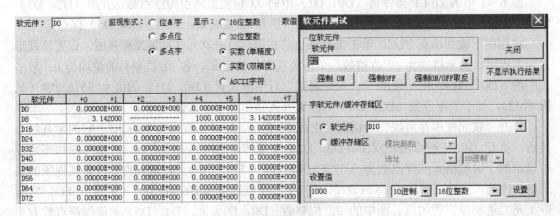

图 6-45 软元件批量监视视图

在位软元件区输入 X2，单击"强制 ON"按钮，X2 被强制为 ON。其常开触点接通，图 6-44 中的程序被执行。将软元件批量监视视图中的显示格式改为"实数（单精度）"，从图 6-45 可以看出，（D8，D9）中的浮点数为 3.142000，（D12，D13）中转换得到的浮点数半径值为 1000.000000，（D14，D15）中第 2 条浮点数乘法指令的运算结果为 3.14200E+006（即 3142000.0）。将显示格式切换为 32 位整数，可以看到双字（D16，D17）中的整数为 3142000。

6.5.3 浮点数运算指令

浮点数运算指令包括浮点数的四则运算、开平方和三角函数等指令。

浮点数为 32 位数，FNC 110~127 均为 32 位指令，所以浮点数运算指令的指令助记符的前面均应加表示 32 位指令的字母 D。

浮点数运算指令的源操作数和目标操作数均为浮点数，源数据如果是常数 K、H，将会自动转换为浮点数。

运算结果为 0 时，M8020（零标志）为 ON，超过浮点数的上、下限时，M8022（进位标志）和 M8021（借位标志）分别为 ON，运算结果分别被置为最大值和最小值。

源操作数和目标操作数如果是同一个数据寄存器，应采用脉冲执行方式。

1. 二进制浮点数加/减法运算指令

二进制浮点数加法运算指令 EADD（FNC 120，见图 6-46）将两个源操作数内的浮点数相加，运算结果存入目标操作数。本节的程序见例程"浮点数运算"。

二进制浮点数减法运算指令 ESUB（FNC 121）将（S1·）指定的浮点数减去（S2·）指定的浮点数，运算结果存入目标操作数（D·）。

2. 二进制浮点数乘/除法运算指令

二进制浮点数乘法运算指令 EMUL（FNC 122）将两个源操作数内的浮点数相乘，运算结果存入目标操作数（D·）。

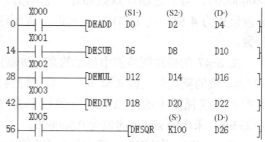

图 6-46 浮点数运算指令

二进制浮点数除法运算指令 EDIV（FNC 123）将（S1·）指定的浮点数除以（S2·）指定的浮点数，运算结果存入目标操作数（D·）。除数为零时出现运算错误，不执行指令。

3. 二进制浮点数开平方运算指令

二进制浮点数开平方运算指令 ESQR（FNC 127）将源操作数（S·）指定的浮点数开平方，结果存入目标操作数（D·）。源操作数应为正数，若为负数则出错，运算错误标志 M8067 为 ON，不执行指令。

做仿真实验时启动软元件监视视图，生成 X 窗口和 D 窗口。选中 D 窗口后，将显示方式设为"实数"，可用十进制小数的格式设置图 6-46 中各条指令的浮点数源操作数的值。

4. 浮点数三角函数运算指令

浮点数三角函数运算指令包括浮点数 SIN（正弦）运算、浮点数 COS（余弦）运算和浮点数 TAN（正切）运算指令，应用指令编号分别为 FNC 130～132，均为 32 位指令。

这些指令用来求出源操作数指定的浮点数的三角函数，角度单位为弧度，结果也是浮点数，并存入目标操作数指定的单元。源操作数应满足 $0 \leqslant$ 角度 $\leqslant 2\pi$，弧度值 $= \pi \times$ 角度值/180°。

5. 三角函数运算举例

浮点数三角函数运算指令的角度是以弧度为单位的浮点数。应先将以度为单位的角度值乘以 π/180.0（0.01745329），转换为弧度值后，再使用三角函数运算指令。

图 6-47 的 D52 中是以 0.1° 为单位的整数角度值，计算出它的浮点数正弦值后，用（D60，D61）保存。程序右边的注释是作者添加的，指令下面的蓝色数字是各操作数的监视值。

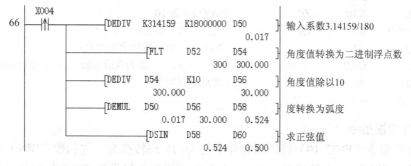

图 6-47 浮点数运算程序

图 6-44 用十进制浮点数的格式输入圆周率 π，需要两条 MOV 指令和一条 DEBIN 指令，比较麻烦。本例只用一条浮点数除法指令 DEDIV 输入角度转换系数（π/180.0 = 314159/18000000）。与十进制浮点数相比，它的另一优点是提高了常数的精度。十进制浮点数的有效位数为 4 位，用 DEDIV 输入的二进制浮点数常数的精度相当于 6 位有效数字的十进制数。

图 6-47 的梯形图监控中显示的是十进制浮点数，有效位数为 4 位。D52 中的 300 是以 0.1°为单位的整数角度值（即 30°），将它转换为 0.524 弧度，D60 中的正弦值为 0.500。软元件批量监视视图中的浮点数的有效数字为 6 位，角度转换系数为 0.017453，弧度值为 0.523598，求出的 sin30°的值为 0.500000。

FX$_{3G}$、FX$_{3U}$ 和 FX$_{3UC}$ 新增了角度和弧度相互转换的指令，浮点数运算指令可以直接使用浮点数常数，使三角函数的运算程序大为简化（见 6.10.2 节的例程）。

6.6 数据转换指令与数据处理指令

6.6.1 数据转换指令

与浮点数有关的转换指令已在 6.5.2 节介绍。

1．BCD 转换指令

BCD 转换指令（FNC 18）将源软元件中的二进制数转换为 BCD 码后，送到目标软元件。如果执行的结果超过 0～9999，或 32 位运算的执行结果超过 0～99999999，将会出错。

PLC 采用二进制数进行内部的算术运算，图 6-48 中的 BCD 指令将 D0 中的数据转换为 BCD 码，然后通过 Y20～Y37（K4Y20）控制 4 个七段显示器的数字显示。

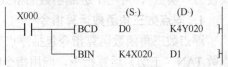

图 6-48　二进制数/BCD 码转换指令

【例 6-6】 用一组七段显示器和"翻页"的方式显示计数器 C0～C9 的当前值。每按一次 X11 外接的按钮，变址寄存器 Z0 的值被加 1，显示下一个计数器的值。Z0 的值为 10 或 X10 为 ON 时，将 Z0 复位为 0，重新显示 C0 的值。BCD 指令将 Z0 指定的计数器的当前值转换为 BCD 码后，送给 Y0～Y17 控制的 4 位七段显示器。

LD	X10		//X10 为 ON
OR=	K10	Z0	//或者 Z0 为 10
MOVP	K0	Z0	//将变址寄存器 Z0 清零
LDP	X11		//X11 用于切换被显示的计数器
BCD	C0Z0	K4Y0	//Z0 指定的计数器的当前值转换为 BCD 码后送显示器
INC	Z0		//变址寄存器加 1
END			

2．BIN 转换指令

BIN 转换指令（FNC 19）将源软元件中的 BCD 码转换为二进制数（BIN）后送到目标软元件。用户可以用 BIN 转换指令将 BCD 数字拨码开关提供的 BCD 设定值转换为二进制数后输入到 PLC。如果源软元件中的数据不是 BCD 码，将会出错。

图 6-48 中的 BIN 指令将 X20～X37（K4X20）中来自拨码开关的 4 位 BCD 码转换为二进制数后，保存到 D1 中。

3. 格雷码转换指令

格雷码是一种特殊的二进制数编码，常用于绝对式编码器。其特点是它输出的相邻的两个多位二进制数的各位中，只有一位的值不同。格雷码转换指令 GRY（FNC 170）将源数据（二进制数）转换为格雷码并存入目标地址。格雷码逆转换指令 GBIN（FNC 171）将从格雷码编码器输入的数据转换为二进制数。这两条指令很少使用。

6.6.2 循环移位指令与移位指令

1. 循环移位指令

循环右移指令 ROR（FNC 30）和循环左移指令 ROL（FNC 31）只有目标操作数。执行这两条指令时，各位的数据向右或向左循环移动 n 位（n 为常数），16 位指令和 32 位指令的 n 应分别小于等于 16 和 32，每次移出来的那一位同时存入进位标志 M8022（见图 6-49 和图 6-50）。若在目标软元件中指定位软元件组的组数，只有 K4（16 位指令）和 K8（32 位指令）有效，例如 K4Y10 和 K8M0。

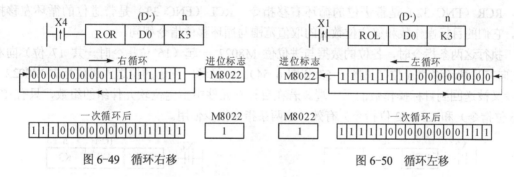

图 6-49　循环右移　　　　　　　　　图 6-50　循环左移

2. 16 位彩灯循环移位控制程序

图 6-51 是循环移位控制程序，移位的时间间隔为 1s（见例程"移位指令"），首次扫描时 M8002 的常开触点闭合，用第 2 条 MOV 指令将彩灯的十六进制初始值 HF0 送给 Y20～Y37（K4Y20），即点亮 Y24～Y27 对应的彩灯。

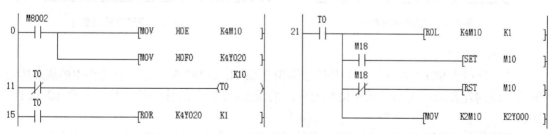

图 6-51　彩灯循环移位控制程序

T0 的常闭触点和它的线圈组成周期为 1s 的脉冲发生器，T0 的常开触点每隔 1s 接通一个扫描周期，ROR 指令使 Y20～Y37 组成的 16 位彩灯每秒右移一位。

3. 8位彩灯循环移位控制程序

FX 系列只有 16 位或 32 位的循环移位指令，要求用 Y0～Y7 来控制 8 位彩灯的循环左移，即从 Y7 移出的位要移入 Y0。为了不影响未参加移位的 Y10～Y17 的正常运行，不能直接对 Y0～Y17 组成的 K4Y0 移位，而是对 16 位辅助继电器 M10～M25 移位。

实现 8 位辅助继电器 M10～M17 循环左移的关键是将从 M17 移到 M18 的二进制数传送到最低位 M10（见图 6-52）。

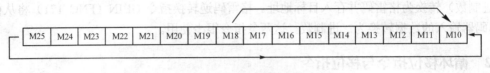

图 6-52　8 位循环左移

首次扫描时 M8002 的常开触点闭合，用图 6-51 中第一条 MOV 指令使 M11～M13 变为 ON，点亮连续的 3 个灯。图 6-51 右边的程序每秒将 M10～M25 组成的字左循环移动一位，用 SET 指令和 RST 指令将 M18 的二进制数传送到最低位 M10，实现了 8 位循环移位。最后用 MOV 指令将 M10～M17（K2M10）的值传送给 Y0～Y7（K2Y0）。

4. 带进位的循环移位指令

RCR（FNC 32）是带进位的循环右移指令，RCL（FNC 33）是带进位的循环左移指令。它们的目标操作数和移位位数 n 的取值范围与循环移位指令相同。

执行这两条指令时，各的数据与进位位 M8022 一起（16 位指令时一共 17 位）向右（或向左）循环移动 n 位（见图 6-53 和图 6-54）。在循环中移出的位送入进位标志 M8022，后者又被送回到目标操作数的另一端。若在目标软元件中指定位软元件组的组数，只有 K4（16 位指令）和 K8（32 位指令）有效。这两条指令很少使用。

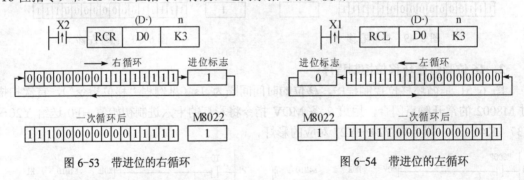

图 6-53　带进位的右循环　　　　　　　图 6-54　带进位的左循环

5. 位移位指令

位右移指令 SFTR（FNC 34）与位左移指令 SFTL（FNC 35）使位软元件中的状态成组地向右或向左移动，用 n1 指定位软元件组的长度，n2 指定移动的位数，常数 $n2 \leqslant n1 \leqslant 1024$。

源操作数可以取 X、Y、M 和 S，目标操作数可以取 Y、M 和 S，只有 16 位运算。

图 6-55 下面圆括号中的数字是移位的先后顺序。图中的 X0 由 OFF 变为 ON 时，位右移指令（3 位 1 组）按以下顺序移位：M2～M0 中的数被移出，M5～M3→M2～M0，M8～M6→M5～M3，X3～X1→M8～M6。

图 6-56 中的 X4 由 OFF 变为 ON 时，位左移指令按图中所示的顺序移位。

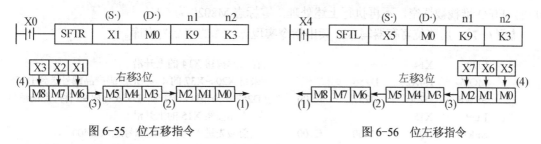

图 6-55　位右移指令　　　　　　　　　　图 6-56　位左移指令

6. 字右移和字左移指令

字右移指令 WSFR（FNC 36）和字左移指令 WSFL（FNC 37）以字为单位，将 n1 个字成组地右移或左移 n2 个字（n2≤n1≤512）。这两条指令用得较少，只有 16 位运算。

图 6-57 和图 6-58 分别给出了字右移指令和字左移指令移位的顺序。

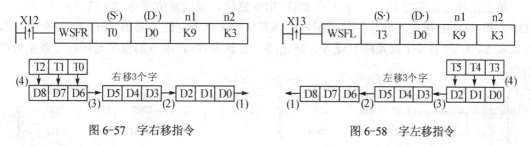

图 6-57　字右移指令　　　　　　　　　　图 6-58　字左移指令

7. 移位寄存器写入指令

移位寄存器又称为 FIFO（First in First out，先入先出）堆栈，先写入堆栈的数据先读出。堆栈的长度为 2～512 个字。

移位寄存器写入指令 SFWR（FNC 38）只有 16 位运算，2≤n≤512。

图 6-59 中的目标软元件 D1 是 FIFO 堆栈的首地址，也是堆栈的指针，移位寄存器未装入数据时应将 D1 清零。在 X10 由 OFF 变为 ON 时，移位寄存器写入指令 SFWR 将指针的值加 1 后写入数据。第一次写入时，源操作数 D0 中的数据写入 D2。如果 X10 再次由 OFF 变为 ON，D1 中的数变为 2，D0 中新的数据写入 D3。依此类推，源操作数 D0 中的数据依次写入堆栈。D1 中的数等于 n-1（n 为堆栈的长度）时，堆栈写满，不再执行写入操作，且进位标志 M8022 变为 ON。

8. 移位寄存器读出指令

移位寄存器读出指令 SFRD（FNC 39）只有 16 位运算，2≤n≤512。

图 6-60 中的 X11 由 OFF 变为 ON 时，SFRD 指令将 D2 中的数据送到目标操作数 D20，

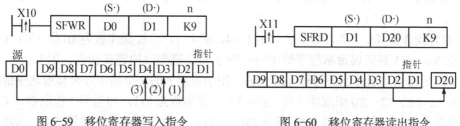

图 6-59　移位寄存器写入指令　　　　　图 6-60　移位寄存器读出指令

同时指针 D1 的值减 1，D3～D9 中的数据向右移一个字。数据总是从 D2 读出，指针 D1 为 0 时，FIFO 堆栈被读空，不再执行上述处理，零标志 M8020 为 ON。

【例6-7】 用移位寄存器写入、读出指令实现先入库的产品先出库。

LDP	X14		//在入库按钮 X14 的上升沿
MOV	K4X20	D256	//来自 X20～X37 的 4 位 BCD 码产品编号送到 D256
SFWR	D256	D257 K100	//D257 作为指针，D258～D356 存放 99 件产品的编号
LDP	X15		//在出库按钮 X15 的上升沿
SFRD	D257	D400 K100	//当前最先进入的产品的编号送入 D400
MOV	D400	K4Y0	//取出的产品的 4 位 BCD 码编号送 Y0～Y17 显示

6.6.3 数据处理指令

1. 成批复位指令

单个位软元件和字软元件可以用 RST 指令复位。成批复位指令 ZRST（FNC 40）将 （D1·）和（D2·）指定的软元件号范围内的同类软元件批量复位（见图 6-61），目标操作数可以取 T、C 和 D（字软元件）或 Y、M 和 S（位软元件）。本节的程序见例程"数据处理指令"。

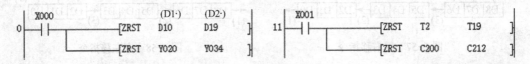

图 6-61 成批复位指令

定时器和计数器被复位时，其当前值变为 0，常开触点断开，常闭触点闭合。

使用 ZRST 指令时应注意下列问题：

1）（D1·）和（D2·）指定的应为同一类软元件。

2）（D1·）应小于等于（D2·）。如果（D1·）的软元件号大于（D2·）的软元件号，则只有（D1·）指定的软元件被复位。

3）虽然 ZRST 指令是 16 位处理指令，（D1·）和（D2·）也可以指定 32 位计数器。

2. 译码指令

假设源操作数（S·）最低 n 位的二进制数为 N，译码指令 DECO（FNC 41）将目标操作数（D·）中的第 N 位置为 1，其余各位置为 0。

DECO 指令相当于自动电话交换机的译码功能，源操作数的最低 n 位为电话号码，交换机根据它接通对应的电话机（使目标操作数中的对应位为 ON）。

1）目标操作数（D·）为位软元件，n=1～8。n=8 时，目标操作数为 256 点位软元件（2^8=256）。

2）目标操作数（D·）为字软元件，n=1～4。n=4 时，目标操作数为 16 位（2^4=16）。

假设 X0～X2 是错误诊断程序给出的一个 3 位二进制数的错误代码，用来表示 8 个不会同时出现的错误，通过 M0～M7（K2M0），用触摸屏上的 8 个指示灯来显示这些错误。

图 6-62 中的 X2～X0 组成的 3 位（n = 3）二进制数为 011，相当于十进制数 3（2^1+2^0 = 3），译码指令"DECO X0 M0 K3"将 K2M0 组成的 8 位二进制数中的第 3 位（M0 为第 0

位）M3 置为 ON，其余各位为 OFF。触摸屏上仅 M3 对应的指示灯被点亮。

3. 编码指令

编码指令 ENCO（FNC 42）将源操作数（S·）中为 ON 的最高位的二进制位数存入目标软元件（D·）的低 n 位。

1）源操作数为位软元件，n=1～8。n=8 时，源操作数为 256 点位软元件（2^8=256）。

2）源操作数为字软元件，n=1～4。n=4 时，源操作数为 16 位的字（2^4=16）。

设某系统的 8 个错误对应于 M 区中连续的 8 位（M10～M17），地址越高的位的错误优先级越高。编码指令"ENCO M10 D10 K3"将 M10～M17（K2M10）中地址最高的为 ON 状态的位在字中的位数写入 D10。设 K2M10 中仅有 M11 和 M13 为 ON（见图 6-63），M13 在 K2M10 中的位数为 3，指令执行完后写入 D10 中的数为错误代码 3。在触摸屏中，用 8 状态的信息显示单元来显示 8 条事故信息，用 D10 中的数字来控制显示哪一条信息。

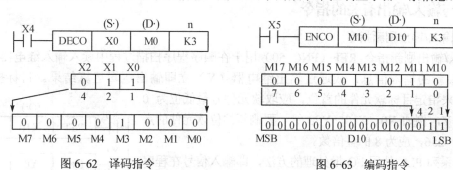

图 6-62　译码指令　　　　　　　　　图 6-63　编码指令

假设 16 层电梯的每个楼层都有一个指示电梯所在楼层的限位开关（X20～X37），执行编码指令"ENCO X20 D10 K4"后，D10 中是轿厢所在的楼层数。

4. ON 位数指令

位软元件的值为 1 时称为 ON，ON 位数指令 SUM（FNC 43）统计源操作数中为 ON 的位的个数，并将它送入目标操作数。

假设 X10～X27 对应于 16 台设备，其中的某一位为 ON 表示对应的设备正在运行。可以用图 6-64 中的 SUM 指令来统计 16 台设备中有多少台正在运行。

5. ON 位判别指令

ON 位判别指令 BON（FNC 44）用来检测源操作数（S·）中的第 n 位是否为 ON（见图 6-64）。若为 ON，则位目标操作数（D·）变为 ON，目标软元件是源操作数中指定位的状态的镜像。X4 为 ON 时，目标操作数 M4 的状态取决于字 K4Y10 中第 9 位（n = 9）Y21 的状态。该指令的源操作数可以取所有的数据类型，目标操作数可以取 Y、M 和 S。16 位运算时 n = 0～15，32 位运算时 n = 0～31。

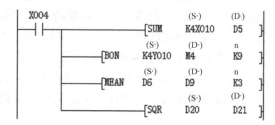

图 6-64　数据处理指令

6. 平均值指令

平均值指令 MEAN（FNC 45）用来求 1～64 个源操作数的代数和被 n 除的商，余数略去。（S·）是源操作数的起始软元件号，目标操作数（D·）用来存放运算结果。图 6-64 中的

MEAN 指令求 D6～D8 中数据的平均值。若软元件超出指定的范围，n 的值会自动缩小，只求允许范围内软元件的平均值。

7. 二进制开平方运算指令

二进制开平方运算指令 SQR（FNC 48）的源操作数（S·）应大于零，可以是常数和 D，目标操作数为 D。计算结果舍去小数，只取整数。如果源操作数为负数，运算错误标志 M8067 将会 ON。图 6-64 中的 X4 为 ON 时，将存放在 D20 中的整数开平方，运算结果得到的整数存放在 D21 中。

6.7 高速处理指令

6.7.1 与输入/输出有关的指令

1. 输入/输出刷新指令

输入/输出刷新指令 REF（FNC 50）用于在顺序程序扫描过程中读入输入继电器（X）提供的最新的输入信息，或通过输出继电器（Y）立即输出逻辑运算结果。目标操作数（D·）用来指定目标软元件的首位，应取软元件号最低位为 0
的 X 和 Y，例如 X0、X10、Y20 等。要刷新的位软元件的点数 n = 8～256，应为 8 的整倍数。

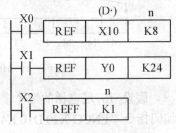
图 6-65 输入输出刷新指令

FX 系列 PLC 使用 I/O 批处理的方法，即输入信号在程序处理之前成批读入到输入映像区，而输出数据在执行 END 指令之后由输出映像区通过输出锁存器送到输出端子。

若图 6-65 中的 X0 为 ON，8 点输入值（n = 8）被立即读入 X10～X17。X1 为 ON 时，Y0～Y27（共 24 点）的值被立即送到输出模块。I/O 软元件被刷新时有很短的延迟，输入的延迟时间与输入滤波器的设置有关。

在中断程序中执行 REF 指令，读取最新的输入（X）信息，将运算结果（Y）及时输出，可以消除扫描工作方式引起的延迟。

2. 输入刷新与滤波器调整指令

机械触点接通和断开时，由于触点的抖动，实际的波形如图 6-66 所示。这样的波形可能会影响程序的正常执行，例如扳动一次开关，使计数器多次计数。此时，用户可以用输入滤波器来滤除图中的窄脉冲。

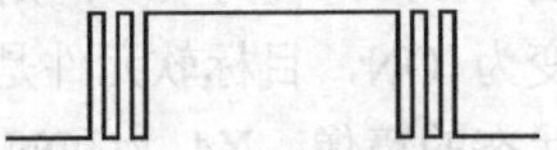

为了防止输入噪声的影响，开关量输入端有 RC 硬件滤波器，滤波时间常数约为 10ms。无触点的电子固态开关没有抖动噪声，可以高速输入。对于这一类输入信号，PLC 输入端的 RC 滤波器影响了高速输入的速度。

图 6-66 波形图

X10～X17（某些系列的 16 点的基本单元为 X0～X7）采用数字滤波器。这些输入端也有 RC 滤波器，其滤波时间常数不小于 50μs。使用高速计数输入指令、脉冲密度指令 SPD，或者输入中断指令时，输入滤波器的滤波时间自动设置为 50μs。

输入刷新与滤波器调整指令 REFF（FNC 51）用来刷新（立即读取）上述输入点，并指定它们的输入滤波时间常数 n（n = 0～60ms）。滤波时间常数越大，滤波的效果越好。

图 6-65 中的 X2 为 ON 时，上述的输入映像存储器被刷新，它们的滤波时间常数被设定为 1ms（n = 1）。

3．矩阵输入指令

矩阵输入指令 MTR（FNC 52）占用连续的 8 个输入点，并占用连续的 *n* 个（*n*=2～8）晶体管输出点。它们组成 *n* 行 8 列的输入矩阵，用来输入 *n* × 8 个开关量信号。这条指令实际上极少使用。

6.7.2　高速计数器指令

高速计数器（C235～C255）用来对外部输入的高速脉冲计数，高速计数器比较置位指令 HSCS 和高速计数器比较复位指令 HSCR 均为 32 位运算。源操作数（S1·）可以取所有的数据类型，（S2·）为 C235～C255，目标操作数可以取 Y、M 和 S。建议用一直为 ON 的 M8000 的常开触点来驱动高速计数器指令。

1．高速计数器比较置位指令

HSCS（FNC 53）是高速计数器比较置位指令。高速计数器的当前值达到设定值时，（D·）指定的输出用中断方式立即动作。图 6-67 中 C255 的设定值（S1·）为 100，其当前值由 99 变为 100 或由 101 变为 100 时，Y10 立即置 1，不受扫描时间的影响。如果当前值是被强制为 100 的，Y10 不会 ON。

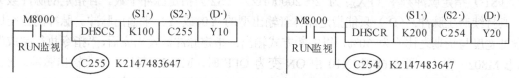

图 6-67　高速计数器比较置位与复位指令

DHSCS 指令的目标操作数（D·）可以指定为 I0□0（□=1～6）。在（S2·）指定的高速计数器的当前值等于（S1·）指定的设定值时，执行（D·）指定的指针为 I0□0 的中断程序。

2．高速计数器比较复位指令

HSCR（FNC 54）是高速计数器比较复位指令，图 6-67 中的计数器 C254 的设定值（S1·）为 200。当前值由 199 变为 200，或由 201 变为 200 时，用中断方式使 Y20 立即复位。如果当前值是被强制为 200 的，Y20 不会 OFF。

3．高速计数器区间比较指令

高速计数器区间比较指令 HSZ（FNC 55）为 32 位运算，有 3 种工作模式：标准模式、多段比较模式和频率控制模式，详细的使用方法请参阅 FX 系列的编程手册。

6.7.3　脉冲密度与脉冲输出指令

1．脉冲密度指令

脉冲密度指令 SPD（FNC 56，见图 6-68）用来检测给定时间内从编码器输入的脉冲个数，并计算出速度值。（S1·）是计数脉冲输入点（可选 X0～X5），（S2·）用来指定以 ms 为单位的计数时间，（D·）用来指定计数结果的存放处，占用 3 点软元件。

图 6-68 中的 SPD 指令用 D1 对 X0 输入的脉冲串的上升沿计数，100ms 后计数结果送到 D0，D1 中的当前值复位，重新开始对脉冲计数。D2 中是剩余的时间，D0 的值与转速成正比，转速 N 用下式计算：

$$N = 60 \times (D0) \times 10^3 / nt \quad (\text{r/min})$$

式中，(D0) 为 D0 中的数，t 为 (S2·) 指定的计数时间（单位为 ms），n 为编码器每转的脉冲数。SPD 指令中用到的输入点不能用于其他高速处理。

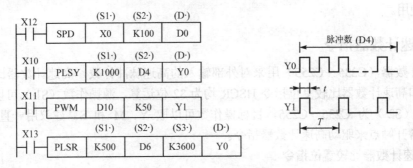

图 6-68　脉冲密度与脉冲输出指令

2．脉冲输出指令

脉冲输出指令 PLSY（FNC 57）用于产生指定数量和频率的脉冲，该指令只能使用一次。(S1·) 指定脉冲频率（FX_{2N} 为 2～20000Hz），(S2·) 指定脉冲个数。若指定的脉冲数为 0，则持续产生脉冲。(D·) 只能指定晶体管输出型的 Y0 或 Y1 来输出脉冲。脉冲的占空比（脉冲宽度与周期之比）为 50%，以中断方式输出。指定脉冲数输出完后，"指令执行完成"标志 M8029 置 1。图 6-68 中 X10 由 ON 变为 OFF 时，M8029 复位，停止输出脉冲。X10 再次变为 ON 时，重新开始输出脉冲。在发出脉冲串期间 X10 若变为 OFF，Y0 也变为 OFF。

FX_{2N} 和 FX_{2NC} 的最高输出频率为 20kHz，其他系列为 100kHz，FX_{3G}、FX_{3U} 和 FX_{3UC} 使用特殊适配器时为 200kHz。Y0 和 Y1 输出的脉冲个数可以分别用 32 位数据寄存器（D8140，D8141）和（D8142，D8143）监视。

在指令执行过程中可以修改 (S1·) 和 (S2·) 中的数据，但是 (S2·) 中数据的改变在指令执行完之前不起作用。

3．脉宽调制指令

脉宽调制指令 PWM（FNC 58）的源操作数和目标操作数的类型与 PLSY 指令相同，该指令只能使用一次。

PWM 指令用于产生指定脉冲宽度和周期的脉冲串。(S1·) 用来指定脉冲宽度（t = 1～32767ms），(S2·) 用来指定脉冲周期（T = 1～32767ms），(S1·) 应小于 (S2·)，(D·) 只能指定晶体管输出型的 Y0 或 Y1 来输出脉冲。输出的 ON/OFF 状态用中断方式控制。

图 6-68 中 D10 的值从 0～50 变化时，Y1 输出的脉冲的占空比从 0～1 变化。D10 的值大于 50 将会出错。X11 变为 OFF 时，Y1 也变为 OFF。

4．带加减速的脉冲输出指令

带加减速的脉冲输出指令 PLSR（FNC 59）只能使用一次，加减速的变速次数固定为 10

次。可以指定最高频率（10～20000Hz，应为 10 的整倍数）、总的输出脉冲数和加减速时间（0～5000ms）。只能用晶体管输出型的 Y0 或 Y1 来输出脉冲。

6.8 方便指令与外部设备指令

6.8.1 方便指令

1．状态初始化指令

状态初始化指令 IST（FNC 60）与 STL（步进梯形）指令一起使用，用于自动设置多种工作方式的系统的顺序控制程序的参数。

2．数据查找指令

数据查找指令 SER（FNC 61）用于在数据表中查找指定数据，可以提供搜索到的符合条件的值的个数、搜索到的第一个数据在表中的序号、搜索到的最后一个数据在表中的序号，以及表中最大的数和最小的数的序号。

3．凸轮控制绝对方式指令

装在机械转轴上的编码器给 PLC 的计数器提供角度位置脉冲，凸轮控制绝对方式指令 ABSD（FNC 62）可以产生一组对应于计数值变化的输出波形，用来控制最多 64 个输出变量（Y、M 和 S）的 ON/OFF。

4．凸轮控制增量方式指令

凸轮控制增量方式指令 INCD（FNC 63）根据计数器对位置脉冲的计数值，实现对最多 64 个输出变量（Y、M 和 S）的循环顺序控制，使它们依次为 ON，同时只有一个输出变量为 ON。

5．示教定时器指令

使用示教定时器指令 TTMR（FNC 64），可以用一只按钮调整定时器的设定时间。目标操作数（D·）为 D，n＝0～2。

图 6-69 中的示教定时器指令将示教按钮 X20 按下的时间（单位为 s）乘以系数 10^n 后，作为定时器的设定值（见例程"方便指令"）。按钮按下的时间由 D13 记录，该时间乘以 10^n 后存入 D12。设按钮按下的时间为 t，存入 D12 的值为 $10^n \times t$，即 n＝0 时存入 t，n＝1 时存入 $10t$，n＝2 时存入 $100t$。X20 为 OFF 时，D13 被复位，D12 保持不变。

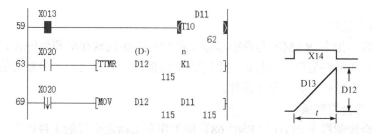

图 6-69　示教定时器指令应用

图 6-69 中示教按钮按下的时间为 11.5s，示教结束时保存到 D11 中的 T10 的设定值为 115。T10 是 100ms 定时器，其定时时间为 11.5s。该定时时间等于示教按钮按下的时间。

6. 特殊定时器指令

特殊定时器指令 STMR（FNC 65）用来产生延时断开定时器、单脉冲定时器和闪烁定时器，只有 16 位运算。源操作数（S·）为 T0～T199（100ms 定时器），目标操作数（D·）可以取 Y、M 和 S，m 用来指定定时器的设定值（1～32767ms）。

图 6-70 中的程序见例程"方便指令"，T0 和 T1 的设定值为 5s（m = 50）。

图 6-71 中的 M0 是延时断开定时器，M1 是输入信号 X0 下降沿触发的单脉冲定时器，M2 和 M3 是为闪烁而设的。

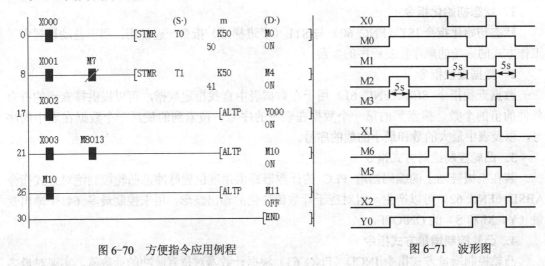

图 6-70　方便指令应用例程　　　　　　图 6-71　波形图

图 6-70 中 M7 的常闭触点接到 STMR 指令的输入电路中，使 M5 和 M6 产生闪烁输出（见图 6-71）。令 X1 变为 OFF，M4、M5 和 M7 在设定的时间后变为 OFF，T1 同时被复位。

7. 交替输出指令

使用交替输出指令 ALT（FNC 66），用 1 只按钮就可以控制外部负载的起动和停止。当图 6-70 中的按钮 X2 由 OFF 变为 ON 时，Y0 的状态改变一次。若不用脉冲执行方式，每个扫描周期 Y0 的状态都要改变一次。

ALT 指令具有分频器的功能，M8013 提供周期为 1s 的时钟脉冲，X3 为 ON 时，ALTP 指令通过 M10 输出频率为 0.5Hz 的信号。最后一条 ALTP 指令通过 M11 输出频率为 0.25Hz 的信号。

8. 斜坡信号指令

斜坡信号输出指令 RAMP 与模拟量输出结合可以实现软起动和软停止。设置好斜坡输出信号的初始值和最终值后，执行该指令时输出数据由初始值逐渐变为最终值，变化的全过程所需的时间用扫描周期的个数来设置。

9. 旋转工作台控制指令

旋转工作台控制指令 ROTC（FNC 68）使工作台上指定位置的工件以最短的路径转到出口位置。这条指令极少使用。

10. 数据排序指令

数据排序指令 SORT（FNC 69）将数据按指定的要求以从小到大的顺序重新排列。

6.8.2 外部 I/O 设备指令

1．10 键输入指令

10 键输入指令 TKY（FNC 70）用接在输入点上的 10 个键来输入 4 位或 8 位十进制数。该指令占用的输入点较多。注意：本节的指令都极少使用。

2．16 键输入指令

16 键输入十六进制数指令 HKY（FNC 71）用矩阵方式排列的 16 个键，来输入 BCD 数字和 6 个功能键（A～F 键）的状态，占用 PLC 的 4 个输入点和 4 个输出点。扫描全部 16 个键需要 8 个扫描周期。

3．数字开关指令

数字开关指令 DSW （FNC 72）用于读入一组或两组 4 位 BCD 码数字拨码开关的设置值，占用 PLC 的 4 个或 8 个输入点和 4 个输出点。

4．七段码译码指令

七段码译码指令 SEGD（FNC 73，见图 6-72）将源操作数指定的软元件的低 4 位中的十六进制数（0～F）译码后送给七段显示器显示，译码信号存于目标操作数指定的软元件中，占用 7 个输出点。

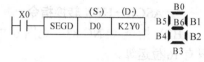

图 6-72　七段码译码指令

用 PLC 的 4 个输出点来驱动外接的七段译码驱动芯片，再用它来驱动七段显示器，能节省 3 个输出点，并且不需要使用译码指令。

5．七段码分时显示指令

七段码分时显示指令 SEGL（FNC 74）用 12 个扫描周期，显示一组或两组 4 位数据，占用 8 个或 12 个晶体管输出点。

6．箭头开关指令

箭头开关指令 ARWS（FNC 75）用 4 只按钮来输入 4 位 BCD 数据，用 4 个带锁存的七段显示器来显示输入的数据。输入数据时用位左移、位右移按钮来移动要修改和显示的位，用加、减按钮增减该位的数据。该指令占用 4 个输入点和 8 个输出点。

7．ASCII 码转换指令

ASCII 码转换指令 ASC（FNC 76）最多将 8 个字符转换为 ASCII 码，并存放在指定的软元件中。

8．ASCII 码打印指令

ASCII 码打印指令 PR（FNC 77）用于 ASCII 码数据的并行输出。

6.8.3 外部设备指令

FX 系列外部设备指令（FNC 80～89）包括与串行通信有关的指令、模拟量功能扩展板处理指令和 PID 运算指令。仅 ASCI 和 HEX 指令可以仿真。

1．串行数据传送指令

图 6-73 中串行数据传送指令 RS（FNC 80）用于通信用的功能扩展板和特殊适配器发送和接收串行数据。指令指定发送数据缓冲区和接收数据缓冲区的首地址和数据寄存器的个数。

2．八进制位传送指令

八进制位传送指令 PRUN（FNC 81）用于传送八进制位数据，将数据送入位发送区或从位接收区读出。

3．HEX→ASCII 转换指令

ASCI 指令（FNC 82，见图 6-74）最多将 256 个十六进制数转换为 ASCII 码。

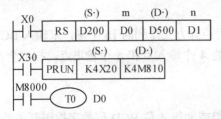

图 6-73 与通信有关的指令

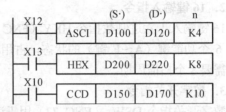

图 6-74 HEX-ASCII 转换与校验码指令

4．ASCII→HEX 转换指令

HEX 指令（FNC 83，见图 6-74）最多将 256 个 ASCII 码转换为 4 位十六进制数，它只有 16 位运算。

5．校验码指令

校验码指令 CCD（FNC 84，见图 6-74）与串行通信指令 RS 配合使用，它最多将 256 个字数据的高低字节（8 位模式仅低字节）分别求和与作水平校验。每个字节的同一位中 1 的个数为奇数时，水平校验码的同一位为 1，反之为 0。水平校验实际上是多个字节的异或运算。

运算后将累加和存入目标操作数（D·），水平校验的结果存入（D·）+1。求和与水平校验的结果随同数据发送出去，对方收到后对接收到的数据也作同样的求和与水平校验运算，并判别接收到的运算结果是否等于自己求出的结果，如不等，则说明数据传送出错。

6．电位器值读出指令

FX$_{2N}$-8AV-BD 是内置式 8 位 8 路模拟量功能扩展板，板上有 8 个小电位器，用电位器值读出指令 VRRD（FNC 85）读出的数据（0～255）与电位器的角度成正比。源操作数（S·）为常数 0～7，用来指定 FX$_{2N}$-8AV-BD 的模拟量编号。

图 6-75 中的 X0 为 ON 时，因为（S·）为 0，读出 0 号模拟量的值，送到 D0 后作为定时器 T0 的设定值。也可以用乘法指令将读出的数乘以某一系数后作为设定值。

7．电位器刻度指令

模拟量功能扩展板电位器刻度指令 VRSC（FNC 86）将从（S·）指定的电位器读出的数四舍五入，整量化为 0～10 的整数值，存放在（D·）中，这时电位器相当于一个有 11 档的模拟开关。（S·）为电位器编号，取值范围为 0～7，只有 16 位运算。

图 6-76 通过 VRSC 指令和解码指令 DECO，根据模拟开关的刻度 0～10 来分别控制 M0～M10 的 ON/OFF。

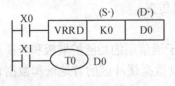

图 6-75 VRRD 指令

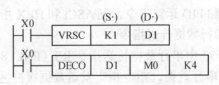

图 6-76 VRSC 指令

8．PID 运算指令

PID（比例-积分-微分）运算指令（FNC 88）用于模拟量闭环控制。PID 运算所需的参数存放在指令指定的数据区内。PID 指令的使用方法见本书第 7.2 节。

6.9 时钟运算与定位控制指令

1．时钟数据

PLC 内的实时钟的年、月、日、时、分和秒分别用 D8018～D8013 存放，D8019 存放星期值（见表 6-3）。

实时钟命令使用下述的特殊辅助继电器。

M8015（时钟设置）：为 ON 时时钟停止，在它由 ON→OFF 的下降沿写入时间。

M8016（时钟锁存）：为 ON 时 D8013～D8019 中的时钟数据被冻结，以便显示出来，但是时钟继续运行。

M8017（±30 s 校正）：在它由 ON→OFF 的下降沿时，如果当前时间为 0～29 s，则修正为 0 s；如果为 30～59 s，则将秒变为 0，向分进一位。

M8018（实时钟标志）：为 ON 时表示 PLC 安装有实时钟。

M8019（设置错误）：设置的时钟数据超出了允许的范围。

2．时钟数据读取指令

时钟数据读取指令 TRD（FNC 166）用来读出 PLC 内置的实时钟的数据，并存放在目标操作数（D·）开始的 7 个字内。（D·）可以取 T、C 和 D，只有 16 位运算。图 6-77 中的程序（见例程"时钟指令"）在秒时钟脉冲 M8013 的上升沿读出时钟数据，保存在 D20～D26 中，它们分别是年的低 2 位、月、日、时、分、秒和星期的值。

表 6-3 时钟命令使用的寄存器

地址号	名称	设定范围
D8013	秒	0～59
D8014	分	0～59
D8015	时	0～23
D8016	日	0～31
D8017	月	0～12
D8018	年	0～99（后两位）
D8019	星期	0～6（对应日～六）

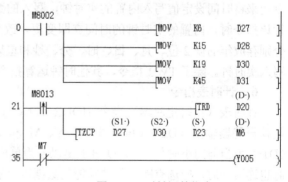

图 6-77 时钟运算指令

3．时钟数据比较指令

图 6-78 中的时钟数据比较指令 TCMP（FNC 160）的源操作数（S1·）、（S2·）和（S3·）分别用来存放指定时刻的时、分、秒，可以取任意数据类型的字软元件。该指令用来比较指定时刻与时钟数据（S·）的大小。时钟数据的时、分、秒分别用（S·）～（S·）+2 存放。

时钟数据（S·）可以取 T、C 和 D，目标操作数（D·）为 Y、M 和 S，占用 3 个连续的位软元件。比较结果用来控制（D·）～（D·）+2 的 ON/OFF。图 6-78 中的 X1 变为 OFF 后，目标软元件 M0～M2 的 ON/OFF 状态保持不变。

4．时钟数据区间比较指令

时钟数据区间比较指令 TZCP（FNC 161，见图 6-79）的源操作数（S1·）、（S2·）和（S·）可以取 T、C 和 D，要求（S1·）≤（S2·），只有 16 位运算。（S1·）、（S2·）和（S·）分别占用 3 个数据寄存器，（S·）指定的 D0～D2 分别用来存放 TRD 读出的当前时、分、秒的值。目标操作数（D·）为 Y、M 和 S，占用 3 个连续的位软元件，比较结果对 M3～M5 的影响见图 6-79。

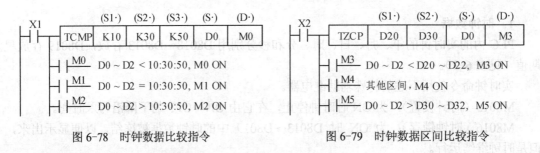

图 6-78　时钟数据比较指令　　　　图 6-79　时钟数据区间比较指令

【例 6-8】 设计路灯控制程序，在 19:45 开灯，6:15 关灯。

图 6-77 中的 D23～D25 是 TZCP 指令指定的 TRD 读取的实时钟的时、分、秒的值，D27～D29 是路灯的关灯时间，D30～D32 是路灯的开灯时间。

在 PLC 开机时，M8002 的常开触点接通一个扫描周期，用 MOV 指令设置关灯和开灯时间的时、分值，D29 和 D32 中的秒值为默认值 0。

图 6-77 中路灯关灯的时间区间为 6:15～19:45，在该区间，指令 TZCP 比较的结果使 M7 为 ON，因此用 M7 的常闭触点通过 Y5 控制路灯。

5．时钟数据写入指令

时钟数据写入指令 TWR（FNC 167）的（S·）可以取 T、C 和 D，只有 16 位运算。该指令用来将时间设定值写入内置的实时钟，写入的数据预先放在（S·）开始的 7 个单元内。执行该指令时，内置的实时钟的时间立即变更，改为使用新的时间。图 6-80 中的 D33～D39 分别存放年的低 2 位、月、日、时、分、秒和星期。X3 为 ON 时，D33～D39 中的预置值被写入实时钟。除了 TWR 指令，其他时钟运算指令都可以仿真。

6．计时表指令

计时表（小时定时器）指令 HOUR（FNC 169）的（S·）可以选所有的字数据类型，它是使报警器输出（D2·）（可以选 X、Y、M 和 S）为 ON 所需的延时时间，单位为小时。（D1·）为当前的小时数，（D1·）+1 是以 s 为单位的小于 1 小时的当前值。为了在 PLC 断电时也连续计时，应选有断电保持功能的数据寄存器。

当前小时数（D1·）超过设置的延时时间（S·）时，例如在 300 小时零 1s，图 6-80 中的报警输出 Y1 变为 ON。此后计时表仍继续运行，其值达到 16 位数（HOUR 指令）或 32 位数（DHOUR 指令）的最大值时停止定时。如果需要再次工作，16 位指令应清除（D1·）和（D1·）+1，32 位指令应清除（D1·）～（D1·）+2。

7．时钟数据加、减法运算指令

时钟数据加、减法运算指令 TADD（FNC 162）和 TSUB（FNC 163）的（S1·）、（S2·）和（D·）指定的都是 3 个字的时钟数据（时、分、秒）。图 6-80 中的 X0 为 ON 时，TADD 指令将 D0～D2 和 D3～D5 中的时钟数据相加后存入 D6～D8。运算结果如果超过 24h，进位标志 ON，其和减去 24h 后存入目标地址。TSUB 指令用 D9～D11 中的时钟数据减去 D12～D14 中的的时钟数据，运算结果存入 D15～D17。运算结果如果小于零，借位标志 ON，其差值加上 24h 后存入目标地址。

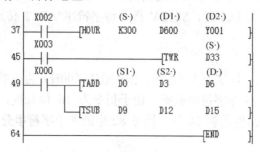

图 6-80 时钟运算指令

8．定位控制指令

定位控制指令与三菱的伺服放大器和伺服电动机配合使用。定位控制采用两种位置检测装置，即绝对式编码器和增量式编码器。前者输出的是绝对位置的数字值，后者输出的脉冲个数与位置的增量成正比。定位控制用晶体管输出型的 Y0 或 Y1 输出脉冲列，通过伺服放大器来控制步进电动机。FX$_{2N}$ 和 FX$_{2NC}$ 不能使用定位控制指令，定位控制指令不能仿真。

当前绝对值读取指令 ABS（FNC 155）用来读取绝对位置数据。

原点回归指令 ZRN（FNC 156）在开机或初始设置时使机器返回原点。

PLSV（FNC 157）是可变速脉冲输出指令，输出脉冲的频率可以在运行中修改。

相对位置控制指令 DRVI（FNC 158）用于增量式定位控制，绝对位置控制指令 DRVA（FNC 159）是使用零位和绝对位置测量的定位指令。

6.10 FX$_{3U}$、FX$_{3UC}$ 和 FX$_{3G}$ 系列增加的应用指令

6.10.1 FX$_{3U}$、FX$_{3UC}$ 和 FX$_{3G}$ 的应用指令新增的表示方法

1．实数常数 E

E 是表示实数（即浮点数）的符号，主要用于指定应用指令的操作数的数值。实数的指定范围为 $-1.0 \times 2^{128} \sim -1.0 \times 2^{-126}$、0 和 $1.0 \times 2^{-126} \sim 1.0 \times 2^{128}$。

图 6-81 中的 DEADDP 为浮点数加法指令，用实数的普通表示方式 E2645.52 来指定 2645.52，用实数的指数表示方式 E5.63922+3 来指定 5.63922×10^{3}。其中的"+3"表示 10^{3}。

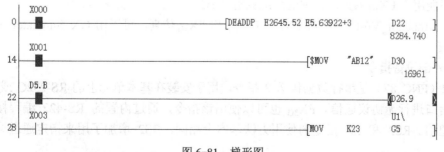

图 6-81 梯形图

2．字符串常数

英语的双引号框起来的半角字符（例如"AB12"）用来指定字符串常数。一个字符串最多有 32 个字符，每个字符占一个字节（二进制的 8 位）。

当图 6-81 中的 X1 为 ON 时，$MOV 指令将字符串"AB12"传送到 D30 开始的字符串数据。

3．字符串数据

从指定的软元件开始，以字节为单位到代码 NUL（00H）为止被视为一个字符串。可以用字软元件或位软元件来保存字符串数据。由于指令为 16 位长度，所以包含指示字符串数据结束的 NUL 代码的数据也需要 16 位。图 6-82 中的两个字符串分别有 21 个字符和 13 个字符。

图 6-82　字符串

4．字软元件的位指定

通过指定字软元件（数据寄存器或特殊数据寄存器）的位，可以将它作为位数据来使用。例如图 6-81 中的 D5.B 表示 D5 的第 11 位，小数点后的位编号采用十六进制数 0～F。

5．缓冲寄存器的直接指定

用户可以直接指定特殊功能模块和特殊功能单元的缓冲存储器（BFM）。BFM 为 16 位或 32 位的字数据，主要用于应用指令的操作数。例如 U1\G5（见图 6-81）表示模块号为 1 的特殊功能模块或特殊功能单元的 5 号缓冲存储器字。单元号 U 的范围为 0～7，BFM 编号的范围为 0～32767。

6.10.2　FX₃ᵤ、FX₃ᵤᴄ 和 FX₃ɢ 系列增加的应用指令

FX₃ᵤ、FX₃ᵤᴄ 和 FX₃ɢ 系列增加了大量的应用指令，本节只对增加的应用指令作简要的分类介绍，详细的使用方法见《FX3G、FX3U、FX3UC 微型可编程控制器编程手册》。有部分指令不能用于 FX₃ɢ 系列，详细的情况见附录 B。

GX Simulator V6-C 不能对 FX₃ᵤ、FX₃ᵤᴄ 和 FX₃ɢ 仿真，可以用 GX Simulator V7.16 对 FX₃ᵤ 仿真。

1．外部设备指令

RS2（FNC 87）是串行数据传送 2 指令，用于安装在基本单元上的 RS-232C 或 RS-485 串行通信口进行无协议通信。FX₃ɢ 也可以使用该指令，通过内置的 RS-422 编程接口进行无协议通信。RS2 和 RS 指令的使用方法基本上相同，RS2 增加了用来指定通道编号的参数 n1。

2．数据传送 2 指令

ZPUSH（FNC 102）指令用于成批保存变址寄存器 V0~V7、Z0~Z7 的当前值，ZPOP（FNC 103）指令将暂时成批保存的变址寄存器的值返回到原来的变址寄存器中。

3．浮点数指令

EMOV（FNC 112）是二进制浮点数数据传送指令。ESTR（FNC 116）指令用于将二进制浮点数转换为字符串，EVAL（FNC 117）指令用于反向转换。EXP（FNC 124）、LOGE（FNC 125）和 LOG10（FNC 126）分别是二进制浮点数自然指数、自然对数和常用对数运算指令。ENEG（FNC 128）是二进制浮点数符号翻转指令。ASIN（FNC 133）、ACOS（FNC 134）和 ATAN（FNC 135）分别是二进制浮点数反正弦、反余弦、反正切运算指令。RAD（FNC 136）和 DEG（FNC 137）分别是二进制浮点数角度→弧度和二进制浮点数弧度→角度转换指令。

4．浮点数运算例程

图 6-83 中的程序（见例程"FX3U 例程"）将 D10 中的二进制整数转换为（D12，D13）中的二进制浮点数，用（D14，D15）中的二进制浮点数除以（D12，D13）中的二进制浮点数，乘以浮点数常数 36.57 后，运算结果转换为（D20，D21）中的 32 位二进制整数。

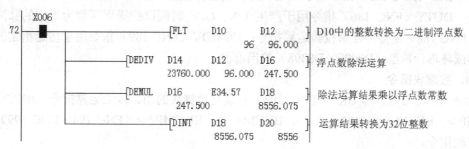

图 6-83　浮点数运算程序

5．三角函数运算例程

程序见图 6-84。启动 GX Simulator 后，打开软元件监视视图，从 D0 开始，用浮点数显示格式监视十进制多点字，用鼠标双击监视表的第一行，用出现的软元件写入对话框设置 D0 中的浮点数值为 30.0（30°），将 X4 强制为 ON。从图 6-84 的程序监控中可以看到（D2，D3）中的弧度值为 0.524 弧度，（D4，D5）中的正弦值为 0.500。浮点数常数 E0.5 对应的反余弦值为 1.047 弧度，用 DEG 指令转换后得到的角度值为 60°。图 6-84 中的监视值为十进制浮点数，有效位数为十进制的 4 位，软元件监视视图中显示的是二进制浮点数的值，有效位数为十进制的 6 位，30°的正弦值为 0.500000。

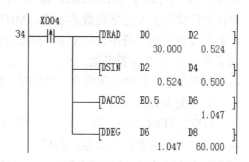

图 6-84　浮点数函数运算程序

6．数据处理 2 指令

WSUM（FNC 140）指令用于求连续的 16 位或 32 位数据的累加值；WTOB（FNC

141）指令将连续的 16 位数据分离为字节，存放到连续的 16 位数据的低 8 位（低位字节），高 8 位为 0；BTOW（FNC 142）指令将连续的 16 位数据的低 8 位组合为连续的 16 位的数据；UNI（FNC 143）将连续的 16 位数据的低 4 位组合为连续的 16 位的数据；DIS（FNC 144）将连续的 16 位数据以 4 位为单位分离后，存放到连续的 16 位数据的低 4 位，高 12 位为 0；SORT2（FNC 149）是数据排序 2 指令，使用方法与指令 SORT（FNC 69）类似。数据以行为单位保存，首先保存第一行的数据，然后保存第二行的数据⋯⋯这样便于增加数据行。

7．定位控制指令

DSZR（FNC 150）是带 DOG（近点信号）搜索的原点回归指令，使机械位置与 PLC 内的当前值寄存器一致。DVIT（FNC 151）是执行单速中断定长进给的指令，TBL（FNC 152）是通过表格设定方式进行定位的指令。

8．时钟运算指令

HTOS（FNC 164）指令将时、分、秒为单位的时间转换为以秒为单位的数据，STOH（FNC 165）指令用于实现反向转换。

9．其他指令

COMRD（FNC 182）指令用于读出软元件的注释数据；RND（FNC 184）指令用于产生随机数；DUTY（FNC 186）指令用于产生 ON、OFF 时间以扫描周期数为单位的脉冲列；CRC（FNC 188）是循环冗余校验运算指令；HCMOV（FNC 189）指令用于传送指定的高速计数器或环形计数器（D8099，D8398）的当前值。

10．数据块指令

BK+（FNC 192）和 BK−（FNC 193）分别是数据块的加、减法运算指令。BKCMP=、BKCMP >、BKCMP <、BKCMP <>、BKCMP <=、BKCMP >=（FNC 194～FNC 199）是数据块比较指令。

11．字符串控制指令

STR（FNC 200）和 VAL（FNC 201）分别是 BIN→字符串和字符串→BIN 的转换指令。$+（FNC 202）和 LEN（FNC 203）分别是字符串组合和检测字符串长度的指令。RIGHT（FNC 204）、LEFT（FNC 205）和 MIDR（FNC 206）分别用于从字符串的右侧、左侧开始和任意位置取出指定字符数的字符。MIDW（FNC 207）用指定的字符串中任意位置的字符串去替换指定的字符串。INSTR（FNC 208）是字符串的检索指令，从源字符串的左起（起始字符）第 n 个字符开始，检索与（S1·）指定的字符串相同的字符串，检索结果为源字符串中检索到的字符的位置信息。$MOV（FNC 209）是字符串传送指令。

12．数据处理 3 指令

FDEL（FNC 210）指令用于删除数据表中任意的数据；FINS（FNC 211）指令用于在数据表中的任意位置插入数据；POP（FNC 212）指令用于读取用先入后出的移位写入指令 SFWR（FNC 38）最后写入的数据；SFR（FNC 213）指令和 SFL（FNC 214）指令分别将 16 位数据右移、左移 n 位，最后移出的位进入进位标志位 M8022。

13．数据表处理指令

LIMIT（FNC 256）和 BAND（FNC 257）分别是上下限限位控制和死区控制指令。ZONE（FNC 258）是区域控制指令，输入值为负数时，输出值等于输入值加上负的偏差值；输入值为正数时，输出值等于输入值加上正的偏差值。

SCL（FNC 259）和 SCL2（FNC 269）分别是不同点坐标数据和 X/Y 坐标数据的定坐标指令。（S2·）指定的表格中是图 6-85 中的折线各转折点的 X、Y 坐标值，（S1·）是输入的 X 坐标值，（D·）是通过折线映射得到的 Y 坐标值。SCL 指令的表格以点为单位依次存放各点的 X、Y 坐标值。SCL2 指令的表格首先存放各转折点的 X 坐标，然后存放各转折点的 Y 坐标。这两条指令可以用来实现非线性特性的线性化。

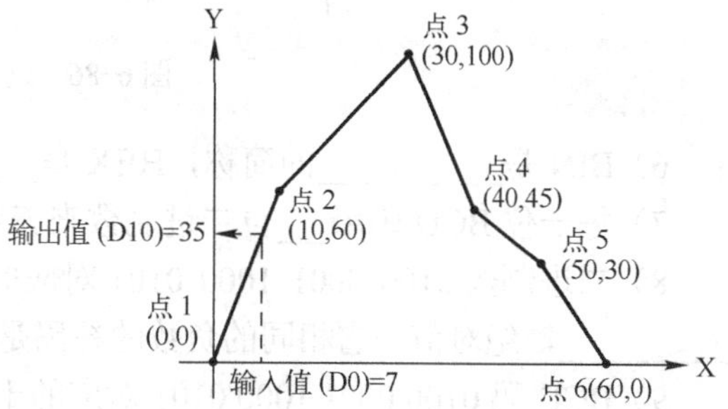

DABIN（FNC 260）和 BINDA（FNC 261）分别是 10 进制 ASCII→BIN 和 BIN→10 进制 ASCII 的转换指令。

图 6-85 定坐标指令

14. 外部设备通信（变频器通信）指令

IVCK（FNC 270）、IVDR（FNC 271）、IVRD（FNC 272）、IVWR（FNC 273）和 IVBWR（FNC 274）分别是变频器的运行监视、运行控制、读取变频器参数、写入变频器参数和成批写入变频器参数的指令。EXTR（FNC 180）是用于 FX_{2N}、FX_{2NC} 的替换指令，用来替换上述的 FNC 270～FNC 274 指令。

15. 数据传送 3 指令

RBFM（FNC 278）是 BFM 分割读出指令，WBFM（FNC 279）是 BFM 分割写入指令，它们分别用于分几个扫描周期，将数据读出和写入特殊功能模块/单元中连续的缓冲存储区（BFM）。

16. 高速处理 2 指令

HSCT（FNC 280）是高速计数器表格比较指令，它比较表格中的数据和高速计数器的当前值，根据比较的结果，对最多 16 点输出进行置位和复位。

17. 扩展文件寄存器控制指令

LOADR（FNC 290）、SAVER（FNC 291）、LOGR（FNC 293）、RWER（FNC 294）、INITER（FNC 295）分别是扩展文件寄存器读出、成批写入、登录、删除/写入和初始化指令。INITR（FNC 292）是扩展寄存器初始化指令。

6.11 习题

1. 填空

1）应用指令的（S）表示＿＿＿操作数，（D）表示＿＿＿＿操作数。S 和 D 右边的"·"表示可以使用＿＿＿＿＿功能。

2）D2 和 D3 组成的 32 位整数（D2，D3）中的＿＿＿为低 16 位数据，＿＿＿为高 16 位数据。

3）图 6-86 中的应用指令 DINCP 在 X4＿＿＿＿＿＿时，将＿＿＿＿＿中的 32 位数据加 1。

4）如果 Z1 的值为 10，D8Z1 相当于软元件＿＿＿，X6Z1 相当于软元件＿＿＿。

5）K2X10 表示由＿＿＿～＿＿＿组成的＿＿＿个位元件组。

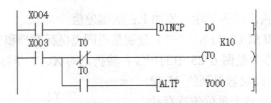

图 6-86 题 1 和题 2 的图

6）BIN 是_____的简称，HEX 是_____的简称。

7）每一位 BCD 码用___位二进制数来表示，其取值范围为二进制数_____～_____。

8）二进制数 0100 0001 1000 0101 对应的十六进制数是_____，对应的十进制数是_____，绝对值与它相同的负数的补码是_____。

9）BCD 码 0100 0001 1000 0101 对应的十进制数是_____。

10）16 位二进制乘法运算指令 MUL 的目标操作数为___位。

11）如果两个源操作数的同一位_____，WAND 指令的目标操作数的对应位为 1。

12）FX 系列内部采用___进制浮点数进行浮点数运算，采用___进制浮点数进行监控。

13）如果需要跳转到 END 指令所在的步序号，应使用指针 P___。

14）执行"CJ P1"指令的条件_____时，将不执行该指令和_____之间的指令。

15）同一个位软元件的线圈可以在跳转条件_____的两个跳转区内分别出现一次。

16）子程序和中断程序应放在_____指令之后。

17）子程序用_____指令结束，中断程序用_____指令结束。

18）子程序和中断程序中应使用编号为_____～_____的定时器。

19）子程序最多嵌套___层。

20）X2 上升沿中断的中断指针为_____。

21）定时器中断指针 I680 的中断周期为_____ms。

22）M8055 为 ON 时，禁止执行_____产生的中断。

2. 试分析图 6-86 中下面两行梯形图的功能。

3. 用触点比较指令编写程序，在 D2 不等于 300 与 D3 大于 -100 时，令 M1 为 ON。

4. 用区间比较指令编写程序，在 D4 小于 100 和 D4 大于 2000 时，令 Y5 为 ON。

5. 为什么交换指令 XCH 和高低字节交换指令 SWAP 指令必须采用脉冲执行方式？

6. 编写程序，分别用多点传送指令 FMOV 和批量复位指令 ZRST 将 D10～D59 清零。

7. 在 X0 为 ON 时，将计数器 C0 的当前值转换为 BCD 码后送到 Y0～Y17 中，C0 的计数脉冲和复位信号分别由 X1 和 X2 提供，设计出梯形图程序。

8. 用 X0 控制接在 Y0～Y17 上的 16 个彩灯是否移位，每 1s 移 1 位。用 X1 控制左移或右移，开机时用 MOV 指令将彩灯的初始值设置为十六进制数 H000E（仅 Y1～Y3 为 1），设计出梯形图程序。

9. 用 X20 控制接在 Y0～Y17 上的 16 个彩灯是否移位，每 1s 移 1 位。开机时（M8002 为 ON）用 X0～X17 对应的小开关给 Y0～Y17 置初值，设计出梯形图程序。

10. 用 X0 控制接在 Y0～Y13 上的 12 个彩灯是否移位，每 1s 右移 1 位。用 MOV 指令将彩灯的初始值设置为十六进制数 HF0，设计出梯形图程序。

11. D10 中 A/D 转换得到的数值 0～4000 正比于温度值 0～1200℃。在 X0 的上升沿，将 D10 中的数据转换为对应的温度值存放在 D20 中，设计出梯形图程序。

12. 编写程序，将 D0 中以 0.01Hz 为单位的 0～99.99Hz 的整数格式的频率值，转换为 4 位 BCD 码，送给 Y0～Y17，通过译码芯片和七段显示器显示频率值（见图 6-6）。每个译码芯片的输入为 1 位 BCD 码。

13. 整数格式的半径在 D6 中，用浮点数运算指令求圆的周长，运算结果转换为 32 位整数，用（D8，D9）保存。设计出梯形图程序。

14. 要求同第 13 题，用整数运算指令计算圆周长。

15. 以 0.1° 为单位的整数格式的角度值在 D0 中，在 X0 的上升沿，求出该角度的余弦值，运算结果转换为以 10^{-4} 为单位的整数，存放在 D10 中，设计出梯形图程序。

16. 编写程序，用 WAND 指令将 D0 的最高 4 位清零，其余各位保持不变，运算结果用 D2 保存。

17. 编写程序，用 WOR 指令将 Y2 和 Y13 变为 ON，Y0～Y17 的其余各位保持不变。

18. 编写程序，求出前后两个扫描周期 D12 中同时变化的位的个数。

19. 设计循环程序，求 D20 开始连续存放的 5 个浮点数的累加和。

20. 编写程序，求出 D10～D59 中最大的数，存放在 D100 中。

21. 如果 D5 中的数小于等于 500，将 M1 置位为 ON，反之将 M1 复位为 OFF。用跳转指令设计满足上述要求的梯形图程序。

22. 用跳转之外的其他指令实现 21 题的要求。

23. 用子程序调用编写第 4 章图 4-16 中的 3 条运输带的控制程序，分别设置自动程序、手动程序和公用程序，用 X4 作自动/手动切换开关。

24. 用定时器中断，每 2s 将 D5 的值加 1，X3 为 ON 时禁止该定时器中断，设计出梯形图程序。

25. 用实时时钟指令控制路灯的定时接通和断开，在 5 月 1 日～10 月 31 日的 20:00 开灯，06:00 关灯；在 11 月 1 日～下一年 4 月 30 号的 19:00 开灯，7:00 关灯。设计出梯形图程序。

26. 特殊定时器指令 STMR 可以用来实现哪些定时功能？

27. 指令 "REF X0 K16" 和 "REF Y0 K8" 分别用来实现什么功能？

28. 在 X0 的上升沿，通过中断读取 PLC 实时钟的时间，并将它保存在 D10～D16 中。编写出主程序和中断程序。

第7章　模拟量 I/O 模块的使用方法与 PID 闭环控制

7.1　模拟量 I/O 模块的使用方法

7.1.1　模拟量 I/O 模块

1．变送器

变送器用于将电量或非电量转换为标准量程的电流或电压，然后送给模拟量输入模块的 A-D 转换器，将它转换为与模拟量成比例的数字。

变送器分为电流输出型变送器和电压输出型变送器，电压输出型变送器具有恒压源的性质，PLC 模拟量输入模块的电压输入端的输入阻抗很高，例如 FX_{2N}-4AD 电压输入的输入阻抗为 200kΩ。如果变送器距离 PLC 较远，通过线路间的分布电容和分布电感感应的干扰信号电流在模块的输入阻抗上将产生较高的干扰电压。例如，50μA 干扰电流在 200kΩ 输入阻抗上将产生 10V 的干扰电压信号，所以远程传送模拟量电压信号时抗干扰能力很差。

电流输出具有恒流源的性质，恒流源的内阻很大。PLC 的模拟量输入模块输入电流时，输入阻抗较低，例如 FX_{2N}-4AD 电流输入的输入阻抗为 250Ω。线路上的干扰信号在模块的输入阻抗上产生的干扰电压很低，所以模拟量电流信号适用于远程传送。电流信号的传送距离比电压信号的传送距离远得多，使用屏蔽电缆信号线时可达数百米。

变送器分为二线制和四线制两种，四线制变送器有两根电源线和两根信号线。二线制变送器只有两根外部接线，它们既是电源线，也是信号线（见图 7-1），输出 4～20mA 的信号电流，直流电源串接在回路中，有的二线制变送器通过隔离式安全栅供电。通过调试，在被检测信号量程的下限时输出电流为 4mA，被检测信号满量程时输出电流为 20mA。二线制变送器的接线少，信号可以远传，在工业中得到了广泛的应用。

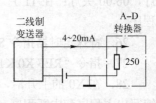

图 7-1　二线制变送器

2．模拟量与数字量的转换

在工业控制中，某些输入量（例如压力、温度、流量和转速等）是连续变化的模拟量，某些执行机构（例如伺服电动机、电动调节阀等）要求 PLC 输出模拟量信号，而 PLC 的 CPU 只能处理数字量。模拟量首先被传感器和变送器转换为标准量程的电流或电压，例如 4～20mA 和 0～10V，PLC 用模拟量输入模块中的 A-D 转换器将它们转换成数字量。有的 PLC 有温度检测模块，温度传感器（热电偶或热电阻）与它们直接相连，省去了温度变送器。

模拟量输出模块中的 D-A 转换器将 PID 控制器的数字输出量转换为模拟量电压或电流，再去控制执行机构。

模拟量 I/O 模块的输入、输出信号可以是电压，也可以是电流；可以是单极性的，例如 0～5V、0～10V 和 4～20ms，也可以是双极性的，例如 ±50mV、±5V、±10V 和 ±20mA，模块一般可以输入多种量程的电流或电压。

A-D、D-A 转换器的二进制位数反映了它们的分辨率，位数越多，分辨率越高。模拟量输入/输出模块的另一个重要指标是转换时间。

7.1.2 FX 系列的模拟量 I/O 组件

模拟量 I/O 模块、特殊适配器和功能扩展卡的简要特性见表 7-1 和表 7-2。详细的特性和使用方法见《FX 系列特殊功能模块用户手册》和《FX3G、FX3U、FX3UC PLC 用户手册 模拟量控制篇》。

模拟量模块的电压输入电路的输入电阻一般为 200kΩ，电流输入电路的输入电阻一般为 250Ω。满量程的总体精度一般为 ±1%。表中标注的是模拟量输入模块的电压转换得到的二进制数的位数，电流转换的精度一般比电压转换的精度低一些。

表 7-1　模拟量 I/O 模块与功能扩展卡的特性

模 块 名 称	通道数	位数	转换时间	量　　程
FX0N-3A	2 入/1 出	8	TO 指令处理时间×3	DC 0～10V、0～5V 和 4～20mA
FX2N-5A	4 入/1 出	16/12	1ms/2 ms/通道	DC −10～10V、−20～20mA、4～20mA
FX2N-2AD	2	12	2.5 ms/通道	DC 0～10V 和 4～20mA
FX2N-4AD/FX2NC-4AD	4	12	15 ms/6 ms/通道	DC −10～10V、−20～20mA、4～20mA
FX3U-4AD/ FX3UC-4AD	4	16	500 μs/通道	DC −10～10V、−20～20mA、4～20mA
FX2N-8AD	8	15	0.5 ms/通道	DC −10～10V、−20～20mA、4～20mA、热电偶
FX2N-4AD-PT	4	12	15 ms/通道	−100～+600℃铂电阻
FX2N-4AD-TC	4	12	240 ms/通道	K 型（−100～+1 200℃）和 J 型（−100～600℃）热电偶
FX2N-2DA	2	12	4 ms/通道	DC 0～10V、0～5V 和 4～20mA
FX2N-4DA/FX2NC-4DA	4	12	2.1 ms/通道	DC 0～10V、4～20mA
FX3U-4DA	4	16	1ms	DC −10～10V、0～20mA、4～20mA
FX1N-2AD-BD/FX1N-1DA-BD	2/1	12	1 扫描周期	DC 0～10V、4～20mA
FX3G-2AD-BD/FX3G-1DA-BD	2/1	12	180 μs/60 μs	DC 0～10V、4～20mA

表 7-2　模拟量特殊适配器的特性

模 块 名 称	通道数	位数	转换时间	量　　程
FX3U-4AD-ADP/ FX3UC-4AD-ADP	4	12	200μs/250μs*	DC 0～10V、4～20mA
FX3U-3A-ADP	2 入/1 出	12	90μs/50μs/通道	DC 0～10V、4～20mA
FX3U-4AD-PT-ADP	4	12	200μs *	−50～+250℃铂电阻
FX3U-4AD-PTW-ADP	4	12	200μs *	−100～+600℃铂电阻
FX3U-4AD-TC-ADP	4	12	200μs *	K 型−100～+1000℃和 J 型−100～+600℃热电偶
FX3U-4AD-PNK-ADP	4	12	200μs *	铂电阻−50℃～+250℃，镍电阻−40℃～+110℃
FX3U-4DA-ADP	4	12	200μs *	DC 0～10V、4～20mA

*FX3U 的适配器为 200μs，FX3G 对应的适配器为 250μs，每个扫描周期更新数据。

模拟量输出模块在电压输出时的外部负载电阻一般为 2kΩ～1MΩ，电流输出时小于 500Ω。

FX 系列的模拟量模块的外部模拟量电路与 PLC 内部的数字电路之间有光电隔离，模块各通道之间没有隔离。光电隔离可以提高系统的安全性和抗干扰能力。模拟量输入/输出扩展板没有光电隔离。

模拟量功能扩展板和模拟量特殊适配器在程序中不占用 I/O 点，模拟量 I/O 模块在程序中占用 8 个 I/O 点。

温度检测模块实际上是温度变送器与模拟量输入模块的组合，传感器（热电阻或热电偶）直接与模块连接，不需要温度变送器，可以节省硬件成本和安装空间。

温度调节模块 FX$_{2N}$-2LC 有 2 通道温度输入和 2 通道晶体管输出，提供自调整 PID 控制、两位式控制和 PI 控制，可以检查出断线故障。模块可以使用多种热电偶和热电阻，有冷端温度补偿，分辨率为 0.1℃，采样周期为 500ms。

7.1.3 模拟量输入模块的应用

1. 模拟量输入模块的接线

FX$_{2N}$-4AD 模块有 4 个通道，可以同时接收并处理 4 个模拟量输入信号，最大分辨率为 12 位，转换后的数字量范围为–2048～2047。输入信号有 3 种可选量程：–10～+10V，4～20mA 和–20～20mA，转换后的数字量的预置值分别为–2000～2000，0～1000 和–1000～1000。

DC 24V 电源接在模块的"24+"和"24–"端（见图 7-2），用双绞线屏蔽电缆接收模拟量输入信号，电缆应远离电力线和其他可能产生电磁感应噪声的导线。

直流信号接在"V+"和"VI–"端，电流输入时将 V+和 I+端短接。应将模块的接地端子和 PLC 基本单元的接地端子连接到一起后接地。如果有较强的干扰信号，应将"FG"

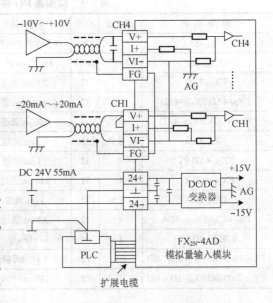

图 7-2　FX$_{2N}$-4AD 接线图

端接地。如果外部输入线路上有电压纹波或电磁感应噪声，可以在电压输入端接一个 0.1～0.47μF/25V 的小电容。

2. 特殊功能模块的读写指令

图 7-3 中的 FROM 是 FX 系列的读特殊功能模块指令，TO 是写特殊功能模块指令，当图中的 X3 为 ON 时，将编号为 m1（0～7）的特殊功能模块内编号为 m2（0～32767）开始的 n 个缓冲存储器（BFM）的数据读入 PLC，并存入（D·）开始的 n 个字中。

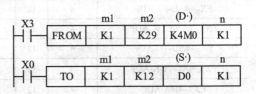

图 7-3　读/写特殊功能模块指令

接在 FX 系列 PLC 基本单元右边扩展总线上的功能模块，从紧靠基本单元的那个开始，其编号依次为 0～7。n 是待传送数据的字数，n＝1～32（16 位操作）或 1～16（32 位操作）。

图 7-3 中的 X0 为 ON 时，将 PLC 基本单元中从（S·）指定的元件开始的 n 个字的数据，写到编号为 m1 的特殊功能模块中编号 m2 开始的 n 个缓冲存储器中。

3．平均值滤波

模拟量输入模块可能采集到缓慢变化的模拟量信号中的干扰噪声，这些噪声往往以窄脉冲的方式出现。为了减轻噪声信号的影响，可以在程序中使用模块提供的连续若干次采样值的平均值，用户可以设置求平均值的采样周期数。但是，取平均值会降低 PLC 对外部输入信号的响应速度。例如 FX_{2N}-4AD 在高速转换方式时每一通道的转换时间为 6ms，4 通道为 24ms。设平均值滤波的周期数为 8，从模块中读取的平均值实际上是前 8 次（即前 192ms 内）输出值的平均值。在使用 PID 指令对模拟量进行闭环控制时，如果平均值的次数设置得过大，将使模拟量输入模块的反应迟缓，会影响到闭环控制系统的动态稳定性，给闭环控制带来困难。

4．模拟量输入模块输出数据的读出

FX_{2N}-4AD 模拟量输入模块有 4 个输入通道，其缓冲存储器功能如下：

1）BFM #0 中的 4 位十六进制数用来设置通道 1～通道 4 的量程，最低位对应于通道 1。每一位十六进制数分别为 0～2 时，对应通道的量程分别为 –10V～+10V、4～20mA 和 –20～+20mA，为 3 时关闭通道。

2）BFM #1～4 分别是通道 1～4 求转换数据平均值时的采样周期数（1～4096），默认值为 8。如果取 1 为高速运行（未取平均值）。

3）BFM #5～8 分别是通道 1～4 的转换数据的平均值。

4）BFM #9～12 分别是通道 1～4 的转换数据的当前值。

5）BFM #15 为 0 时为正常速度转换（15ms/通道），为 1 时为高速转换（6ms/通道）。

6）BFM #29 为错误状态信息。当 b0=1 时有错误；b1=1 时有偏置或增益错误；b2=1 时有电源故障；b3=1 时有硬件错误；b10=1 时数字输出值超出范围；b11=1 时平均值滤波的周期数超出允许范围（1～4096）；以上各位为 0 时表示正常，其余各位没有定义。

在下例中，通道 1 和通道 2 被设置为 –10V～+10V 的电压输入，通道 3、4 被禁止。模拟量输入模块安装在紧靠基本单元的地方，其模块编号为 0 号。平均值滤波的周期数为 4，数据寄存器 D0 和 D1 用来存放通道 1 和通道 2 的数字量输出的平均值。

指令 TOP 中的 P 表示脉冲执行，即仅在输入信号由 OFF 变为 ON 的上升沿时执行一次 TO 指令。

```
    LD      M8002                                  //首次扫描时
    TOP     K0      K0      H3300   K1    //H3300→BFM #0，设置通道 1、2 的量程
    TOP     K0      K1      K4      K2    //设置通道 1、2 平均值滤波的周期数为 4
    LDP     X1
    FROM    K0      K29     K4M10   K1    //将模块运行状态从 BFM #29 读入 M10～M25
    LDI     M10                           //如果模块运行没有错误
    ANI     M20                           //且数字量输出未超出允许范围
    FROM    K0      K5      D0      K2    //将通道 1、2 的平均采样值存入 D0 和 D1
```

7.1.4 模拟量输入值的转换

将模拟量输入模块输出的数字转换为实际的物理量时，应综合考虑变送器的输入/输出量程和模拟量输入模块的量程，找出被测物理量与 A-D 转换后的数据之间的比例关系。

【例 7-1】 量程为 0～5MPa 的压力传感器的输出信号为 4～20mA，选择 FX$_{2N}$-4AD 的量程为 4～20mA，转换后的数字量为 0～4000，设转换后得到的数字为 N，求以 kPa 为单位的压力值。

解： 因为 0～5000kPa 对应于数字量 0～4000，转换公式为

$$P = 5000 \times N / 4000 = N \times 5 / 4 \quad (kPa)$$

上式的运算可以采用定点数运算，运算时应先乘后除，否则会损失原始数据的精度。

【例 7-2】 某温度变送器的输入信号范围为 $-100℃～500℃$，输出信号为 4～20mA，FX$_{2N}$-2AD 将 4～20mA 的电流转换为 0～4000 的数字量，设转换后得到的数字为 N，求以 0.1℃ 为单位的温度值。

温度值 $-1000～5000$（单位为 0.1℃）对应于数字量 0～4000，根据比例关系，得出温度 T 的计算公式为

$$\frac{T - (-1000)}{N} = \frac{5000 - (-1000)}{4000}$$

$$T = \frac{6000 \times N}{4000} - 1000 = \frac{3 \times N}{2} - 1000 \quad (0.1℃)$$

7.1.5 模拟量输出模块的应用

1. 模拟量输出模块的接线

FX$_{2N}$-2DA 模块将 12 位数字量信号转换为模拟量电压或电流输出。它有两个模拟量输出通道，3 种输出量程：DC 0～10V、0～5V 和 4～20mA，D-A 转换时间为 4ms/通道。

模拟量输出端通过双绞线屏蔽电缆与负载相连。使用电压输出时，负载的一端接在"VOUT"端，另一端接在短接后的"IOUT"和"COM"端。电流型负载接在"IOUT"和"COM"端子上（见图 7-4）。

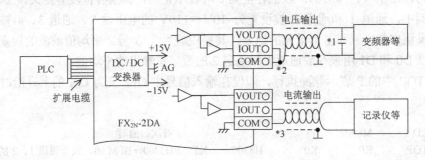

图 7-4 FX$_{2N}$-2DA 接线图

如果输出电压中有电压纹波或者有干扰噪音，可以在图中位置"*1"处接一个 0.1～0.47μs / 25V 的电容。图中位置"*2"和"*3"处的接线端子中的"O"是通道的编号 1 或 2。

2. 模拟量输出模块的调节

FX$_{2N}$-2DA 的增益可以设置为任意值，为了充分利用 12 位的数字值，建议输入数字量范

围为 0～4000。例如输出模拟量的量程为 0～10V 或 4～20mA 电流时，对应的数字量为 0～4000。

以输出为 4～20mA 为例，在数字量为 4000 时，调节增益电位器，使输出电流为 20mA。然后令数字量为 0，调节偏移电位器，使输出电流为 4mA。应反复交替调整增益值和偏移值，直到满足上述的数字量和输出值的关系。可以取一个比较小的值来代替量程的下限值，例如在输出量程为 0～10V 时，可以取数字量为 40，输出电压 100mV 作为低端的调节点。

3. 模拟量输出模块的编程

FX$_{2N}$-2DA 模块共有 32 个缓冲存储器（BFM），但是只使用了下面两个：

1）BFM #16 的低 8 位（b7～b0）用于写入输出数据的当前值，高 8 位保留。

2）BFM #17 的 b0 位从 "1" 变为 "0" 时，通道 2 的 D-A 转换开始；b1 位从 "1" 变为 "0" 时，通道 1 的 D-A 转换开始；b2 位从 "1" 变为 "0" 时，D-A 转换的低 8 位数据被锁存，其余各位没有意义。

假设 FX$_{2N}$-2DA 模块被连接到 FX$_{2N}$ 系列 PLC 的 1 号特殊模块位置，要写入通道 1 的数据存放在数据寄存器 D10 中。输入 X0 接通时，启动通道 1 的 D-A 转换，转换程序如下：

```
LD    X0
MOV   D10   K4M10                      //将 D10 中的数字量传送到 M10～M25
TOP   K1    K16   K2M10   K1           //将 D10 的低 8 位数据（M10～M17）写入 BFM#16
TOP   K1    K17   H0004   K1           //BFM#17 的 b2 位置 1
TOP   K1    K17   H0000   K1           //BFM#17 的 b2 位从 1→0 时，锁存低 8 位数据
TOP   K1    K16   K1M18   K1           //写入高 4 位数据（M18～M21）
TOP   K1    K17   H0002   K1           //BFM#17 的 b1 位置 1
TOP   K1    K17   H0000   K1           //BFM#17 的 b1 位从 1→0 时，通道 1 执行 D-A 转换
```

7.2 PID 闭环控制系统与 PID 指令

7.2.1 模拟量闭环控制系统

在工业生产中，一般用闭环控制方式来控制温度、压力、流量这一类连续变化的模拟量，使用得最多的是 PID 控制（即比例–积分–微分控制），这是因为 PID 控制具有以下优点：

1）即使没有控制系统的数学模型，也能得到比较满意的控制效果。

2）通过调用 PID 指令来编程，程序设计简单，参数调整方便。

3）有较强的灵活性和适应性，根据被控对象的具体情况，可以采用 P、PI、PD 和 PID 等方式，FX 的 PID 指令还采用了一些改进的控制方式。

1. 典型的模拟量闭环控制系统

典型的 PID 模拟量控制系统如图 7-5 所示。图中 $sv(t)$ 是系统的输入量（给定值），$pv(t)$ 为反馈量，$c(t)$ 为输出量，PID 控制器的输入输出关系式为

$$mv(t) = K_P \left[ev(t) + \frac{1}{T_I} \int ev(t)dt + T_D \frac{dev(t)}{dt} \right] \qquad (7-1)$$

式中误差信号 $ev(t) = sv(t) - pv(t)$，$mv(t)$ 是控制器的输出信号，K_P 是控制器的比例增益，T_I 和 T_D 分别是积分时间和微分时间。

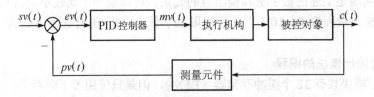

图 7-5　PID 模拟量闭环控制系统框图

式 7-1 中等号右边 3 项分别是输出量中的比例（P）部分、积分（I）部分和微分（D）部分，它们分别与误差 $ev(t)$、误差的积分和误差的一阶导数成正比。如果取其中的一项或两项，可以组成 P、PD 或 PI 控制器。需要较好的动态品质和较高的稳态精度时，可以选用 PI 控制方式；控制对象的惯性滞后较大时，应选择 PID 控制方式。

PLC 模拟量闭环控制系统如图 7-6 所示，点划线中的部分是用 PLC 实现的。图中的 SV_n 等下标中的 n 表示是第 n 次采样时的数字量，$pv(t)$、$mv(t)$ 和 $c(t)$ 为模拟量。

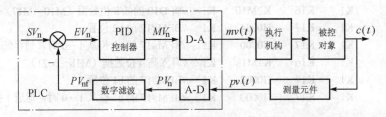

图 7-6　PLC 模拟量闭环控制系统框图

用 PLC 实现 PID 控制时，PID 控制器实际上是以指令形式出现的一段程序。PID 指令是周期性执行的，执行的周期称为采样周期（T_s）。被控量 $c(t)$ 被传感器和变送器转换为标准量程的直流电流信号或直流电压信号 $pv(t)$，PLC 用模拟量输入模块中的 A-D 转换器将它们转换为时间上离散的多位二进制数字量 PV_n。

图 7-6 中的 SV_n 是设定目标值（本书简称为设定值），PV_{nf} 为 A-D 转换和数字滤波后的测量值（即反馈值），误差 $EV_n = SV_n - PV_{nf}$。模拟量输出模块的 D-A 转换器将 PID 控制器的数字量输出值 MV_n 转换为模拟量（直流电压或直流电流）$mv(t)$，再去控制执行机构。

例如在加热炉温度闭环控制系统中，被控对象为加热炉，被控制的物理量 $c(t)$ 为温度。用热电偶检测炉温，温度变送器将热电偶输出的微弱的电压信号转换为标准量程的电流或电压，然后送给模拟量输入模块，经 A-D 转换和数字滤波后得到与温度成比例的数字量 PV_{nf}。CPU 将它与温度设定值 SV_n 比较，以误差值 EV_n 为输入量，进行 PID 控制运算。将数字量运算结果 MV_n 送给模拟量输出模块，经 D-A 转换后变为电流信号或电压信号 $mv(t)$，用来控制电动调节阀的开度。通过它控制加热用的天然气的流量，实现对温度的闭环控制。

闭环负反馈控制可以使测量值 PV_{nf} 等于或跟随设定值 SV_n。以炉温控制系统为例，假设

被控量温度值 $c(t)$ 低于给定的温度值，测量值 PV_{nf} 小于设定值 SV_n，误差 EV_n 为正，控制器的输出值 $mv(t)$ 将增大，使执行机构（电动调节阀）的开度增大，进入加热炉的天然气流量增加，加热炉的温度升高，最终使实际温度接近或等于设定值。

天然气压力的波动、工件进入加热炉，这些因素称为扰动量，它们会破坏炉温的稳定，而且有的扰动量很难检测和补偿。闭环控制具有自动减小和消除误差的功能，可以有效抑制闭环中各种扰动量对被控量的影响，使控制系统的测量值 PV_{nf} 等于或跟随设定值 SV_n。

闭环控制系统的结构简单，容易实现自动控制，因此在各个领域得到了广泛的应用。

2. 闭环控制反馈极性的确定

闭环控制必须保证系统是负反馈（误差 = 设定值 − 测量值），而不是正反馈（误差 = 设定值 + 测量值）。如果系统接成了正反馈，将会失控，被控量会往单一方向增大或减小，给系统的安全带来极大的威胁。

闭环控制系统的反馈极性与很多因素有关，例如因为接线改变了变送器输出电流或输出电压的极性，或改变了绝对式位置传感器的安装方向，都会改变反馈的极性。

用户可以用下述的方法来判断反馈的极性：在调试时断开模拟量输出模块与执行机构之间的连线，在开环状态下运行 PID 控制程序。如果控制器中有积分环节，因为反馈被断开了，不能消除误差，模拟量输出模块的输出电压或电流会向一个方向变化。这时如果接上执行机构能减小误差，则为负反馈，反之为正反馈。

以温度控制系统为例，假设开环运行时设定值大于测量值，若模拟量输出模块的输出值 $mv(t)$ 不断增大，如果形成闭环，将使电动调节阀的开度增大，闭环后温度测量值将会增大，使误差减小，由此可以判定系统是负反馈。

3. 闭环控制带来的问题

使用闭环控制并不能保证得到良好的动静态性能，这主要是系统中的滞后因素造成的。以调节洗澡水的温度为例，人们用皮肤检测水的温度，人的大脑是闭环控制器。假设水温偏低，因为从阀门到出水口有一段距离，往热水增大的方向调节阀门后，需要经过一定的时间延迟，才能感觉到水温的变化。如果每次调节阀门的角度太大，将会造成水温忽高忽低，来回震荡；如果每次调节阀门的角度太小，调节过程太慢。如果没有滞后，调节阀门后马上就能感觉到水温的变化，那就很好调节了。闭环中的滞后因素主要来源于被控对象。

如果 PID 控制器的参数整定得不好，可能造成调节过头，PID 的输入量变化幅度过大，阶跃响应曲线将会产生很大的超调量，使被控量等幅震荡或出现振幅越来越大的发散震荡。

7.2.2 PID 控制器与 PID 指令

1. FX 采用的改进的 PID 控制器

FX 系列的 PID 指令采用了一阶惯性数字滤波、不完全微分和反馈量微分等措施，使该指令比标准的 PID 算法具有更好的控制效果。

（1）一阶惯性数字滤波

模拟量反馈信号 $pv(t)$ 中可能混杂有干扰噪声，采样后可以用一阶惯性数字滤波器来滤除（见图 7-6），T_f 是滤波器的时间常数。输入滤波常数 $\alpha = T_f / (T_f + T_S)$，$T_S$ 为采样周期。α 的取值范围为 0～1，α 越大，滤波效果越好；α 过大会使系统的响应迟缓，动态性能变坏。

（2）不完全微分 PID

微分的引入可以改善系统的动态性能，但是也容易引入高频干扰。为此在微分部分增加了一阶惯性滤波，以平缓输出值的剧烈变化。微分增益 K_D 是不完全微分的滤波时间常数与微分时间 T_D 的比值。这种算法称为不完全微分 PID 算法。

（3）反馈量微分 PID

计算机控制系统的设定值 SV_n 一般用键盘来修改，这样会导致 SV_n 发生阶跃变化。因为误差 $EV_n = SV_n - PV_{nf}$（见图 7-6），SV_n 的突变将会使误差 EV_n 和 PID 的输出量 MV_n 突变，不利于系统的稳定运行。为了消除给定值突变的影响，只对反馈量 PV_{nf} 微分，这种算法称为反馈量微分 PID 算法。

2．PID 指令

图 7-7 是 PLC 闭环控制系统的示意图。系统当前的模拟量反馈信号 $pv(t)$ 被模拟量输入模块 FX_{2N}-4AD 转换为数字量 PV，经滤波和 PID 运算后，将 PID 控制器的输出量 MV 送给模拟量输出模块 FX_{2N}-4DA，后者输出的模拟量 $mv(t)$ 送给执行机构（例如电动调节阀）。

图 7-8 给出了一个 PID 控制程序的例子，PID 回路运算指令 PID 的应用指令编号为 FNC 88，源操作数（S1）、（S2）、（S3）和目标操作数（D）均为 D。（S1）和（S2）分别用来存放给定值 SV 和本次采样的测量值（即反馈值）PV，PID 指令占用起始软元件号为（S3）的连续的 25 个数据寄存器，用来存放控制参数的值，运算结果（PID 输出值）MV 用目标操作数（D）存放。

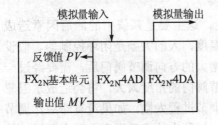

图 7-7　PID 闭环控制系统示意图

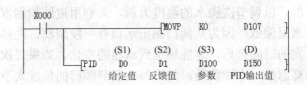

图 7-8　PID 指令

在开始执行 PID 指令之前，应使用 MOV 指令将各参数和设定值预先写入指令指定的数据寄存器（见表 7-3）。如果使用有断电保持功能的数据寄存器，不需要重复写入；如果目标操作数（D）有断电保持功能，应使用初始化脉冲 M8002 的常开触点将它复位。

PID 指令可以在定时器中断、子程序、步进梯形指令区和跳转指令中使用，但是在执行 PID 指令之前应使用脉冲执行的 MOVP 指令将（S3）+7 清零（见图 7-8 的 D107）。

控制参数的设定和 PID 运算中的数据出现错误时，"运算错误"标志 M8067 为 ON，错误代码存放在 D8067 中。

PID 指令可以同时多次调用，但是每次调用时使用的数据寄存器的软元件号不能重复。

3．正动作与反动作

正动作与反动作是指 PID 的输出值与测量值之间的关系。在开环状态下，PID 输出值控制的执行机构的输出增加使测量值增大的是正动作，使测量值减小的是反动作。

加热炉温度控制系统的 PID 输出值如果增大，将使调节阀的开度增大，被控对象的温度升高，这就是一个典型的正动作。制冷则恰恰相反，PID 输出值如果增大，空调压缩机的输出功率增加，使被控对象的温度降低，这就是反动作。用户可以用 PID 指令的参数 ACT 的第 0 位来设置采用正动作或反动作。

4．PID 指令的参数

PID 指令的源操作数（S3）是 25 个数据寄存器组成的参数区的首个软元件号，部分参数的意义见表 7-3。

表 7-3　PID 指令的部分参数

符号	地址	意义	单位与范围
T_S	（S3）	采样周期	1～32767 ms
ACT	（S3）+1	动作方向	第 0 位为 0 时为正动作，反之为反动作
α	（S3）+2	输入滤波常数	0～99 %，为 0 时没有输入滤波
K_P	（S3）+3	比例增益	1～32767 %
T_I	（S3）+4	积分时间	0～32767×100ms，为 0 时作为∞处理（无积分）
K_D	（S3）+5	微分增益	0～100 %，为 0 时无微分增益
T_D	（S3）+6	微分时间	0～32767×10ms，为 0 时无微分处理

动作方向 ACT（（S3）+1）中的第 0～2 位用来设置正动作/反动作、是否允许输入量变化报警和输出量变化报警，第 4 位用于是否执行自整定，第 5 位用于输出值上、下限设定是否有效。微分增益 K_D 是不完全微分的滤波时间常数与微分时间 T_D 的比值。

PID 参数表中的（S3）+7～（S3）+19 被 PID 运算的内部处理占用。（S3）+20～（S3）+23 分别用于测量值 PV_{nf} 的上限、下限报警设定值，和 PID 输出值 MV 的上限、下限报警设定值。

（S3）+24 为报警输出，其第 0～3 位为 1 分别表示测量值 PV_{nf} 超上限和超下限、PID 输出值 MV 超上限和超下限。

7.3　PID 控制器参数的整定方法

7.3.1　PID 参数的物理意义

1．闭环控制的主要性能指标

由于给定输入信号或扰动输入信号的变化，系统的输出量达到稳态值之前的过程称为过渡过程或动态过程。系统的动态性能常用阶跃响应（阶跃输入时输出量的变化）曲线的参数来描述。阶跃输入信号在 $t=0$ 之前为 0，$t>0$ 时为某一恒定值。

系统输出量 $c(t)$ 第一次达到稳态值的时间 t_r 称为上升时间（见图 7-9），上升时间反映了系统在响应初期的快速性。

阶跃响应曲线进入并停留在稳态值 $c(\infty)$ 上下

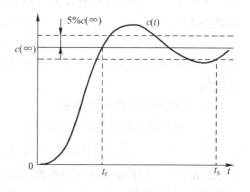

图 7-9　被控对象的阶跃响应曲线

±5%（或 2%）的误差带内的时间 t_s 称为调节时间，到达调节时间表示过渡过程已基本结束。

假设动态过程中输出量的最大值 $c_{max}(t)$ 大于输出量的稳态值 $c(\infty)$，定义超调量为

$$\sigma\% = \frac{c_{max}(t) - c(\infty)}{c(\infty)} \times 100\%$$

超调量反映了系统的相对稳定性，它越小动态稳定性越好，一般希望超调量小于 10%。

系统的稳态误差是进入稳态后输出量的期望值与实际值之差，它反映了系统的稳态精度。

2．对比例控制作用的理解

控制器输出量中的比例、积分、微分部分都有明确的物理意义。PID 的控制原理可以用人对炉温的手动控制来理解，假设用热电偶检测炉温，用数字仪表显示温度值。

在人工控制过程中，操作人员用眼睛读取炉温的测量值，并与炉温的设定值比较，得到温度的误差值。用手操作电位器，调节加热的电流，使炉温保持在设定值附近。有经验的操作人员通过手动操作可以得到很好的控制效果。

操作人员知道使炉温稳定在设定值时电位器的位置 L，并根据当时的温度误差值调整电位器的转角。炉温小于设定值时，误差为正，在位置 L 的基础上顺时针增大电位器的转角，以增大加热的电流；炉温大于设定值时，误差为负，在位置 L 的基础上逆时针减小电位器的转角，以减小加热的电流。令调节后的电位器转角与位置 L 的差值与误差成正比，误差绝对值越大，调节的角度越大。上述控制策略就是比例控制，即 PID 控制器输出中的比例部分与误差成正比，比例增益为式（7-1）中的 K_P。

闭环中存在着各种各样的延迟作用。例如调节电位器转角后，到温度上升到新的转角对应的稳态值时有较大的延迟。加热炉的热惯性、温度的检测、模拟量转换为数字量和 PID 的周期性计算都有延迟。由于延迟因素的存在，调节电位器转角后不能马上看到调节的效果，因此闭环控制系统调节困难的主要原因是系统中的延迟作用。

如果比例增益太小，即调节后电位器转角与位置 L 的差值太小，调节的力度不够，使温度的变化缓慢，调节时间过长。如果比例增益过大，即调节后电位器转角与位置 L 的差值过大，调节力度太强，造成调节过头，可能使温度忽高忽低，来回震荡。

如果闭环系统没有积分作用（即系统为自动控制理论中的 0 型系统），由理论分析可知，单纯的比例控制有稳态误差，稳态误差与比例增益成反比。系统比例增益小，超调量和震荡次数小，或者没有超调，但是稳态误差大。比例增益增大后，启动时被控量的上升速度加快，稳态误差减小。但是超调量增大，振荡次数增加，调节时间加长，动态性能变坏。比例增益过大甚至会使闭环系统不稳定。因此单纯的比例控制很难兼顾动态性能和静态性能。

3．对积分控制作用的理解

（1）积分的几何意义与近似计算

式（7-1）中的积分 $\int ev(t)dt$ 对应于图 7-10 中误差曲线 $ev(t)$ 与坐标轴包围的面积（图中的灰色部分）。PID 程序是周期性执行的，执行 PID 程序的时间间隔为 T_S（即 PID 控制的采样周期）。只能使用连续的误差曲线上间隔时间为 T_S 的一些离散的点的值来计算积分，因此

不可能计算出准确的积分值，只能对积分作近似计算。

一般用图 7-10 中的矩形面积之和来近似精确积分，每块矩形的面积为 $EV_j T_S$，EV_j 是第 j 次计算的误差值。各小块矩形面积累加后的总面积为 $T_S \sum_{j=1}^{n} EV_j$。当 T_S 较小时，积分的误差不大。

每次 PID 运算时，积分运算是在原来的积分值的基础上，增加一个与当前的误差值成正比的微小部分。误差为正时，积分项增大；误差为负时，积分项减小。

（2）积分控制的作用

在上述的温度控制系统中，积分控制相当于根据当时的误差值，周期性地微调电位器的角度。温度低于设定值时误差为正，积分项增大，使加热电流增加；反之积分项减小。因此只要误差不为零，控制器的输出就会因为积分作用而不断变化。积分这种微调的"大方向"是正确的，只要误差不为零，积分项就会向减小误差的方向变化。在误差很小的时候，比例部分和微分部分的作用几乎可以忽略不计，但是积分项仍然不断变化，用"水滴石穿"的力量，使误差趋近于零。

在系统处于稳定状态时，误差恒为零，比例部分和微分部分均为零，积分部分不再变化，并且刚好等于稳态时需要的控制器的输出值，对应于上述温度控制系统中电位器转角的位置 L。因此，积分部分的作用是消除稳态误差，提高控制精度，积分作用一般是必需的。在纯比例控制的基础上增加积分控制，被控量最终等于设定值（见图 7-11），稳态误差被消除。

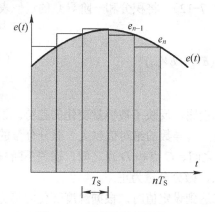

图 7-10　积分的近似计算

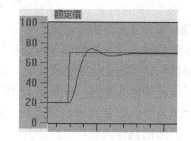

图 7-11　PI 控制器的阶跃响应曲线

（3）积分控制的缺点

积分能消除稳态误差，如果参数整定得不好，积分也有负面作用。如果积分作用太强，相当于每次微调电位器的角度值过大，累积为积分项后，其作用与比例增益过大相同，会使系统的动态性能变差，超调量增大，甚至使系统不稳定。积分作用太弱，则消除稳态误差的速度太慢。

比例控制作用与误差同步，是没有延迟的。只要误差变化，比例部分就会立即跟着变化，使被控制量朝着误差减小的方向变化。

积分项则不同，它由当前误差值和过去的历次误差值累加而成。因此积分的运算过程具有严重的滞后特性，对系统的稳定性不利。如果积分时间设置得不好，其负面作用很难通过积分作用本身迅速地修正。

（4）积分控制的应用

具有滞后特性的积分作用很少单独使用，它一般与比例控制和微分控制联合使用，组成 PI 或 PID 控制器。PI 和 PID 控制器既克服了单纯的比例调节有稳态误差的缺点，又避免了单纯的积分调节响应慢、动态性能不好的缺点，因此被广泛使用。如果控制器有积分作用（采用 PI 或 PID 控制），则积分能消除阶跃输入的稳态误差，这时可以将比例增益调得小一些。

（5）积分部分的调试

因为积分时间 T_I 在式（7-1）的积分项的分母中，T_I 越小，积分项变化的速度越快，积分作用越强。综上所述，积分作用太强（即 T_I 太小），系统的稳定性变差，超调量增大。积分作用太弱（即 T_I 太大），系统消除稳态误差的速度太慢，T_I 的值应取得适中。

4．对微分控制作用的理解

（1）微分部分的几何意义与近似计算

PID 输出量中的微分部分与误差的一阶导数成正比。在误差曲线 $ev(t)$ 上作一条切线（见图 7-12），该切线与 x 轴正方向的夹角 α 的正切值 $\tan\alpha$ 即为该点处误差的一阶导数 $dev(t)/dt$。PID 控制器输出表达式（7-1）中的一阶导数用下式来近似：

$$\frac{dev(t)}{dt} \approx \frac{\Delta ev(t)}{\Delta t} = \frac{EV_n - EV_{n-1}}{T_S}$$

式中 EV_{n-1} 是第 $n-1$ 次采样时的误差值（见图 7-12）。将积分和一阶导数的近似表达式代入式（7-1），第 n 次采样时控制器的输出为

$$MV_n = K_P \left[EV_n + \frac{T_S}{T_I} \sum_{j=1}^{n} EV_j + \frac{T_D}{T_S}(EV_n - EV_{n-1}) \right] \tag{7-2}$$

（2）微分分量的物理意义

控制器输出量的微分部分与误差的一阶导数成正比，反映了被控量变化的趋势。误差的一阶导数与误差的变化速率成正比，误差变化越快，其导数的绝对值越大。微分分量的符号反映了误差变化的方向。在图 7-13 的 A 点和 B 点之间、C 点和 D 点之间，误差不断减小，微分分量为负；在 B 点和 C 点之间，误差不断增大，微分分量为正。

有经验的操作人员在温度上升过快，但是尚未达到设定值时，根据温度变化的趋势，预感到温度将会超过设定值，出现超调。于是调节电位器的转角，提前减小加热的电流，以减小超调量。这相当于士兵射击远方的移动目标时，考虑到子弹运动的时间，需要一定的提前量一样。

在图 7-13 中启动过程的上升阶段（A 点到 E 点），被控量尚未超过其稳态值，超调还没有出现。但是因为被控量不断增大，误差 $e(t)$ 不断减小，控制器输出量的微分分量为负，使控制器的输出量减小，相当于减小了温度控制系统加热的功率，提前给出了制动作用，以阻止温度上升过快，所以可以减少超调量。因此微分控制具有超前和预测的特性，在温度尚未超过稳态值之前，微分作用就能提前采取措施，以减小超调量。在图 7-13 中的 E 点和 B 点之间，被控量继续增大，控制器输出量的微分分量仍然为负，继续起制动作用，以减小超调量。

172

闭环控制系统的振荡甚至不稳定的根本原因在于有较大的滞后因素，微分控制的超前作用可以抵消滞后因素的影响。适当的微分控制作用可以使超调量减小，调节时间缩短，增加系统的稳定性。对于有较大惯性或滞后的被控对象，控制器输出量变化后，要经过较长的时间才能引起测量值的变化。如果 PI 控制器的控制效果不理想，可以考虑在控制器中增加微分作用，以改善闭环系统的动态特性。作者在使用 PI 控制器调试某转速控制系统时，不管怎样调节参数，超调量老是压不下去。增加微分控制作用后，超调量很快就降到了期望的范围。

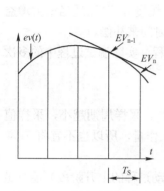

图 7-12 导数的近似计算

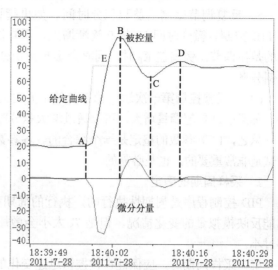

图 7-13 PID 控制器输出中的微分分量

（3）微分部分的调试

微分时间 T_D 与微分作用的强弱成正比，T_D 越大，微分作用越强。但是 T_D 太大，超调量反而可能增大。此外微分部分过强会使系统抑制干扰噪声的能力降低。综上所述，微分控制作用的强度应适当，太弱则作用不大，过强则有负面作用。如果将微分时间设置为 0，微分部分将不起作用。

7.3.2 PID 参数的整定方法

1. PID 参数的整定方法

PID 控制器有 4 个主要的参数 T_S、K_P、T_I、T_D 需要整定，无论哪一个参数选择得不合适都会影响控制效果。在整定参数时首先应把握住 PID 参数与系统动态、静态性能之间的关系。

在整定 PID 控制器参数时，可以根据控制器的参数与系统动态性能和静态性能之间的定性关系，用实验的方法来调节控制器的参数。在调试中最重要的问题是在系统性能不能令人满意时，知道应该调节哪一个参数，该参数应该增大还是减小。有经验的调试人员一般可以较快地得到较为满意的调试结果。

用户可以按以下规则来整定 PID 控制器的参数：

1）为了减少需要整定的参数的个数，首先可以采用 PI 控制器。给系统输入一个阶跃给定信号，观察系统输出量的波形。由输出波形可以获得系统性能的信息，例如超调量和调节时间。

2）如果阶跃响应的超调量太大，经过多次振荡才能进入稳态或者根本不稳定，则应减小控制器的比例增益 K_P 或增大积分时间 T_I。

3）如果阶跃响应没有超调量，但是被控量上升过于缓慢，过渡过程时间太长，则应按相反的方向调整上述参数。

4）如果消除误差的速度较慢，应适当减小积分时间，增强积分作用。

5）反复调节比例增益和积分时间，如果超调量仍然较大，可以加入微分作用，即采用 PID 控制。微分时间 T_D 从 0 逐渐增大，反复调节 K_P、T_I 和 T_D，直到满足要求。需要注意的是在调节比例增益 K_P 时，同时会影响到积分分量和微分分量的值，而不是仅仅影响到比例分量。

6）如果被控量第一次达到稳态值的上升时间 t_r 太长（上升缓慢），可以适当增大增益 K_C。如果因此使超调量增大，可以通过增大积分时间和调节微分时间来补偿。

总之，PID 参数的整定是一个综合的、各参数相互影响的过程，实际调试过程中的多次尝试是非常重要的，也是必需的。

2．采样周期的确定

PID 控制程序是周期性执行的，执行的周期称为采样周期 T_S。采样周期越小，采样值越能反映模拟量的变化情况。但是 T_S 太小会增加 CPU 的运算工作量，所以也不宜将 T_S 取得过小。

确定采样周期时，应保证在被控量迅速变化的区段（例如启动过程的上升阶段）能有足够多的采样点，以保证不会因为采样点过稀而丢失被采集的模拟量中的重要信息。将各采样点的测量值 PV_n 连接起来，应能基本上复现模拟量测量值 $pv(t)$ 曲线。

表 7-4 给出了过程控制中采样周期的经验数据，表中的数据仅供参考。以温度控制为例，一个很小的恒温箱的热惯性比几十立方米的加热炉的热惯性小得多，它们的采样周期显然也应该有很大的差别。实际的采样周期需要经过现场调试后确定。

表 7-4 采样周期的经验数据

被控制量	流量	压力	温度	液位	成分
采样周期/s	1～5	3～10	15～20	6～8	15～20

3．PID 控制器初始参数的确定

如果调试人员熟悉被控对象，或者有类似的控制系统的资料可供参考，PID 控制器的初始参数是比较容易确定的。反之，控制器初始参数的确定是相当困难的，随意确定的初始参数可能比最后调试好的参数相差数十倍甚至数百倍。很多书籍介绍了确定 PID 控制器初始参数的扩充临界比例度法和扩充响应曲线法。第一种方法需要用闭环比例控制使系统出现等幅震荡，但是有的系统不允许这样做；第二种方法需要做被控对象的开环阶跃响应实验，然后根据响应曲线的特征参数，查表得到 PID 控制器的初始参数。

作者建议采用下面的方法来确定 PI 控制器的初始参数。为了保证系统的安全，避免出现系统不稳定或超调量过大的异常情况，在第一次试运行时设置尽量保守的参数，即比例增益不要太大，积分时间不要太小，以保证不会出现较大的超调量。此外还应制订被控量响应曲线上升过快、可能出现较大超调量的紧急处理预案，例如迅速关闭系统或马上切换到手动方式。试运行后根据响应曲线的特征和上述调整 PID 控制器参数的规则，来修改控制器的参数。

7.3.3　PID 控制器参数整定的实验

1．硬件闭环 PID 控制实验装置

为了学习整定 PID 控制器参数的方法，必须做闭环实验，开环运行 PID 程序没有任何意义。FX 的仿真软件不能对 PID 指令仿真，不能用纯软件仿真的方法来做闭环实验。如果有 FX 系列的 PLC，用硬件组成一个闭环需要模拟量输入模块和模拟量输出模块，此外还需要被控对象、检测元件、变送器和执行机构。例如，可以用电热水壶作为被控对象，用热电阻检测温度，用温度变送器将温度转换为标准量程的电压，用交流固态调压器作执行机构。

2．用运算放大器模拟被控对象的闭环实验

可以用以运算放大器为核心的模拟电路（见图 7-14）来代替现场的被控对象，在实验室组成模拟的闭环控制系统。运算放大器应使用双电源，例如 ±12V 的电源。设置模拟量输入、输出模块的量程为 ±10V。

将运算放大器电路的输出端接到 PLC 的模拟量输入模块的电压输入端，将 PLC 模拟量输出模块的电压输出端接到运算放大器电路的输入端，这样就组成了一个模拟的闭环控制系统。

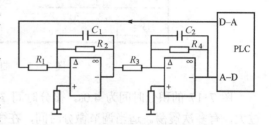

图 7-14　用运算放大器模拟被控对象的电路

3．纯软件闭环 PID 实验

西门子的 S7-300/400 PLC 的功能块 FB 41 是 PID 控制的子程序，S7-300/400 的仿真软件 PLCSIM 可以对 FB 41 仿真。此外，西门子还提供了一个用来模拟被控对象的功能块 FB 100。用 FB 41 和 FB 100 可以组成虚拟的 PID 闭环控制系统，用计算机对 PID 控制系统仿真。

可以用仿真软件设置 PID 控制器的参数，执行闭环控制程序。通过观察被控量阶跃响应曲线的形状，估算出超调量和调节时间等性能指标，就可以判断出控制的品质。可以根据前述的参数整定方法修改 PID 控制器的参数，直到得到比较理想的控制效果。

编者编写的《跟我动手学 S7-300/400 PLC》和《S7-300/400 PLC 应用技术　第 3 版》详细介绍了纯软件闭环 PID 仿真程序的设计方法和做仿真实验的方法。这两本书的随书光盘提供了 PID 闭环控制仿真程序和仿真所需的全部软件。

《S7-300/400 PLC 应用技术　第 3 版》使用 S7-300/400 的编程软件 STEP 7 集成的 PID 控制参数赋值工具来修改 PID 的参数，显示 PID 控制的设定值和被控量的曲线。该书详细地介绍了 PID 控制参数赋值工具的使用方法。本节后面的 PID 控制的阶跃响应曲线来自 PID 控制参数赋值工具。

根据读者或使用本教材的学校的具体条件，可以选择下列 3 种实验中的一种。

1）全部采用硬件的 PID 控制实验。

2）使用硬件 PLC，用运算放大器来模拟被控对象、执行器和检测元件的 PID 控制实验。

3）S7-300/400 的 PID 控制纯软件仿真实验。

4. PID 闭环控制仿真结果介绍

图 7-15～图 7-21 中给出了 PID 控制器的主要参数，图 7-15 中曲线的超调量过大，有多次震荡。将图中的积分时间 T_I 由 1.8s 增大到 6.0 s，单击 PID 控制参数赋值工具的工具条上的下载按钮 ，将修改后的参数下载到仿真 PLC。与图 7-15 中的曲线相比，增大积分时间（减弱积分作用）后，图 7-16 中响应曲线的超调量和震荡次数明显减小。

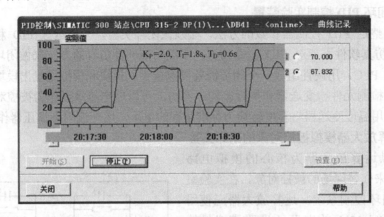

图 7-15 "曲线记录"对话框

图 7-17 的积分时间为 4.0s，微分时间 T_D 为 0.0s，取消了微分作用，响应曲线的超调量过大，有多次震荡。适当调节微分时间，在微分时间为 1.0s 时，图 7-18 中响应曲线的超调量和震荡次数明显减小。

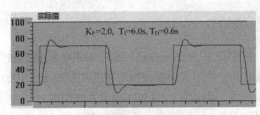

图 7-16 PID 控制阶跃响应曲线

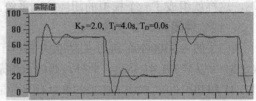

图 7-17 PID 控制阶跃响应曲线

微分时间也不是越大越好，图 7-19 保持图 7-18 中的比例增益 K_P 和积分时间 T_I 不变，微分时间由 1.0s 增大为 4.0s，超调量反而增大，曲线也变得很迟缓。由此可见，微分时间需要"恰到好处"，才能发挥它的正面作用。改变 PID 控制器的增益时，同时会影响到 PID 输出量中比例、积分、微分这 3 个分量的值。响应曲线的形状是 3 个分量共同作用的结果。

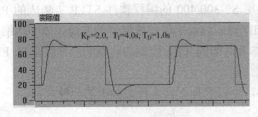

图 7-18 PID 控制阶跃响应曲线

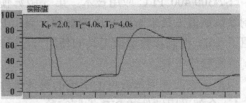

图 7-19 PID 控制阶跃响应曲线

图 7-20 和图 7-21 的微分时间均为 0（即采用 PI 调节），积分时间均为 6.0s。图 7-20 的比例增益为 2.5，图 7-21 的比例增益为 1.0。减小比例增益时，同时减弱了比例作用和积分作用。可以看出，减小比例增益能降低超调量，但是付出的代价是响应曲线第一次达到设定值的上升时间增大。

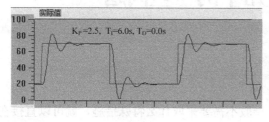 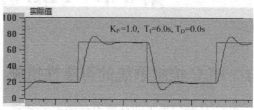

图 7-20　PI 控制阶跃响应曲线　　　　　图 7-21　PI 控制阶跃响应曲线

读者可以修改程序中模拟被控对象的功能块 FB 100 的参数，下载到仿真 PLC 后，调整 PID 控制器的参数，直到得到较好的响应曲线，即超调量较小，过渡过程时间较短。也可以修改采样周期，了解采样周期与控制效果之间的关系。通过仿真实验，可以较快地掌握 PID 参数的整定方法。

7.4　习题

1. 为什么在模拟量信号远程传送时应使用电流信号，而不是电压信号？

2. 为什么要对模拟量信号的采样值进行平均值滤波？怎样选择滤波的参数？

3. 频率变送器的量程为 45~55Hz，输出信号为 4~20mA，某模拟量输入模块输入信号的量程为 4~20mA，转换后的数字量为 0~4000。设转换后得到的数字为 N，试求以 0.01Hz 为单位的频率值，并设计出程序。

4. 怎样判别闭环控制中反馈的极性？

5. PID 控制为什么会得到广泛的使用？

6. 输入滤波常数 α 对系统性能有什么影响？

7. 反馈量微分 PID 算法有什么优点？

8. 什么叫正动作，什么叫反动作？

9. 超调量反映了系统的什么特性？

10. PID 中的积分部分有什么作用？增大积分时间 T_I 对系统的性能有什么影响？

11. PID 中的微分部分有什么作用？

12. 如果闭环响应的超调量过大，应调节哪些参数，怎样调节？

13. 阶跃响应没有超调量，但是被控量上升过于缓慢，应调节哪些参数，怎样调节？

14. 怎样确定 PID 控制的采样周期？

15. 怎样确定 PID 控制器参数的初始值？

第8章 PLC应用中的一些问题

8.1 PLC控制系统的可靠性措施

PLC是专门为工业环境设计的控制装置，一般不需要采取什么特殊措施，就可以直接在工业环境使用。但是如果环境过于恶劣，电磁干扰特别强烈，或安装使用不当，都不能保证系统的正常安全运行。干扰可能使PLC接收到错误的信号，造成误动作，或使PLC内部的数据丢失，严重时甚至会使系统失控。在系统设计时，应采取相应的可靠性措施，以消除或减小干扰的影响，保证系统的正常运行。

8.1.1 硬件抗干扰措施

1. 电源的抗干扰措施

电源是干扰进入PLC的主要途径之一，电源干扰主要是通过供电线路的分布电容和分布电感的耦合产生的，各种大功率用电设备是主要的干扰源。

在干扰较强或对可靠性要求很高的场合，可以在PLC的交流电源输入端加接带屏蔽层的隔离变压器和低通滤波器。

隔离变压器可以抑制从电源线窜入的外来干扰，提高抗高频共模干扰能力。高频干扰信号不是通过变压器绕组的耦合，而是通过一次侧、二次侧绕组间的分布电容传递的。在一次侧、二次侧绕组之间加绕屏蔽层，并将它和铁心一起接地，可以减小绕组间的分布电容，提高抗高频干扰的能力。

可以在互联网上搜索"电源滤波器"、"抗干扰电源"和"净化电源"等关键词，选用相应的抗电源干扰的产品。

2. 布线的抗干扰措施

数字量信号传输距离较远时，可以选用屏蔽电缆。模拟量信号和高速信号（例如旋转编码器提供的信号）应选择屏蔽电缆，通信电缆应按规定选型。

PLC应远离强干扰源，例如大功率晶闸管装置、变频器、高频焊机和大型动力设备等。PLC不能与高压电器安装在同一个开关柜内，在柜内PLC应远离动力线，二者之间的距离应大于200mm。不同类型的导线应分别装入不同的电缆管或电缆槽中，并使其有尽可能大的空间距离。

I/O线与电源线应分开走线，并保持一定的距离。如果不得已要在同一个线槽中布线，则应使用屏蔽电缆。交流信号与直流信号应分别使用不同的电缆，数字量、模拟量I/O线应分开敷设，后者应采用屏蔽线。

一般情况下，数字信号电缆的屏蔽层应两端接地，并确保大面积接触金属表面，以便能承受高频干扰。为了减小屏蔽层的电流，两端接地的屏蔽层应与等电位连接导线并联。

模拟量信号电缆的屏蔽层在具有很好的等电位连接的情况下，应两端接地。模拟量电缆的屏蔽层可以在控制柜一端接地，另一端通过一个高频小电容接地。如果屏蔽层两端的差模电压不高，并且连接到同一地线上时，也可以将屏蔽层的两端直接接地。

信号线和它的返回线绞合在一起，能减小感性耦合引起的干扰，绞合越靠近端子越好。模拟量信号的传输线应使用双屏蔽的双绞线（每对双绞线和整个电缆都有屏蔽层）。不同的模拟量信号线应独立走线，它们有各自的屏蔽层，以减小线间的耦合。不要把不同的模拟量信号置于同一个公共返回线。模拟量信号和数字量信号的传输电缆应分别屏蔽和走线，DC 24V 和 AC 220V 信号不要共用同一条电缆。

连接具有不同参考电位的设备将会在连接电缆中产生不必要的电流，这种电流会造成通信故障或损坏设备。应确保需要用通信电缆连接的所有设备或者共享一个共同的参考点，或者进行隔离，以防止不必要的电流。

如果模拟量输入/输出信号距离 PLC 较远，则应采用 4～20mA 的电流传输方式，而不是易受干扰的电压传输方式。干扰较强的环境应选用有光隔离的模拟量 I/O 模块，使用分布电容小、干扰抑制能力强的配电器为变送器供电，以减小对 PLC 的模拟量输入信号的干扰。模拟量输入信号的数字滤波是减轻干扰影响的有效措施。应短接未使用的 A/D 通道的输入端，以防止干扰电压进入 PLC，影响系统的正常工作。

3. PLC 的接地

控制设备有两种地：

1）安全保护地（或称为电磁兼容性地），车间里一般有保护接地网络。为了保证操作人员的安全，应将电动机的外壳和控制屏的金属屏体连接到安全保护地。

2）信号地（或称为控制地、仪表地），它是电子设备的电位参考点，例如 PLC 输入回路电源的负极应接到信号地。PLC 和变频器通信时，应将 PLC 的 RS-485 接口的第 5 脚（5V 电源的负极）与变频器的模拟量输入信号的负极连接到信号地。

控制系统中所有的控制设备需要接信号地的端子应保证一点接地。首先以控制屏为单位，将屏内各设备需要接信号地的端子连接到一起，然后用规定面积的导线将各个屏的信号地端子连接到接地网络的某一点。信号地最好采用单独的接地装置。

如果将各控制屏或设备的信号地就近连接到当地的安全保护地网络上，强电设备的接地电流可能在两个接地点之间产生较大的电位差，干扰控制系统的工作，严重时可能烧毁设备。

有不少企业因为在车间烧电焊，烧毁了控制设备的通信接口和设备。电焊机的副边电压很低，但是焊接电流很大。焊接线的"地线"一般搭在与保护接地网络连接的设备的金属构件上。如果电焊机的接地线的接地点离焊接点较远，焊接电流通过保护接地网络形成回路。如果各设备的信号地不是一点接地，而是就近接到安全保护地网络上，焊接电流有可能烧毁设备的通信接口或模块。

4. 防止变频器干扰的措施

现在 PLC 越来越多地与变频器一起使用，经常会遇到变频器干扰 PLC 正常运行的故障，变频器已经成为 PLC 最常见的干扰源。

变频器的主电路为交-直-交变换电路，工频电源被整流为直流电压，输出的是基波频率可变的高频脉冲信号，载波频率可能大于 10kHz。变频器的输入电流为含有丰富的高次谐波的脉冲波，它会通过电力线干扰其他设备。高次谐波电流还通过电缆向空间辐射，干扰邻近的电气设备。

用户可以在变频器输入侧与输出侧串接电抗器，或安装谐波滤波器（见图 8-1），以吸收谐波，抑制高频谐波电流。

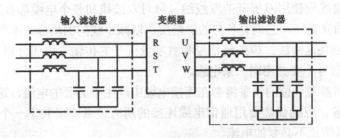

图 8-1 变频器的输入/输出滤波器

将变频器放在控制柜内，并将其金属外壳接地，对高频谐波有屏蔽作用。变频器的输入、输出电流（特别是输出电流）中含有丰富的谐波，所以主电路也是辐射源。PLC 的信号线和变频器的输出线应分别穿管敷设，变频器的输出线一定要使用屏蔽电缆或穿钢管敷设，以减轻对其他设备的辐射干扰和感应干扰。

变频器应使用专用接地线，且用粗短线接地，其他邻近的电气设备的接地线必须与变频器的接地线分开。

用户可以对受干扰的 PLC 采用屏蔽措施，在 PLC 的电源输入端串入滤波电路或安装隔离变压器，以减小谐波电流的影响。

5. 强烈干扰环境中的隔离措施

一般情况下，PLC 的输入/输出信号采用内部的隔离措施就可以保证系统的正常运行。因此，一般没有必要在 PLC 外部再设置干扰隔离器件。

在发电厂等工业环境，空间极强的电磁场和高电压、大电流断路器的通断将会对 PLC 产生强烈的干扰。由于现场条件的限制，有时很长的强电电缆和 PLC 的低压控制电缆只能敷设在同一电缆沟内，强电干扰在 PLC 的输入线上产生的感应电压和感应电流相当大，可能使 PLC 输入端的光耦合器中的发光二极管发光，使 PLC 产生误动作。用户可以用小型继电器来隔离用长线引入 PLC 的开关量信号。FX 的开关量输入模块的 OFF→ON 的输入电流为 3.5mA 或 4.5mA，而小型继电器的线圈吸合电流为数十毫安，强电干扰信号通过电磁感应产生的能量一般不会使隔离用的继电器误动作。来自开关柜内和距离开关柜不远的输入信号一般没有必要用继电器来隔离。

为了提高抗干扰能力，长距离的串行通信信号可以考虑用光纤来传输和隔离，或使用带光耦合器的通信接口。

6. PLC 输出的可靠性措施

如果用 PLC 驱动交流接触器，则应将额定电压为 AC 380V 的交流接触器的线圈换成 220V 的。在负载要求的输出功率超过 PLC 的允许值时，应设置外部继电器。PLC 输出模块内的小型继电器的触点小，断弧能力差，不能直接用于 DC 220V 的电路，必须通过外部继电器驱动 DC 220V 的负载。

7. 感性负载的处理

感性负载具有储能作用，控制它的触点断开时，电路中的感性负载会产生高于电源电压数倍甚至数十倍的反电势，触点闭合时，会因触点的抖动而产生电弧，它们都会对系统产生干扰。

PLC 的输出端接有感性元件（例如继电器、接触器的线圈）时，对于直流电路，一般情况可以只在负载两端并联型号为 IN4001 的续流二极管（见图 8-2）；如果要求提高关断速度，可串接一个 8.2V（晶体管输出）或 36V（继电器输出）的稳压管。接线时应注意二极管和稳压管的极性。

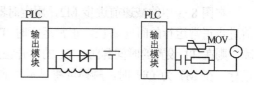

图 8-2 输出电路感性负载的处理

对于交流电路，应在负载两端并联阻容元件（见图 8-2），以抑制电路断开时产生的电弧对 PLC 的影响。负载电压为 220V 时，电阻可以取 100~120Ω，电容可以取 0.1μF，电容的额定电压应大于电源峰值电压。要求较高时，还可以在负载两端并联压敏电阻，其压敏电压应大于额定电压有效值的 2.2 倍。

为了减少电动机和电力变压器投切时产生的干扰，可以在 PLC 的电源输入端设置浪涌电流吸收器。

8.1.2 故障检测与诊断编程

大量的工程实践表明，PLC 外部的输入元件与输出元件（例如限位开关、电磁阀和接触器等）的故障率远远高于 PLC 本身的故障率，而这些元件出现故障后，PLC 一般不能觉察出来，不会自动停机，可能使故障扩大，直至强电保护装置动作后停机，有时甚至会造成设备和人身事故。停机后，查找故障也要花费很多时间。为了及时发现故障，在没有酿成事故之前自动停机和报警，也为了方便查找故障，提高维修效率，可以用梯形图程序实现故障的自诊断和自处理，例如用指示灯、人机界面显示故障报警信息或自动停机。

1. 逻辑错误检测

在系统正常运行时，PLC 的输入、输出信号和内部的信号（例如辅助继电器的状态）相互之间存在着确定的关系，如果出现异常的逻辑信号，则说明出现了故障。因此，可以编制一些常见故障的异常逻辑关系，一旦异常逻辑关系为 ON 状态，就表明出现了相应的故障。

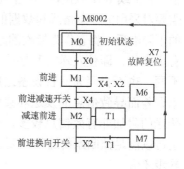

某龙门刨床的工作台正常运行时的局部顺序功能图如图 8-3 中的步 M0~M2 所示，在前进运动时如果碰到"前进减速"行程开关 X4，将进入步 M2，工作台减速前进。碰到"前进换向"行程开关 X2，将进入下一步。

图 8-3 故障诊断的顺序功能图

在前进步 M1，如果没有碰到前进减速行程开关（X4 为 OFF），就碰到了前进换向行程开关（X2 的常开触点接通），说明前进减速行程开关出现了故障。这时转换条件 $\overline{X4} \cdot X2$ 满足，将从步 M1 转换到步 M6，工作台停止运行。在 M6 为 ON 时用触摸屏显示"前进减速行程开关故障"。操作人员按下故障复位按钮 X7 后，故障信息被清除，系统返回初始步。

2. 超时检测

机械设备在各工步的动作所需的时间一般是不变的，即使有变化也不会太大。在 PLC 发出某个输出信号，相应的外部执行机构开始动作时，启动一个定时器监视该步的动作是否按时完成。定时器的设定值应比正常情况下该动作的持续时间长一些。

在图 8-3 中的减速前进步 M2，用定时器 T1 监视步 M2 的运行情况，T1 的设定值比减速前进步正常运行的时间略长，正常运行时 T1 不会动作。如果前进换向行程开关 X2 出现故障，则在 T1 设置的时间到时，T1 的常开触点闭合，系统由步 M2 转换到步 M7，工作台停止运行。在 M7 为 ON 时，触摸屏将显示"前进换向行程开关故障"，故障复位按钮 X7 的作用如前所述。也可以用状态 S900～S999 和报警器置位、复位指令来实现超时故障的诊断。

本节对 PLC 控制系统的主要干扰源进行了分析，介绍了可供选用的抗干扰措施，在实际应用中，应根据系统具体的情况，有针对性地采用其中的某些抗干扰措施。

8.2 PLC 的通信与计算机通信网络

8.2.1 串行通信接口

1. 异步通信的字符信息格式

工业通信中广泛地使用串行数据通信，串行通信是以二进制的位（bit）为单位的数据传输方式，每次只传送一位，最少只需要两根线（双绞线）就可以连接多台设备，组成通信网络。

在串行通信中，接收方和发送方的额定传输速率虽然相同，双方实际的传输速率之间总是有一些微小的差别。如果不采取措施，在连续传送大量的信息时，将会因为积累误差造成发送和接收的数据错位，使接收方收到错误的信息。为了解决这一问题，需要使发送过程和接收过程同步。按同步方式的不同，串行通信分为异步通信和同步通信。

异步通信采用字符同步方式，其字符信息格式如图 8-4 所示，发送的字符由一个起始位、7 个或 8 个数据位、1 个奇偶校验位（可以没有）和 1 个或两个停止位组成。通信双方需要对采用的信息格式和数据的传输速率做相同的约定。接收方检测到停止位和起始位之间的下降沿后，将它作为接收的起始点，在每一位的中点接收信息。由于一个字符信息格式仅有十来位，即使发送方和接收方的收发频率略有不同，也不会因为两台设备之间的时钟周期的积累误差而导致信息的发送和接收错位。异步通信传送的附加非有效信息较多，传输效率较低，但是可以满足控制系统通信的要求，PLC 一般采用异步通信。

图 8-4 异步通信的字符信息格式

奇偶校验用来检测接收到的数据是否出错。如果指定的是偶校验，则用硬件保证发送方发送的每一个字符的数据位和奇偶校验位中"1"的个数为偶数。如果数据位包含偶数个"1"，奇偶校验位将为 0；如果数据位包含奇数个"1"，奇偶校验位将为 1。这样可以保证数据位和奇偶校验位中"1"的个数为偶数。

接收方对接收到的每一个字符的奇偶性进行校验，可以检验出传送过程中的错误。如果选择不进行奇偶校验，则传输时没有校验位，不进行奇偶校验。

2．单工通信与双工通信

单工通信方式只能沿单一方向传输数据，双工通信方式的数据可以沿两个方向传送，每一个站既可以发送数据，也可以接收数据。双工方式又分为全双工方式和半双工方式。

全双工方式用两组不同的数据线分别发送和接收数据，通信的双方都能在同一时刻接收和发送信息（见图8-5）。

半双工方式用同一组线接收和发送数据，通信的双方在同一时刻只能发送数据或只能接收数据（见图8-6）。通信方向的切换过程需要一定的延迟时间。

图8-5　全双工方式　　　　　　　　　图8-6　半双工方式

3．传输速率

在串行通信中，传输速率（又称为波特率）的单位为 bit/s，即每秒传送的二进制位数。不同的串行通信网络的传输速率差别极大，有的只有数百 bit/s，高速串行通信网络的传输速率可达 1Gbit/s 或更高。

4．串行通信接口

（1）RS-232C

RS-232C 是美国 EIC（电子工业联合会）在 1969 年公布的通信协议，曾经在计算机和控制设备中广泛使用，现在已基本上被 USB 取代。在工业控制中，RS-232C 一般使用 9 针连接器。

通信距离较近时，通信双方可以直接连接，最简单的情况在通信中不需要控制联络信号，只需要发送线、接收线和信号地线（见图 8-7），便可以实现全双工异步串行通信。RS-232C 采用负逻辑，用-15～-5V 表示逻辑"1"状态，用+5～+15V 表示逻辑"0"状态，最大通信距离为 15m，最高传输速率为 20kbit/s，只能进行一对一的通信。

RS-232C 使用单端驱动、单端接收电路（见图 8-8），是一种共地的传输方式，容易受到公共地线上的电位差和外部引入的干扰信号的影响。

（2）RS-422A

RS-422A 采用平衡驱动、差分接收电路（见图 8-9），利用两根导线之间的电位差传输信号，这两根导线称为 A 线（TxD/RxD-）和 B 线（TxD/RxD+）。当 B 线的电压比 A 线高时，一般认为传输的是数字"1"；反之认为传输的是数字"0"。能够有效工作的差动电压范围十分宽广，从零点几伏到接近十伏。

平衡驱动器相当于两个单端驱动器，其输入信号相同，两个输出信号互为反相信号，图中的小圆圈表示反相。两根导线相对于通信对象信号地的电位差称为共模电压，外部输入的干扰信号主要以共模方式出现。两根传输线上的共模干扰信号相同，因为接收器是差分输入，两根线上的共模干扰信号互相抵消。只要接收器有足够的抗共模干扰能力，就能从干扰信号中识别出驱动器输出的有用信号，从而克服外部干扰的影响。

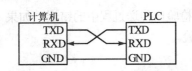
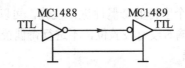
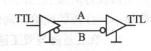

图 8-7 RS-232C 的信号线连接   图 8-8 单端驱动单端接收电路   图 8-9 平衡驱动差分接收电路

与 RS-232C 相比，RS-422A 的通信速率和传输距离有了很大的提高。在最大传输速率（10Mbit/s）时，允许的最大通信距离为 12m。传输速率为 100kbit/s 时，最大通信距离为 1200m，一台驱动器可以连接 10 台接收器。RS-422A 是全双工，用 4 根导线传送数据（见图 8-10），两对平衡差分信号线分别用于发送和接收。

（3）RS-485

RS-485 是 RS-422A 的变形，RS-485 为半双工，只有一对平衡差分信号线，不能同时发送和接收信号。使用 RS-485 通信接口和双绞线可以组成串行通信网络（见图 8-11），构成分布式系统，总线上最多可以有 32 个站。

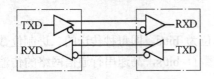
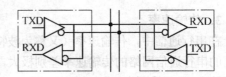

图 8-10 RS-422A 通信接线图   图 8-11 RS-485 网络

8.2.2 计算机通信的国际标准

1. 开放系统互连模型

国际标准化组织 ISO 提出了开放系统互连模型 OSI，作为通信网络国际标准化的参考模型，它详细地描述了通信功能的 7 个层次（见图 8-12）。

7 层模型分为两类，一类是面向用户的第 5～7 层，另一类是面向网络的第 1～4 层。前者给用户提供适当的方式去访问网络系统，后者描述数据怎样从一个地方传输到另一个地方。

发送方传送给接收方的数据，实际上是经过发送方各层从上到下传递到物理层，通过物理媒体（媒体又称为介质）传输到接收方后，再经过从下到上各层的传递，最后到达接收方的应用程序。发送方的每一层协议都要在数据报文前增加一个报文

图8-12 开放系统互连模型

头，报文头包含完成数据传输所需的控制信息，控制信息只能被接收方的同一层识别和使用。接收方的每一层只阅读本层的报文头的控制信息，并进行相应的协议操作，然后删除本层的报文头，最后得到发送方发送的数据。下面介绍各层的功能：

1）物理层的下面是物理媒体，例如双绞线、同轴电缆和光纤等。物理层为用户提供建

立、保持和断开物理连接的功能，定义了传输媒体接口的机械、电气、功能和规程的特性。RS-232C、RS-422A 和 RS-485 等就是物理层标准的例子。

2）数据链路层的数据以帧（Frame）为单位传送，每一帧包含一定数量的数据和必要的控制信息，例如同步信息、地址信息和流量控制信息。通过校验、确认和要求重发等方法实现差错控制。数据链路层负责在两个相邻节点间的链路上，实现差错控制、数据成帧和同步控制等。

3）网络层的主要功能是报文包的分段、报文包阻塞的处理和通信子网中路径的选择。

4）传输层的信息传送单位是报文（Message），它的主要功能是流量控制、差错控制、连接支持，传输层向上一层提供一个可靠的端到端（end-to-end）的数据传送服务。

5）会话层的功能是支持通信管理和实现最终用户应用进程之间的同步，按正确的顺序收发数据，进行各种对话。

6）表示层用于应用层信息内容的形式变换，例如数据加密/解密、信息压缩/解压和数据兼容，把应用层提供的信息变成能够共同理解的形式。

7）应用层作为 OSI 的最高层，为用户的应用服务提供信息交换，为应用接口提供操作标准。

不是所有的通信协议都需要 OSI 参考模型中的全部 7 层，有的现场总线通信协议只采用了 7 层模型中的第 1、第 2 和第 7 层。

2．IEEE 802 通信标准

IEEE（国际电工与电子工程师学会）的 802 委员会于 1982 年颁布了一系列计算机局域网分层通信协议标准草案，总称为 IEEE 802 标准。它把 OSI 参考模型的底部两层分解为逻辑链路控制层（LLC）、媒体访问控制层（MAC）和物理传输层。前两层对应于 OSI 参考模型中的数据链路层，数据链路层是一条链路（Link）两端的两台设备进行通信时必须共同遵守的规则和约定。

媒体访问控制层（MAC）的主要功能是控制对传输媒体的访问，实现帧的寻址和识别，并检测传输媒体的异常情况。逻辑链路控制层（LLC）用于对节点间帧的发送、接收信号进行控制，同时检验传输中的差错。MAC 层对应于 3 种已经建立的标准，即带冲突检测的载波侦听多路访问（CSMA/CD）通信协议、令牌总线（Token Bus）和令牌环（Token Ring）。

（1）CSMA/CD

CSMA/CD 通信协议的基础是 Xerox 等公司研制的以太网（Ethernet），早期的 IEEE 802.3 标准规定的波特率为 10Mbit/s，后来发布了 100Mbit/s 的快速以太网 IEEE 802.3u，1000Mbit/s 的千兆位以太网 IEEE 802.3z，以及 10000Mbit/s 的 IEEE 802.3ae。

CSMA/CD 各站共享一条广播式的传输总线，每个站都是平等的，采用竞争方式发送信息到传输线上，也就是说，任何一个站都可以随时发送广播报文，并被其他各站接收。当某个站识别到报文上的接收站名与本站的站名相同时，便将报文接收下来。由于没有专门的控制站，两个或多个站可能因为同时发送信息而产生冲突，造成报文作废。

为了防止冲突，发送站在发送报文之前，先监听一下总线是否空闲，如果空闲，则发送报文到总线上，称之为"先听后讲"。但是这样做仍然有产生冲突的可能，因为从组织报文到报文在总线上传输需要一段时间，在这段时间内，另一个站通过监听也可能会认为总线空闲，并发送报文到总线上，这样就会因为两个站同时发送而产生冲突。

为了解决这一问题，在发送报文开始的一段时间，继续监听总线，采用边发送边接收的办法，把接收到的信息和本站发送的信息相比较，若相同则继续发送，称之为"边听边讲"；若不相同则说明产生了冲突，立即停止发送报文，并发送一段简短的冲突标志（阻塞码序列），来通知总线上的其他站点。为了避免产生冲突的站同时重发它们的帧，采用专门的算法来计算重发的延迟时间。通常把这种"先听后讲"和"边听边讲"相结合的方法称为CSMA/CD（带冲突检测的载波侦听多路访问技术），其控制策略是竞争发送、广播式传送、载体监听、冲突检测、冲突后退和再试发送。

以太网首先在个人计算机网络系统，例如办公自动化系统和管理信息系统（MIS）中得到了极为广泛的应用。

在以太网发展的初期，通信速率较低。如果网络中的设备较多，信息交换比较频繁，可能会经常出现竞争和冲突，影响信息传输的实时性。随着以太网传输速率的提高（100～1000Mbit/s）和采用了相应的措施，这一问题已经解决。现在以太网在工业控制中得到了广泛的应用，大型工业控制系统最上层的网络几乎全部采用以太网，以太网也越来越多地在底层网络使用。使用以太网很容易实现管理网络和控制网络的一体化。

（2）令牌总线

IEEE 802 标准的工厂媒体访问技术是令牌总线，其编号为 802.4，它吸收了通用汽车公司支持的制造自动化协议的内容。

在令牌总线中，媒体访问控制是通过传递一种称为令牌的控制帧来实现的。按照逻辑顺序，令牌从一个装置传递到另一个装置，传递到最后一个装置后，再传递给第一个装置，如此周而复始，形成一个逻辑环。令牌有"空"和"忙"两个状态，令牌网开始运行时，由指定的站产生一个空令牌沿逻辑环传送。任何一个要发送信息的站都要等到令牌传给自己，判断为空令牌时才能发送信息。发送站首先把令牌置为"忙"，并写入要传送的信息、发送站名和接收站名，然后将载有信息的令牌送入环网传输。令牌沿环网循环一周后返回发送站时，如果信息已被接收站复制，发送站将令牌置为"空"，送上环网继续传送，以供其他站使用。

如果在传送过程中令牌丢失，由监控站向网内注入一个新的令牌。

令牌传递式总线能在很重的负荷下提供实时同步操作，传输效率高，适于频繁、少量的数据传送，因此它最适合于需要进行实时通信的工业控制网络系统。

（3）令牌环

令牌环媒体访问方案是 IBM 公司开发的，它在 IEEE 802 标准中的编号为 802.5，有些类似于令牌总线。在令牌环上，最多只能有一个令牌绕环运动，不允许两个站同时发送数据。令牌环从本质上看是一种集中控制式的环，环上必须有一个中心控制站负责网络的工作状态的检测和管理。

（4）主从通信方式

主从通信方式是 PLC 常用的一种通信方式，它并不属于什么标准。主从通信网络只有一个主站，其他的站都是从站。在主从通信中，主站是主动的，主站首先向某个从站发送请求帧（轮询报文），该从站接收到后才能向主站返回响应帧。主站按事先设置好的轮询表的排列顺序对从站进行周期性的查询，并分配总线的使用权。每个从站在轮询表中至少要出现一次，对实时性要求较高的从站可以在轮询表中出现几次，还可以用中断方式来处理紧急事件。

3．现场总线

IEC（国际电工委员会）对现场总线（Fieldbus）的定义是"安装在制造和过程区域的现场装置与控制室内的自动控制装置之间的数字式、串行、多点通信的数据总线"。它是当代工业自动化的热点之一。现场总线以开放的、独立的、全数字化的双向多变量通信取代 4～20mA 现场模拟量信号。现场总线 I/O 集检测、数据处理、通信为一体，可以代替变送器、调节器、记录仪等模拟仪表，它不需要框架、机柜，可以直接安装在现场导轨槽上。现场总线 I/O 的接线极为简单，只需一根电缆，从主机开始，沿数据链从一个现场总线 I/O 连接到下一个现场总线 I/O。使用现场总线后，可以节约配线、安装、调试和维护等方面的费用，现场总线 I/O 与 PLC 可以组成高性能价格比的 DCS（集散控制系统）。

使用现场总线后，操作员可以在中央控制室实现远程监控，对现场设备进行参数调整，还可以通过现场设备的自诊断功能诊断故障。

4．现场总线的国际标准

（1）IEC 61158

由于历史的原因，现在有多种现场总线标准并存，IEC 的现场总线国际标准（IEC 61158）在 1999 年底获得通过，经过多方的争执和妥协，最后容纳了 8 种互不兼容的协议（类型1～类型8），2000 年又补充了两种类型。

为了满足实时性应用的需要，各大公司和标准化组织纷纷提出了各种提升工业以太网实时性的解决方案，从而产生了实时以太网。2007 年 7 月出版的 IEC 61158 第 4 版采纳了经过市场考验的 20 种现场总线（见表 8-1）。

表 8-1　IEC 61158 第 4 版的 20 种现场总线类型

类型	技 术 名 称	类型	技 术 名 称
类型 1	TS 61158 现场总线，原 IEC 技术报告	类型 11	TC net 实时以太网
类型 2	CIP 现场总线（美国 Rockwell 公司支持）	类型 12	Ether CAT 实时以太网
类型 3	PROFIBUS 现场总线（西门子公司支持）	类型 13	Ethernet Powerlink 实时以太网
类型 4	P-Net 现场总线（丹麦 Process Data 公司支持）	类型 14	EPA 实时以太网
类型 5	FF HSE 高速以太网（美国 Rosemount 公司支持）	类型 15	Modbus RTPS 实时以太网
类型 6	SwiftNet（波音公司支持，已被撤消）	类型 16	SERCOS Ⅰ、Ⅱ现场总线
类型 7	WorldFIP 现场总线（法国 Alstom 公司支持）	类型 17	VNET/IP 实时以太网
类型 8	Interbus 现场总线（德国 Phoenix contact 公司支持）	类型 18	CC-Link 现场总线
类型 9	FF H1 现场总线（美国 Rosemount 公司支持）	类型 19	SERCOS Ⅲ实时以太网
类型 10	PROFINET 实时以太网（西门子公司支持）	类型 20	HART 现场总线

其中，类型 1 是原 IEC 61158 第 1 版技术规范的内容，类型 2 CIP 包括 DeviceNet、ControlNet 和实时以太网 Ethernet/IP，类型 6 因为市场应用很不理想，已被撤销。

类型 14（EPA，用于工厂自动化的以太网）是我国拥有自主知识产权的实时以太网通信标准。

（2）IEC 62026

IEC 62026 是供低压开关设备与控制设备使用的控制器电气接口标准，于 2000 年 6 月通过。它主要包括以下几种标准。

IEC 62026-1：一般要求。

IEC 62026-2：执行器传感器接口（Actuator Sensor Interface，AS-i），西门子公司支持。

IEC 62026-3：设备网络 DN，美国 Rockwell 公司支持。

IEC 62026-4：Lonworks 总线的通信协议 LonTalk，已取消。

IEC 62026-5：智能分布式系统 SDS，美国 Honeywell 公司支持。

IEC 62026-6：串行多路控制总线 SMCB，美国 Honeywell 公司支持。

8.2.3　数据链接与无协议通信

1．串行通信的硬件

FX 系列有多种多样的通信用功能扩展板、适配器和通信模块。它们用于 PLC 之间、PLC 与计算机或别的带串口的设备之间的通信，例如与打印机、机器人控制器、扫描仪和条形码阅读器等的通信。

（1）通信用功能扩展板

各种通信用功能扩展板的价格便宜，可以安装在 FX 系列 PLC 的内部，通信双方没有光电隔离。FX_{1N}、FX_{2N}、FX_{3G} 和 FX_{3U} 均有 RS-232、RS-422 和 RS-485 功能扩展板，例如 FX_{1N}-232-BD、FX_{1N}-422-BD 和 FX_{1N}-485-BD。此外，FX_{3U} 还有 FX_{3U}-USB-BD。

（2）通信用适配器

通信用适配器包括 FX_{2NC}-232ADP、FX_{2NC}-485ADP、FX_{3U}-232ADP-MB 和 FX_{3U}-485 ADP-MB。FX_{1N}-CNV-BD/FX_{2N}-CNV-BD/FX_{3U}-CNV-BD 是连接特殊适配器的选件板。

（3）通信模块与转接器

FX_{2N}-232-IF 是 RS-232C 通信接口模块，FX-485PC-IF-SET 是 RS-232C 和 RS-485 信号转接器，它们都有光电隔离。

（4）通信距离

并联链接、PLC 之间的简易链接、计算机链接和无协议通信使用 RS-485 通信接口时，最大通信距离 500m。如果使用 485-BD，最大距离 50m。使用 RS-232C 通信接口时，最大通信距离 15m。不同的硬件组合对通信距离的影响请查阅《FX 系列微型可编程控制器用户手册通信篇》。

2．并联链接

数据链接（见图 8-13）是用于 FX 系列 PLC 之间、PLC 与计算机之间、PLC 与远程 I/O 和三菱变频器之间的通信协议。

并联链接使用 RS-485 通信适配器或功能扩展板，实现同一子系列的两台 FX 系列 PLC 之间的信息自动交换（见图 8-14），一台 PLC 作为主站，另一台作为从站。不需要用户编写通信程序，只需设置与通信有关的参数，两台 PLC 之间就可以自动传输数据。

并联链接分为标准模式和高速模式，标准模式时 FX_{1S} 链接 50 个辅助继电器和 10 个数据寄存器，其他子系列的 PLC 可以链接 100 个辅助继电器和 10 个数据寄存器的数据。高速链接时双方只能交换两个字的数据。

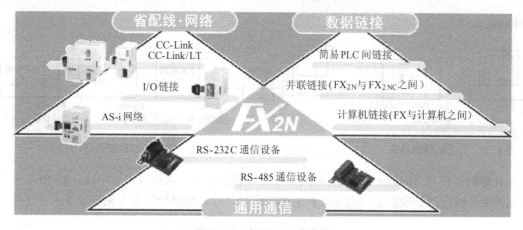

图 8-13 FX$_{2N}$ 的通信功能示意图

并联链接时 FX$_{3U}$、FX$_{3UC}$ 和 FX$_{3G}$ 的最高波特率为 115000bit/s，其他系列为 19200bit/s。

3. PLC 之间的简易链接

PLC 之间的简易链接又称为 N：N 链接，它使用 RS-485 通信适配器或功能扩展板，实现最多 8 台 FX 系列 PLC 之间的信息自动交换（见图 8-15）。一台 PLC 是主站，其余的为从站，数据是自动传输的。各台 PLC 之间共享的数据范围有 3 种模式（见表 8-2），系统中有 FX$_{1S}$ 时只能使用模式 0。通信的波特率为 38400bit/s。链接时间是指更新链接的软元件的循环时间。

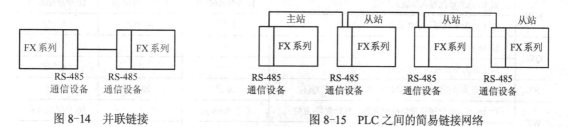

图 8-14　并联链接　　　　　　　　　　　　图 8-15　PLC 之间的简易链接网络

表 8-2　N：N 网络各刷新模式的性能指标

性 能 指 标	模式 0	模式 1	模式 2
共享的位软元件（M）	0 点	32 点	64 点
共享的字软元件（D）	4 点	4 点	8 点
2～8 个站通信的链接时间	18～65ms	22～82ms	34～131ms

对于某一台 PLC 来说，分配给它的共享数据区的数据自动地传送到别的站的相同区域，分配给其他 PLC 的共享数据区中的数据是别的站自动传送来的。

4. 计算机链接

计算机与 PLC 之间的通信是最常见的通信之一。计算机链接（Computer Link）通信方式用于一台计算机与一台配有 RS-232C 通信接口的 PLC 通信（见图 8-16），计算机也可以通过 RS-485 通信网络与最多 16 台 PLC 通信（见图 8-17），RS-485 网络与计算机的 RS-232C 通信接口之间需要使用 FX-485PC-IF 转换器。波特率为 300～19200bit/s，FX$_{3G}$ 为

38400bit/s。

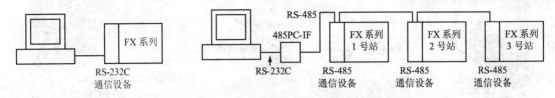

图 8-16　计算机链接通信　　　　　　　图 8-17　计算机与多台 PLC 链接通信

计算机链接与 Modbus 通信协议中的 ASCII 模式相似，由计算机发出读、写 PLC 中的数据的命令帧，PLC 收到后自动生成和返回响应帧。计算机链接的命令见表 8-3。

表 8-3　计算机链接的命令

命令	描　述	FX_{0N}、FX_{1S}	FX_{1N}、FX_{1NC} FX_{2N}、FX_{2NC}	FX_{3G} FX_{3U}、FX_{3UC}
BR	以 1 点为单位读取位软元件组	54 点	256 点	256 点
WR	以 16 点为单位读取位软元件组	13 个字，208 点	32 个字，512 点	32 个字，512 点
	以 1 点为单位读取字软元件	13 个字	64 个字	64 个字
QR	以 16 点为单位读取位软元件组	—	—	32 个字，512 点
	以 1 点为单位读取字软元件	—	—	64 个字
BW	以 1 点为单位写入位软元件	46 点	160 点	160 点
WW	以 16 点为单位写入位软元件组	10 个字/160 点	10 个字/160 点	10 个字/160 点
	以 1 点为单位写入字软元件	11 个字	64 个字	64 个字
QW	以 16 点为单位写入位软元件组	—	—	10 个字/160 点
	以 1 点为单位写入字软元件			64 个字
BT	以 1 点为单位随机指定位软元件，执行置位/复位	10 点	20 点	20 点
WT	以 16 点为单位随机指定位软元件，执行置位/复位	6 个字/96 点	10 个字/160 点	10 个字/160 点
	以 1 点为单位随机指定字软元件后写入	6 个字	10 个字	10 个字
QT	以 16 点为单位随机指定位软元件，执行置位/复位	—	—	10 个字/160 点
	以 1 点为单位随机指定字软元件后写入			10 个字
RR	远程控制 PLC 启动	—	—	—
RS	远程控制 PLC 停机	—	—	—
PC	读取 PLC 的型号代码	—	—	—
GW	置位/复位所有连接的 PLC 的全局标志 M8126	1 点	1 点	1 点
—	PLC 发送请求式报文，无命令，只能用于 1 对 1 系统	最多 13 个字	最多 64 个字	最多 64 个字
TT	返回式测试功能，字符从计算机发出，又直接返回到计算机	25 个字符	254 个字符	254 个字符

5. 变频器通信

通过 RS-485，FX_{2N}、FX_{2NC} 最多可以与 8 台三菱的 FREQROL 系列（S500/E500/A500）变频器通信。FX_{3U}、FX_{3UC} 和 FX_{3G} 最多可以与 8 台 S500/E500/A500/F500/V500/D700/E700/A700/F700 变频器通信。

6. 编程通信功能

FX$_{3G}$ 有内置的 USB 接口，FX$_{3U}$ 和 FX$_{3UC}$ 有通信用功能扩展板 FX$_{3U}$-USB-BD，通过它们可以与计算机的 USB 接口通信。

所有的 FX 系列 PLC 都集成有 RS-422 接口，通过 USB 编程电缆，它们可与计算机的 USB 接口通信。通过编程电缆或 FX 的 RS-232C/RS-422 转换器，可与计算机的 RS-232C 接口通信。

通过调制解调器，用电话线连接远距离的 PLC，可以实现程序的远程传送和远程监控。除了标准配备的 RS-422 端口以外，还可以增加 RS-232C 和 RS-422 端口，同时连接两台人机界面或者编程计算机。

7. I/O 链接

某些系统（例如码头和大型货场）的被控对象分布范围很广，如果采用单台集中控制方式，将使用大量很长的 I/O 线，使系统成本增加，施工工作量增大，系统抗干扰能力降低，这类系统适合于采用远程 I/O 控制方式。在 CPU 单元附近的 I/O 称为本地 I/O，远离 CPU 单元的 I/O 称为远程 I/O，远程 I/O 与 CPU 单元之间的信息交换只需要很少几根通信线。远程 I/O 分散安装在被控设备附近，它们之间的连线较短，但是使用远程 I/O 时需要增加通信接口模块。远程 I/O 与 CPU 单元之间的信息交换是自动进行的，用户程序在读写远程 I/O 中的数据时，就像读写本地 I/O 一样方便。

FX$_{2N}$ 系列 PLC 通过 FX$_{2N}$-16LNK-M MELSEC I/O 链接主站模块，用双绞线直接连接 16 个远程 I/O 站，网络总长为 200m，最多支持 128 点，I/O 点刷新时间约 5.4ms，传输速率为 38400bit/s。

8. 无协议通信

无协议通信方式可以实现 PLC 与各种有 RS-232C 接口或 RS-485 接口的设备（例如计算机、条型码阅读器和打印机）之间的通信，该通信方式用 RS 指令来实现。这种通信方式最为灵活，PLC 与 RS-232C 设备之间可以使用用户自定义的通信规约，但是 PLC 的编程工作量较大，对编程人员的要求较高。

8.2.4 并联链接程序设计

并联链接使用 RS-485 通信适配器或功能扩展板，来实现两台同一子系列或同一组（例如 FX$_{3U}$ 和 FX$_{3UC}$）的两台 PLC 之间的数据自动传送。

并联链接的接线见图 8-18，SG 为信号公共线。网络两端的设备的 RDA 与 RDB 端子之间应接 110Ω 终端电阻。

并联链接有标准模式和高速模式两种工作模式（见表 8-4），用特殊辅助继电器 M8162 来设置

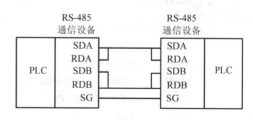

图 8-18　并联链接接线图

工作模式。主、从站之间通过周期性的自动通信，用表 8-4 中的辅助继电器和数据寄存器来实现数据共享。通信双方采用相同的地址区，例如通过通信，主站的 D490 的值被发送给从站的 D490。

表 8-4　并联链接的两种模式

模　　式	通信设备	其他系列	FX₁S，FX₀N
标准模式 （M8162 为 OFF）	主站→从站	M800～M899（100 点） D490～D499（10 点）	M400～M449（50 点） D230～D239（10 点）
	从站→主站	M900～M999（100 点） D500～D509（10 点）	M450～M499（50 点） D240～D249（10 点）
高速模式 （M8162 为 ON）	主站→从站	D490，D491（2 点）	D230，D231（2 点）
	从站→主站	D500，D501（2 点）	D240，D241（2 点）

FX₃U、FX₃UC 和 FX₃G 的链接时间为主站扫描周期+从站扫描周期+15ms（标准模式）或 5ms（高速模式）。其他系列的链接时间为主站扫描周期+从站扫描周期+70ms（标准模式）或 20ms（高速模式）。

FX₃U、FX₃UC 和 FX₃G 的最高波特率为 115000bit/s，其他系列为 19200bit/s。

【例 8-1】两台 FX₁N 系列 PLC 通过并联链接交换数据，通过程序来实现下述功能：主站的 X0～X7 通过 M800～M807 控制从站的 Y0～Y7；从站的 X0～X7 通过 M900～M907 控制主站的 Y0～Y7；主站 D0 的值小于等于 100 时，从站中的 Y10 为 ON；从站中 D10 的值用来做主站的 T0 的设定值。M8162 为默认的 OFF 状态，因此为标准模式。

（1）主站程序

```
LD      M8000                    //M8000 一直为 ON
OUT     M8070                    //设置为主站
LDI     M8072                    //如果并联链接未运行
OR      M8073                    //或主站从站设置异常
OUT     Y10                      //错误指示灯被置为 ON
LD      M8000
MOV     K2X0     K2M800          //将主站的 X0～X7 的值发送给从站
MOV     K2M900   K2Y0            //用从站的 X0～X7 控制主站的 Y0～Y7
MOV     D0       D490            //将主站的 D0 发送给从站
LD      X10
OUT     T0       D500            //用从站的 D10 作为主站的 T0 的设定值
END
```

（2）从站程序

```
LD      M8000
OUT     M8071                    //设置为从站
MOV     K2M800   K2Y0            //用主站的 X0～X7 控制从站的 Y0～Y7
MOV     K2X0     K2M900          //将从站的 X0～X7 的值发送给主站
AND<=   D490     K100            //主站的 D0≤100 时
OUT     Y10                      //从站中的 Y10 为 ON
MOV     D10      D500            //将从站的 D10 发送给主站
END
```

并联链接高速模式的编程与正常模式基本上相同，其区别仅在于应将 M8162 置为 ON（设为高速模式）。高速模式时，在主站和从站的程序中，都需要用 M8000 的常开触点接通 M8162 的线圈。

8.2.5　开放式通信网络

PLC 与各种智能设备可以组成通信网络，以实现信息的交换，各 PLC 或远程 I/O 模块各自放置在生产现场进行分散控制，然后用网络连接起来，构成集中管理的分布式网络系统。通过以太网，控制网络还可以与 MIS（管理信息系统）融合，形成管理控制一体化网络。

大型控制系统一般采用 3 层网络结构，最高层是以太网，第 2 层是 PLC 厂家提供的通信网络或现场总线，例如西门子的 Profibus，Rockwell 的 ControlNet，三菱的 CC-Link。底层是现场总线，例如 CAN 总线、DeviceNet 和 AS-i（执行器传感器接口）等。

除了 FX_{1S} 外，FX 系列 PLC 可以接入 CC-Link 和 AS-i 网络。

1．CC-Link 通信网络

CC-Link 的最高传输速率为 10Mbit/s，最长距离 1200m（与传输速率有关）。模块采用光电隔离，占用 8 个输入输出点。

在 CC-Link 网络中，一般用三菱的 A、QnA 和 Q 系列 PLC 做主站，使用 FX_{2N}-32CCL CC-Link 接口模块的 FX 系列 PLC 可以做 CC–Link 的远程设备站（见图 8-19）。一个站点中最多可以有 32 个远程输入点和 32 个远程输出点。网络中还可以连接三菱和其他厂家的符合 CC-Link 通信标准的产品，例如变频器、AC 伺服装置、传感器和变送器等。

安装了 CC-Link 主站模块 FX_{2N}-32CCL-M 后，FX_{1S} 之外的 FX 系列 PLC 在 CC-Link 网络中可以做主站（见图 8-20），最多可以连接 7 个远程 I/O 站和 8 个远程 I/O 设备。

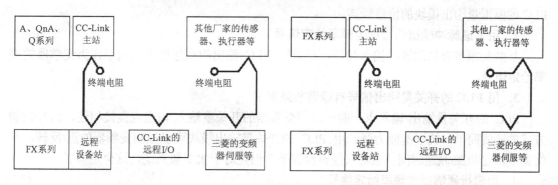

图 8-19　FX 系列 PLC 做 CC-Link 系统的远程站　　图 8-20　FX 系列 PLC 做 CC-Link 系统主站和远程站

FX 系列 PLC 还可以做 CC-Link/LT 的主站，最多可带 64 台远程 I/O 站（见图 8-21）。

2．现场总线 AS-i 网络

AS-i（执行器/传感器接口）已被纳入 IEC 62026 标准，响应时间小于 5ms，使用未屏蔽的双绞线，由总线提供电源。AS-i 用两芯电缆连接现场的传感器和执行器。

三菱的 FX_{2N}-32ASI-M 是 AS-i 网络的主站模块，最长通信距离 100m，使用两个中继器可以扩展到 300m。波特率为 167kbit/s，该模块最多可以接 31 个从站，可以用于除 FX_{1S} 以外的 FX 系列 PLC，占用 8 个 I/O 点。

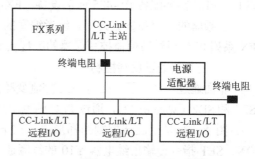

图8-21　CC-Link/LT系统

8.3　PLC 在变频器控制中的应用

随着技术的发展和价格的降低，变频器在工业控制中的应用越来越广泛。变频器在控制系统中主要作为执行机构来使用，有的变频器还有闭环 PID 控制功能。PLC 和变频器都是以计算机技术为基础的现代工业控制产品，将二者有机地结合起来，用 PLC 来控制变频器，是当代工业控制中经常遇到的问题。常见的控制要求有：

1）用 PLC 控制变频电动机的方向，转速和加速、减速时间。

2）实现变频器与多台电动机之间的切换控制。

3）实现电动机的工频电源和变频电源之间的切换。

4）用单台变频器实现泵站的恒压供水控制。

5）通过通信实现 PLC 对变频器的控制，将变频器纳入工厂自动化通信网络。

8.3.1　电动机转速与旋转方向的控制

PLC 可以用下列方法控制电动机的转速和旋转方向。

1. 用模拟量输出模块提供频率给定信号

PLC 的模拟量输出模块输出的直流电压或直流电流送给变频器的模拟量转速给定输入端，用 PLC 输出的模拟量控制变频器的输出频率。这种控制方式的硬件接线简单，但是 PLC 的模拟量输出模块的价格较高。

2. 用高速脉冲输出信号作为频率给定信号

某些变频器有高速脉冲输入功能，可以用 PLC 输出的高速脉冲的频率作为变频器的频率给定信号。

3. 用 PLC 的开关量输出信号有级调节频率

PLC 的开关量输出/输入点一般可以与变频器的开关量输入/输出点直接相连，这种控制方式的接线简单，抗干扰能力强。用 PLC 的开关量输出模块可以控制变频器的正/反转，有级调节转速和加/减速时间。虽然只能有级调节，但是对于大多数系统，这也足够了。

4. 用串行通信提供频率给定信号

除了上述的方法外，通过通信，PLC 和变频器之间还可以传送大量的参数设置信息和状态信息。FX_{3U}、FX_{3UC} 和 FX_{3G} 最多可以与 8 台 S500/E500/A500/F500/V500/D700/E700/A700/F700 变频器通信，采用变频器计算机链接协议。变频器使用内置的 RS-485 通信端口，PLC 需要配备 RS-485 通信设备。FX_{3G}、FX_{3U}、FX_{3UC} 的应用指令 FNC 270～FNC 274 用于变频器的监控和参数读写。编者编写的《FX 系列 PLC 编程及应用　第 2 版》给出了 FX 系列 PLC 通过通信监控变频器的编程实例。

5. 变频器的正反转控制

下面通过一个例子介绍用 PLC 控制变频器的方法。用接在 PLC 的 X0 和 X1 输入端的按钮 SB1 和 SB2（见图 8-22），通过 PLC 的输出点 Y10 控制变频器的工频电源的接通和断开。

图 8-23 是正反转控制的梯形图。按下"接通电源"按钮 SB1，输入继电器 X0 变为 ON，SET 指令使输出继电器 Y10 的线圈通电并保持，接触器 KM 的线圈得电，其主触点闭合，接通变频器的电源。

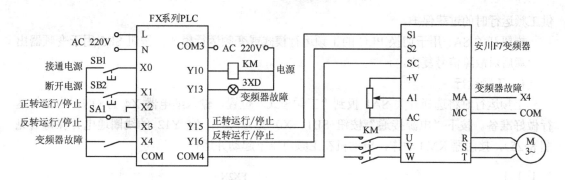

图 8-22　正反转控制的硬件接线图

按下"断开电源"按钮 SB2，X1 变为 ON，如果 X2、X3 均为 OFF（SA1 在中间位置），变频器未运行，则 Y10 被 RST 指令复位，使接触器 KM 线圈断电，其主触点断开，变频器电源被切断。变频器出现故障时，X4 的常开触点接通，亦使 Y10 复位，通过 Y10 使变频器的电源断电。

当电动机正转或反转时，X2 或 X3 的常闭触点断开，使"断开电源"按钮 X1 不起作用，以防止在电动机运行时切断变频器的电源。

三位置旋钮开关 SA1 通过 X2 和 X3 控制电动机的正转、反转运行或停止。"正转运行/停止"开关接通时正转，断开时停机。"反转运行/停止"开关接通时反转，断开时停机。变频器的输出频率由接在模拟量输入端 A1 的电位器控制。

将 SA1 旋至"正转运行"位置，X2 变为 1 状态，使 Y15 动作，变频器的 S1 端子被接通，电动机正转运行。

将 SA1 旋至"反转运行"位置，X3 变为 1 状态，使 Y16 动作，变频器的 S2 端子被接通，电动机反转运行。

将 SA1 旋至中间位置，X2 和 X3 均为 0 状

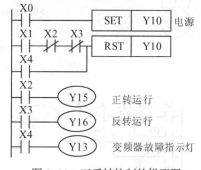

图 8-23　正反转控制的梯形图

态，使 Y15 和 Yl6 的线圈断电，变频器的 S1 和 S2 端子都处于断开状态，电动机停机。

8.3.2　变频电源与工频电源的切换

为了保证在变频器出现故障时设备不至于停机，很多设备都要求设置工频运行和变频运行两种模式。有的设备还要求变频器因故障自动停机时，可以自动切换为工频运行方式，同时发出报警信号。

在工频/变频切换控制的主电路中（见图 8-24），接触器 KM1 和 KM2 动作时为变频运行，仅 KM3 动作时工频电源直接接到电动机。

工频电源如果接到变频器的输出端，将会损坏变频器，所以 KM2 和 KM3 绝对不能同时动作，相互之间必须设置可靠的互锁。为此在 PLC 的输出电路中用 KM2 和 KM3 的常闭触点组成硬件互锁电路。

在工频运行时，变频器不能对电动机进行过载保护，所以设置了热继电器 FR，用它提

供工频运行时的过载保护。

旋钮开关 SA1 用于切换 PLC 的工频运行模式或变频运行模式，按钮 SB5 用于变频器出现故障后对故障信号复位。

1. 工频运行

工频运行时将选择开关 SA1 扳到"工频模式"位置，输入继电器 X4 为 ON，为工频运行做好准备。按下"电源接通"按钮 SB1，X0 变为 ON，使 Y12 的线圈通电并保持（见图 8-25），接触器 KM3 动作，电动机在工频电压下起动并运行。

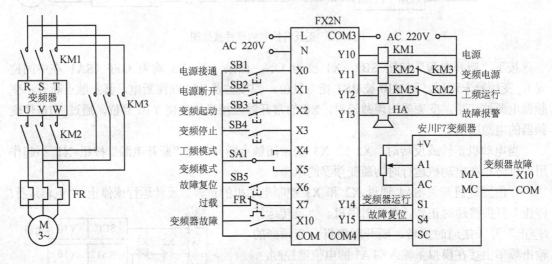

图 8-24　工频/变频电源切换控制电路

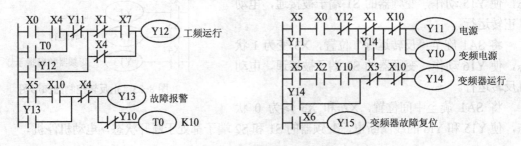

图 8-25　电源切换梯形图

工频运行时 X4 的常闭触点断开，按下"电源断开"按钮 SB2，X1 的常闭触点断开，使 Y12 的线圈断电，接触器 KM3 失电，电动机停止运行。如果电动机过载，热继电器 FR 的常闭触点断开，X7 变为 OFF，Y12 的线圈也会断电，使接触器 KM3 失电，电动机停止运行。

2. 变频运行

变频运行时将选择开关 SA1 旋至"变频模式"位置，X5 为 ON，为变频运行做好准备。按下"电源接通"按钮 SB1，X0 变为 ON，使 Y10 和 Y11 的线圈通电，接触器 KM1 和 KM2 动作，接通变频器的电源，并将电动机接至变频器的输出端。

接通变频器电源后，按下变频起动按钮 SB3，X2 变为 ON，使 Y14 的线圈通电，变频器的 S1 端子被接通，电动机在变频模式运行。Y14 的常开触点闭合后，使断开电源的按钮 SB2（X1）的常闭触点不起作用，以防止在电动机变频运行时切断变频器的电源。按下变频停止按钮 SB4，X3 的常闭触点断开，使 Y14 的线圈断电，变频器的 S1 端子处于断开状态，电动机减速和停机。

3. 故障时自动切换电源

如果变频器出现故障，变频器的 MA 与 MC 端子之间的常开触点闭合，使 PLC 的输入继电器 X10 变为 ON，Y11、Y10 和 Y14 的线圈断电。Y14 使变频器的输入端子 S1 断开，变频器停止工作；Y11 和 Y10 使接触器 KM1 和 KM2 的线圈断电，变频器的电源被断开。另一方面，X10 使 Y13 线圈通电并保持，声光报警器 HA 动作，开始报警。同时 T0 开始定时，定时时间到时，使 Y12 线圈通电并保持，电动机自动进入工频运行状态。

操作人员接到报警信号后，应立即将 SA1 扳到"工频模式"位置，输入继电器 X4 动作，使控制系统正式进入工频运行模式。另一方面，使 Y13 线圈断电，停止声光报警。

处理完变频器的故障，重新通电后，应按下故障复位按钮 SB5，X6 变为 ON，使 Y15 线圈通电，接通变频器的故障复位输入端 S4，使变频器的故障状态复位。

8.3.3 电动机的多段转速控制

有很多设备并不需要连续调节转速，只要能切换若干段固定的转速就行了。几乎所有的变频器都有设置多段转速的功能，只需要用变频器的 2 点或 3 点开关量输入信号，就可以切换 4 段或 8 段转速，可以避免使用昂贵的 PLC 模拟量输出模块来连续调节变频器的输出频率。有的设备要求 1 个或两个转速段的转速给定值可以由操作人员调整，这一功能可以用接在变频器模拟量给定信号输入端的电位器来实现。其他段的转速则用变频器的参数来设置，在运行时操作人员不能修改它们。

图 8-26 用 FX 系列 PLC 的 Y30 和 Y31 来控制安川 F7 系列变频器转速的方向，用 Y34～Y36 控制变频器的 8 段转速，用按钮 SB3 和 SB4 控制转速的切换。按一次"加段号"按钮 SB3，转速的段号加 1，第 7 段时按"加段号"按钮不起作用。按一次"减段号"按钮 SB4，转速的段号减 1，第 0 段时按"减段号"按钮不起作用。用变频器的参数设定各段速度的值。

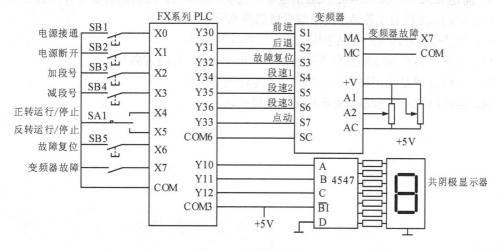

图 8-26 多段转速切换

段号用一只七段 LED 共阴极显示器来显示，用共阳极七段译码驱动芯片 4547 来控制七段显示器。变频器和 4547 芯片分别使用 PLC 不同的输出点，与 4547 相连的输出点使用 DC 5V 电源电压。

F7 系列变频器的输入端子为多功能端子，需要用参数 H1-02～H1-05 来指定端子 S4～S7 的功能，用参数 b1-01 和 H3-09 来设置模拟量输入端子 A1 和 A2 的功能。

下面是控制 8 段转速的程序：

LDP	X2		//在 "加段号" 信号 X2 的上升沿
AND<	D10	K7	//并且 D10 的值小于 7
INC	D10		//D10 加 1
LDP	X3		//在 "减段号" 信号 X3 的上升沿
AND>	D10	K0	//并且 D10 的值大于 0
DEC	D10		//D10 减 1
LD	M8000		
MOV	D10	K1Y34	//段号送 Y34～Y36
MOV	D10	K1Y10	//段号送 Y10～Y12

8.4 习题

1. PLC 的布线需要注意什么问题？
2. 什么是安全保护地？什么是信号地？控制系统为什么要一点接地？
3. 怎样防止变频器干扰 PLC 的正常工作？
4. 在有强烈干扰的环境下，可以采取什么可靠性措施？
5. 如果 PLC 的输出端接有感性元件，应采取什么措施来保证其正常运行？
6. 异步通信为什么需要设置起始位和停止位？
7. 什么是偶校验？
8. 什么是半双工通信方式？
9. 简述 RS-232C 和 RS-485 在通信速率、通信距离和可连接的站点数等方面的区别。
10. 简述以太网防止各站争用总线采取的控制策略。
11. 简述令牌总线防止各站争用总线采取的控制策略。
12. 怎样用 PLC 来控制变频器的输出频率和电动机的旋转方向？
13. 怎样用 PLC 来控制变频电源与工频电源的切换？
14. 怎样用 PLC 来控制变频器的多段转速的切换？

附　录

附录 A　实验指导书

如果用硬件 PLC 做实验，需要 FX 系列 PLC、编程电缆、开关量输入电路板和安装了编程软件 GX Developer V8.86 的计算机。大多数实验可以用仿真软件来做，实验指导书主要介绍使用仿真软件 GX Simulator V6-C 的实验方法。

A.1　编程软件和仿真软件的使用练习

1. 实验目的

通过实验了解和熟悉 FX 系列 PLC 的外部接线方法，了解和熟悉编程软件和仿真软件的使用方法。

2. 实验内容

（1）生成和编译程序

在断电的情况下将开关量输入板接到 PLC 的输入端，用编程电缆连接 PLC 和计算机的通信接口，PLC 的工作模式开关扳到 STOP 位置，接通计算机和 PLC 的电源。

打开编程软件，创建一个新的项目，设置 PLC 的型号、工程的名称和保存项目的文件夹。在写入模式输入图 A-1 所示的运输带控制的梯形图程序。单击"程序变换/编译"按钮 ，编译输入的程序。用"工具"菜单中的命令对程序进行检查。单击工具条上的 按钮，在梯形图和指令表两种语言之间切换。

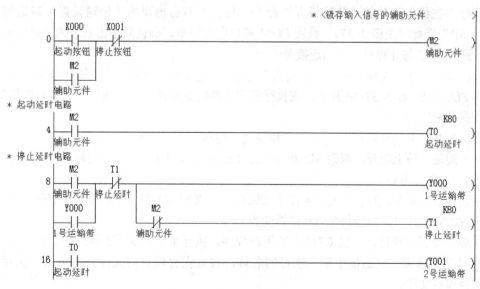

图 A-1　梯形图

在显示梯形图时，用"显示"菜单中的命令改变显示的倍率，最后设为"自动倍率"显示。改变编程软件视图的宽度，观察显示倍率的自动变化。

用计算机的〈Insert〉键在"插入"（INS）和"覆盖"（OVR）两种模式之间切换，观察状态栏上交替变化的"改写"和"插入"。分别在两种模式用鼠标双击某个触点，输入另外一个地址，观察操作的结果。

故意制造一些语法错误，例如删除某个线圈，观察编译后出现的小窗口显示的错误信息。改正错误后重新编译。

用"查找与替换"菜单中的命令，或工具条上的按钮，查找软元件、指令、步序号、字符串、触点和线圈。

在"写入"模式选中梯形图中的某个元件，或选中梯形图中的长方形区域、选中一个或多个电路，用剪贴板功能删除、复制、剪切和粘贴选中的区域。

（2）生成和显示注释、声明和注解

用鼠标双击工程数据列表窗口的"软元件注释"文件夹中的"COMMENT"（注释），打开软元件注释视图，输入图 A-1 所示的软元件注释。设置注释的显示方式为 4×8，软元件注释行数为 1，当前值监视行仅在监视时显示。用"显示"菜单中的命令显示和关闭注释。

在程序步 4 和程序步 8 的电路上面生成、显示和关闭图 A-1 所示的声明。

在 M2 的线圈上面生成、显示和关闭如图 A-1 所示的注解。

（3）"帮助"功能的使用

执行菜单命令"帮助"→"特殊继电器/寄存器"，在出现的对话框中查找 FX 的 M8011 和 D8010 的注释。

在"写入"模式下双击梯形图中的某个触点或线圈，单击出现的"梯形图输入"对话框中的"帮助"按钮，打开"指令帮助"对话框。在"指令选择"选项卡找到逻辑运算指令中的 WAND 指令，阅读它的帮助信息。

（4）用硬件 PLC 调试程序

执行"在线"菜单的"传输设置"命令，用鼠标双击出现的"传输设置"对话框中的"串行 USB"图标（见图 2-37），设置 COM 端口和波特率。确认后单击右边的"通信测试"按钮，测试 PLC 与计算机的通信连接是否成功。

执行菜单命令"在线"→"PLC 写入"，或单击工具条上的下载按钮 ![icon]，下载程序。

用 PLC 上的 RUN/STOP 开关，或执行编程软件的菜单命令"在线"→"远程操作"，将 PLC 切换到 RUN 模式。

单击工具条上的按钮 ![icon]，切换到监视模式。用接在 X0 输入端的小开关产生起动按钮信号，开关接通后马上断开，观察 M2 和 Y0 是否变为 ON，T0 是否开始定时。T0 的定时时间到时，Y1 是否变为 ON。

用接在 X1 输入端的小开关产生停止按钮信号，观察 M2 和 Y1 是否变为 OFF，T1 是否开始定时。T1 的定时时间到时，Y0 是否变为 OFF。

生成一个新的项目，上载 CPU 中的用户程序。执行菜单命令"工程"→"保存"，在出现的"另存工程为"对话框中输入项目的名称，设置保存项目的文件夹。单击"保存"按钮，保存项目文件。

（5）用仿真软件调试程序

断开硬件 PLC 与计算机的连接后，打开仿真软件，程序被自动下载到仿真 PLC。启动软元件监视视图，生成 X 窗口、Y 窗口和定时器当前值窗口。

两次双击 X 窗口中的 X0，模拟对起动按钮的点动操作。观察 M2 和 Y0 是否变为 ON，T0 是否开始定时。T0 的定时时间到时，Y1 是否变为 ON。

两次用鼠标双击 X 窗口中的 X1，模拟对停车按钮的点动操作。观察 M2 和 Y1 是否变为 OFF，T1 是否开始定时。T1 的定时时间到时，Y0 是否变为 OFF。

切换到"写入"模式，修改 T0 的时间设定值，下载修改后的程序。返回监控模式，重新调试程序。

A.2 位逻辑运算的仿真实验

1．实验目的

通过实验，熟悉基本逻辑指令，熟悉设计和调试程序的方法。

2．实验内容

（1）位逻辑运算的仿真实验

打开编程软件，输入图 1-4 所示的梯形图程序，其中的输入继电器和输出继电器之间的逻辑关系见表 1-1。

打开 GX Simulator，用户程序被下载到仿真 PLC。启动软元件监视视图，生成 X 窗口和 Y 窗口。用双击的方法改变 X 窗口中 X0～X4 的状态（见图 A-2），观察 Y 窗口中 Y0～Y2 的状态的变化，对用户程序进行仿真调试。同时观察梯形图程序中触点和线圈的变化。

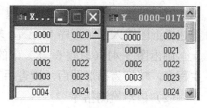

图 A-2 梯形图与软元件监视视图

按表 1-1 的要求逐行检验"与"、"或"、"非"逻辑运算。以"与"逻辑运算为例，按表格第一行的要求，令 X0 和 X1 均为 0 状态（X 窗口中它们的背景色为灰色，梯形图中其常开触点断开），观察 Y0 是否为 0 状态（Y 窗口中 Y0 的背景色为灰色，梯形图中其线圈断电）；按表格第二行的要求，令 X0 为 0 状态，X1 为 1 状态（用鼠标双击 X 窗口中的 X1，其背景色变为黄色，梯形图中其常开触点闭合），观察 Y0 是否为 0 状态……

在梯形图监视模式，单击工具条上的按钮 ，切换到指令表监视模式，改变 X 窗口中 X0～X4 的状态，观察程序中有关输入点和输出点状态的变化。

（2）抢答指示灯控制的仿真实验

参加智力竞赛的 A、B、C 三人的桌上各有一个抢答按钮，分别接到 PLC 的 X1～X3 输入端，通过 Y0～Y2 用 3 个灯显示他们的抢答信号。当主持人接通抢答允许开关 X4 后，抢答开始，最先按下按钮的抢答者对应的灯亮。与此同时，禁止另外两个抢答者的灯亮，指示灯在主持人断开抢答允许开关后熄灭。图 A-3 是控制抢答指示灯的梯形图（见例程"抢答指示灯"）。

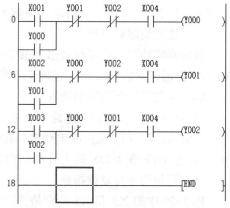

图 A-3 控制抢答指示灯的梯形图

在 Y0～Y2 的控制电路中，分别用它们的常开触点实现自锁，为了实现互锁（即某个灯亮后另外两个灯不能亮），将各输出继电器的常闭触点与另外两个输出继电器的线圈分别串联。将程序输入 PLC 后运行该程序。调试程序时应逐项检查是否满足以下要求：

1）抢答允许开关 X4 没有接通时，各抢答按钮是否能使对应的灯亮。

2）X4 接通后，按某一个按钮是否能使对应的灯亮。

3）某一抢答者的灯亮后，另外两个抢答者的灯是否还能被点亮。

4）断开抢答允许开关 X4，是否能使已亮的灯熄灭。

A.3 基本指令仿真实验

1．实验目的

通过实验，了解位逻辑指令的功能和使用方法。

2．实验内容

（1）梯形图和语句表之间的相互转换

打开例程"位逻辑指令"，单击工具条上的按钮 🖼，在梯形图和指令表之间转换，观察步序号 8～43（对应于图 3-22、图 3-24 和图 3-25）中的梯形图和语句表程序之间的关系，理解有关的指令的作用。

写出图 3-37～图 3-39（习题 2～4）中的梯形图对应的指令表。生成一个新的项目，将上述梯形图输入到主程序 MAIN，转换为指令表后，检查写出的指令表是否正确。

画出图 3-41（习题 6～8）中的指令表对应的 3 个梯形图。将图 3-41 中的指令表输入到主程序，转换为梯形图后，检查手工画出的梯形图是否正确。

（2）边沿检测指令

打开 GX Simulator，用户程序被下载到仿真 PLC。启动软元件监视视图，生成 X 窗口、Y 窗口和 M 窗口。

用鼠标双击 X 窗口中的 X0，将它切换到 ON 状态，观察在 X0 的上升沿（X0 的触点由断开变为接通），图 3-26 中的指令"PLS　M0"两侧的方括号是否变为蓝色，然后很快消失。在 X0 的下一个上升沿，观察 M 窗口中 M0 状态的变化。

用鼠标双击 X 窗口中的 X0，将它由 ON 切换到 OFF 状态，观察在 X0 的下降沿（X0 的触点由接通变为断开），图 3-26 中的指令"PLF　M1"两侧的方括号是否变为蓝色，然后很快消失。在 X0 的下一个下降沿，观察 M 窗口中 M1 状态的变化。

（3）边沿检测触点指令

做仿真实验时，用鼠标双击 X 窗口中的 X2 和 X3（见图 3-27），观察在 X2 的上升沿或 X3 的下降沿，对应的边沿检测触点是否接通一个扫描周期。

（4）单按钮控制电路的仿真实验

图 3-28 的单按钮控制电路中（见例程"位逻辑指令"的步序号 67～75 中的电路），X7 是按钮信号，用 Y15 来控制电动机。在仿真实验时多次用鼠标双击 X 窗口中的 X7，观察在每次 X7 由 OFF 变为 ON 的上升沿，Y15 的 ON/OFF 状态是否能切换。

（5）置位指令与复位指令

图 3-29 中的 X3 和 X5 分别是置位输入和复位输入，做仿真实验时，分别设置下面的条件，观察置位和复位的效果，是否有保持功能。

1）X3 和 X5 均为 OFF，此时 M3 的状态应保持不变。

2）令 X5 为 OFF，X3 为 ON 然后变为 OFF，观察 M 窗口中的 M3 是否变为 ON 并保持。

3）令 X3 为 OFF，X5 为 ON 然后变为 OFF，观察 M 窗口中的 M3 是否变为 OFF 并保持。

4）令 X3 和 X5 均为 ON，观察 M 窗口中的 M3 的状态。

指令"SET M3"方括号的蓝色表示该指令有效，M3 被置位为 ON。指令"RST M3"方括号的蓝色表示该指令有效，M3 被复位为 OFF。

（6）主控指令的仿真实验

例程"位逻辑指令"的步序号 76～85 是主控指令应用的程序（见图 3-31）。

观察是否只有在读取模式和监视模式才能看到 M10 的主控触点，在写入模式主控触点是隐藏的。

做仿真实验时，令 X16 为 ON，梯形图中 M10 的主控触点接通。此时可以用主控区中的 X17 和 X20 的触点分别控制 Y6 和 Y16 的线圈。

令 X16 为 OFF，M10 的主控触点断开。此时不能用 X17 和 X20 的触点控制 Y6 和 Y16 的线圈，Y6 和 Y16 为 OFF。

（7）取反指令

做仿真实验时分别令图 3-33 中的串联电路接通和断开（见步序号 63 开始的电路），观察 M4 的线圈的通电、断电的状态。

A.4 定时器应用实验

1. 实验目的

通过实验，了解定时器的编程和监控的方法。

2. 实验内容

打开例程"定时器应用"，打开仿真软件，启动软元件监视视图，生成 X 窗口、Y 窗口、M 窗口和定时器当前值窗口。

（1）一般用途定时器实验

1）按图 3-8 的波形图检查定时器的功能。用鼠标双击 X 窗口中的 X0，使它变为 ON，未到设定值 10s 时使 X0 变为 OFF，T1 的线圈断电，观察 T1 的当前值变化的情况。

2）令 X0 变为 ON，到达设定值 10s 时，观察 T1 的当前值和常开触点变化的情况。

3）令 X0 变为 OFF，T1 的线圈断电，观察 T1 的当前值和常开触点变化的情况。

（2）累计型定时器实验

1）按图 3-9 的波形图检查定时器的功能。令 X1 变为 ON，T250 开始定时。未到时间设定值时，令 X1 变为 OFF，观察当前值是否变化。

2）令 X1 变为 ON，T250 的线圈接通，观察累计时间达到设定值时，Y1 是否变为 ON。

3）两次用鼠标双击 X 窗口中的 X2，使它产生一个脉冲，观察 T250 被复位的情况。

（3）断开延时定时器的实验

1）按图 3-10 的波形图检查断开延时定时器的功能。令 X3 为 ON，观察 Y2 是否变为 ON。

2）令 X3 变为 OFF，观察 T2 是否开始定时。T2 的当前值到达设定值时 Y2 是否变为

OFF。

（4）脉冲定时器实验

按图 3-11 的波形图检查脉冲定时器的功能。令 X4 变为 ON 的时间分别小于和大于 T3 的设定值，观察 Y3 输出的脉冲宽度是否等于其设定值。

（5）指示灯闪烁电路

令图 4-11 中的 X5 为 ON，观察 T4 和 T5 是否能交替定时，使 Y4 控制的指示灯闪烁。修改定时器的设定值，下载后观察指示灯亮和熄灭的时间是否与修改后的值相同。

（6）卫生间冲水控制电路

用 X6 模拟图 4-12 中有人使用卫生间的信号，观察 Y5 是否按图中所示波形变化。

（7）3 条运输带控制实验

1）打开例程"运输带控制"，打开仿真软件，启动软元件监视视图，生成 X 窗口、Y 窗口、M 窗口和定时器当前值窗口。3 条运输带控制的程序从步序号 18 开始。

2）两次用鼠标双击 X 窗口中的 X2，模拟对起动按钮的点动操作。按图 4-17 中的波形检查定时器的工作情况。观察 M1 和 Y2 是否变为 ON，T2 是否开始定时，Y3 和 Y4 是否按图 4-17 中的波形变化。

3）两次用鼠标双击 X 窗口中的 X3，模拟对停车按钮的点动操作。观察 M1 和 Y4 是否变为 OFF，T4 和 T5 是否开始定时，Y3 和 Y2 是否按图 4-17 中的波形变化。

A.5 计数器应用实验

1．实验目的

通过实验，了解计数器的编程与监控的方法。

2．实验内容

打开例程"计数器应用"，打开仿真软件，启动软元件监视视图，生成 X 窗口、Y 窗口、M 窗口和计数器当前值窗口。

（1）加计数器的实验

按图 3-12 中的波形检查加计数器的功能，按下面的顺序对加计数器 C0 进行操作：

1）令 X1 为 OFF，断开 C0 的复位电路；两次用鼠标双击 X 窗口中的 X0，给 C0 提供计数脉冲，观察在 X0 由 OFF 变为 ON 时 C0 的当前值是否加 1，发了 5 个脉冲后 Y0 是否变为 ON。C0 的当前值等于设定值后再发计数脉冲，观察 C0 的当前值是否变化。

2）用鼠标双击 X 窗口中的 X1，令它为 ON，复位 C0。观察 C0 的当前值是否变为 0，Y0 是否变为 OFF。此时用 X0 对应的开关发出计数脉冲，观察 C0 的当前值是否变化。

3）做硬件实验时在计数过程中将运行模式开关扳到 STOP 位置，过一会扳回到 RUN 位置，（或断开 PLC 的电源，过一会接通电源），观察 C0 的当前值和触点的变化情况，C0 是否有断电保持功能？修改程序，用有断电保持功能的计数器 C100 代替图 3-12 中的 C0，下载改写后的程序，按上述方法观察它是否有断电保持功能。

（2）32 位加减计数器的仿真实验

开始仿真时，X2 为 OFF，M8200 的线圈断电，C200 处于加计数模式（见图 3-13）。多次用鼠标双击 X4，反复改变它的状态，在 X4 的每个上升沿，C200 的当前值加 1。它的当前值等于设定值 4 时，C200 的常开触点接通，使 Y1 的线圈通电。继续改变 X4 的状态，

C200 的当前值继续加 1。当前值大于等于设定值 4 时，C0 的输出触点仍然接通。

用鼠标双击 X 窗口中的 X2，使 M8200 的线圈通电，C200 被切换到减计数模式。用鼠标双击 X 窗口中的 X4，在它变为 ON 的上升沿，C200 的当前值减 1。当前值由 4 减到 3 时，C200 的常开触点变为断开。当前值为 0 时再来计数脉冲，当前值变为–1。

（3）长延时定时器实验

令图 4-9 中的 X3 为 ON，观察 C1 的当前值是否每分钟加 1，X3 为 OFF 时 C1 是否被复位。

减小图 4-10 中 T0 和 C2 的设定值，以免等待的时间太长，用 X5 启动 T0 定时。观察总的定时时间是否等于 C2 和 T0 设定值的乘积的十分之一（单位为 s）。

A.6 经验设计法仿真实验

1．实验目的

了解经验设计法和程序的调试方法。

2．实验内容

（1）钻床刀架控制

打开例程"刀架控制"（见图 4-5），打开仿真软件，启动软元件监视视图，生成 X 窗口和 Y 窗口。通过梯形图程序状态进行监视，令 X10 为 ON（未过载）。

两次用鼠标双击 X 窗口中的 X0，模拟按下和放开进给起动按钮，观察 Y0 是否变为 ON（刀架开始进给）。

用鼠标双击 X 窗口中的 X3，模拟刀架到达左限位开关 X3 所在位置，观察 Y0 是否变为 OFF（停止进给），T0 是否开始定时，当前值不断增大。

T0 当前值增大到 60（6s）时，观察 Y1 是否变为 ON，刀架返回。Y1 变为 ON 后将 X3 置为 OFF，T0 被复位。

用鼠标双击 X 窗口中的 X4，模拟刀架返回起始位置，观察 Y1 是否变为 OFF。

（2）小车往返次数控制

打开例程"小车往返次数控制"（见图 4-7），打开仿真软件，起动软元件监视视图，生成 X 窗口、Y 窗口和计数器当前值窗口。通过梯形图程序状态进行监视，仿真操作的步骤如下：

1）小车开始时停在最左边，两次用鼠标双击 X 窗口中的右行起动按钮 X0，模拟按下和松开该按钮。Y0 变为 ON，小车开始右行。

2）用鼠标双击 X 窗口中的右限位开关 X3，Y0 变为 OFF，Y1 变为 ON，小车改为左行。C0 的当前值加 1 后变为 1。再次用鼠标双击 X3，模拟小车离开右限位开关。

3）用鼠标双击 X 窗口中的左限位开关 X4，Y1 变为 OFF，Y0 变为 OFF，小车改为右行。再次用鼠标双击 X4，模拟小车离开左限位开关。

4）重复第 2 步和第 3 步的操作，直到右限位开关 X3 使小车变为左行，C0 的当前值变为 3，C0 的常闭触点断开。

5）用鼠标双击 X 窗口中的左限位开关 X4，Y1 的线圈断电，小车返回最左边后停车。图 4-7 是此时的梯形图程序状态。

6）两次用鼠标双击 X 窗口中的右行起动按钮 X0，应能将 C0 复位，再次起动小车右行。

（3）较复杂的自动往返小车控制的编程实验

在图 4-7 的基础上，删除与 C0 有关的触点和电路。增加下述功能：小车碰到右限位开关 X3 后停止右行，延时 5s 后自动左行。小车碰到左限位开关 X4 后停止左行，延时 6s 后自动右行。按停止按钮后小车停止运动。

输入、下载和调试程序，直至满足要求。注意调试时限位开关接通的时间应大于定时器延时的时间。小车离开某一限位开关后，应将该限位开关对应的输入点复位为 OFF。

A.7 时序控制系统仿真实验

1. 实验目的
通过实验了解时序控制系统的程序设计和调试的方法。

2. 实验内容

（1）使用定时器和区间比较指令设计时序控制电路

打开例程"时序控制"，打开仿真软件，启动软元件监视视图，生成 X 窗口、Y 窗口、M 窗口和定时器当前值窗口。

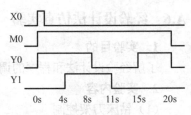

图 A-4 波形图

两次用鼠标双击 X0，模拟起动按钮的点动操作（见图 A-4，程序见图 4-19）。M0 应变为 ON，以 0.1s 为单位的 T0 的当前值不断增大。

观察 Y0 和 Y1 的 ON/OFF 状态与 T0 当前值的关系是否符合图 A-4 的要求。例如 T0 的当前值大于 40、小于 110 时，Y1 是否为 ON，其余区间 Y1 是否为 OFF。T0 的当前值等于设定值 201 时，M0 和 Y0 是否变为 OFF。

同时还可以观察 ZCP 指令定义的目标操作数 M 的状态变化与源操作数（S1·）和（S2·）之间的关系。例如图 4-19 中 T0 的当前值小于 40 时，M16 是否为 ON；T0 的当前值大于 110 时，M18 是否为 ON；T0 的当前值在其余区间时，M17 是否为 ON。

（2）使用多个定时器接力定时的时序控制电路

程序见图 4-21，两次用鼠标双击 X 窗口的 X1，模拟对起动按钮的操作（见图 A-5）。观察 M1 和 Y3 是否变为 ON，以 0.1s 为单位的 T1 的当前值是否不断增大。

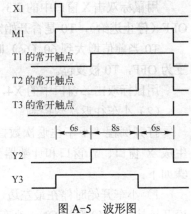

图 A-5 波形图

观察在 T1 的当前值等于设定值 60 时，Y2 是否变为 ON，T2 的当前值是否开始增大。

观察在 T2 的当前值等于设定值 80 时，Y3 是否变为 OFF，T3 的当前值是否开始增大。

观察在 T3 的当前值等于设定值 60 时，Y2 和 M1 是否变为 OFF，T1~T3 的当前值是否变为 0。

A.8 使用 STL 指令的单序列控制程序的编程实验

1. 实验目的
通过实验，掌握使用 STL 指令的顺序控制程序的设计和调试方法。

2. 实验内容

（1）旋转工作台控制

打开例程"旋转工作台控制"（见图 5-3），打开仿真软件，启动软元件监视视图，生成 X 窗口、S 窗口和 Y 窗口。

应根据顺序功能图，而不是梯形图来调试程序。刚开始进入 RUN 模式时，初始步 S0 应为 ON。用鼠标双击 X 窗口中的 X3，令左限位开关为 ON，为起动系统运行做好准备。两次用鼠标双击 X0，模拟起动按钮的点动操作，观察是否能转换到步 S20，即 S0 变为 OFF，S20 和 Y0 变为 ON。Y0 变为 ON 后，工作台正转。此时应将左限位开关 X3 置为 OFF。

两次用鼠标双击 X4，模拟右限位开关动作，观察是否能转换到步 S21，Y0 变为 OFF，T0 开始定时。T0 定时时间到时，观察是否能转换到步 S22，Y1 变为 ON，工作台反转。此时应将右限位开关 X4 置为 OFF。用鼠标双击 X3，模拟左限位开关动作，观察 Y1 是否能变为 OFF，工作台停止运动。S0 是否变为 ON，系统返回初始步。

（2）运料矿车控制

打开例程"运料矿车控制"（见图 5-4），打开仿真软件，启动软元件监视视图，生成 X 窗口、S 窗口和 Y 窗口。

刚开始进入 RUN 模式时，初始步 S0 应为 ON。用鼠标双击 X 窗口中的 X1，令右限位开关 X1 为 ON，为起动系统运行做好准备。两次用鼠标双击 X3，模拟按下和松开起动按钮。观察是否能转换到步 S20，即 S0 变为 OFF，S20 和 Y11 变为 ON。进入步 S20 后，T0 开始定时。8s 之后，T0 的定时时间到，应转换到步 S21，Y11 变为 OFF，停止装料。Y12 变为 ON，小车左行。左行后应将 X 窗口的右限位开关 X1 置为 OFF。

用鼠标双击 X2，模拟左限位开关动作，观察是否能转换到步 S22，Y12 变为 OFF，停止左行。Y13 变为 ON，开始卸料。进入步 S22 后，T1 开始定时。10s 之后，T1 的定时时间到，应转换到步 S23，Y13 变为 OFF，停止卸料。Y10 变为 ON，小车右行。右行后应将 X 窗口的左限位开关 X2 置为 OFF。

将右限位开关 X1 置为 ON，模拟小车返回初始位置。系统应从右行步返回初始步，小车停止运行。

（3）编程实验

设计满足习题 5-2（见图 5-40）中的顺序功能图要求的梯形图程序，用仿真软件调试程序。

A.9 使用 STL 指令的选择序列控制程序的编程实验

1. 实验目的

通过实验，掌握有选择序列的顺序控制程序的设计和调试方法。

2. 实验内容

打开例程"自动门控制"（见图 5-8），打开仿真软件，启动软元件监视视图，生成 X 窗口、S 窗口和 Y 窗口。

（1）关门过程中无人进入

首先调试从初始步到步 S24，最后返回初始步的流程。

刚开始进入 RUN 模式时，初始步 S0 应为 ON。用鼠标双击 X 窗口中的 X0，模拟有人出现。观察是否能转换到步 S20，Y0 变为 ON，开始高速开门。

两次用鼠标双击 X1，模拟自动门到达减速位置。观察是否能转换到步 S21，Y0 变为

OFF，Y1 变为 ON，减速开门。将 X0 复位为 OFF，模拟人离开。

两次用鼠标双击 X2，模拟门全开，观察是否能转换到步 S22，Y1 变为 OFF，停止开门。0.5s 后应转换到步 S23，Y2 变为 ON，高速关门。

两次用鼠标双击 X3，模拟自动门到达关门减速位置。观察是否能转换到步 S24，Y2 变为 OFF，Y3 变为 ON，减速关门。

两次用鼠标双击 X4，模拟自动门全关。观察是否能返回到初始步 S0，Y3 变为 OFF，关门结束。

（2）高速关门时有人出现

重复上述的操作，在步 S23 为活动步时，高速关门。此时令 X0 为 ON，模拟高速关门过程中有人出现。观察是否能转换到步 S25，延时后返回步 S20，开始高速开门。

（3）减速关门时有人出现

在步 S24 为活动步时，减速关门，将 X0 置位为 ON，模拟减速关门过程中有人出现。观察是否能进入步 S25，延时后返回步 S20。

（4）编程实验

设计满足习题 5-11（见图 5-45）中的液体混合控制的顺序功能图要求的梯形图程序，用仿真软件调试程序。

A.10 使用 STL 指令的复杂的顺序功能图的编程实验

1. 实验目的
通过实验，掌握有并行序列的顺序控制程序的设计和调试方法。

2. 实验内容
（1）专用钻床控制实验

打开例程"专用钻床控制"，打开仿真软件，启动软元件监视视图，生成 X 窗口、S 窗口和 Y 窗口。

令自动开关 X20 为 OFF，跳过自动程序，执行手动程序。根据图 5-13 中的手动程序，观察是否可以用手动按钮 X10～X17 分别控制 Y0～Y7。

令自动开关 X20 为 ON，跳过手动程序，执行自动程序。顺序功能图见图 5-12。

刚开始进入 RUN 模式时，初始步 S0 应为 ON，C0 的当前值为 0，令大、小钻头上限位开关 X3、X5、旋转到位限位开关 X6 和已松开限位开关 X7 为 ON。两次用鼠标双击 X 窗口中的 X0，模拟按下和松开起动按钮。观察是否能转换到步 S21，Y0 变为 ON，工件被夹紧。令已松开限位开关 X7 为 OFF。

令 X1 为 ON，模拟工件已被夹紧。观察是否能转换到步 S22 和 S25，Y0 变为 OFF，Y1 和 Y3 变为 ON，大、小钻头开始钻孔。C0 的当前值加 1 后变为 1。令上限位开关 X3 和 X5 为 OFF。

按顺序功能图分别两次用鼠标双击 X2、X3 和 X4、X5，模拟钻头运动的限位开关变为 ON 和 OFF，观察是否能实现转换。

在 S24 和 S27 均为 ON 时，观察 S28 和 Y5 是否变为 ON，S24 和 S27 同时变为 OFF。

进入步 S28 后，将 X6 置为 OFF，模拟工作台开始旋转。再将 X6 置为 ON，模拟旋转到位，限位开关 X6 动作。观察是否能返回步 S22 和步 S25，C0 的当前值加 1 后变为 2。

按顺序功能图的要求模拟钻头运动的限位开关 X2~X5 的动作，直到转换到步 28。用鼠标两次双击 X6，模拟旋转到位限位开关 X6 的断开和接通，观察是否能返回步 S22 和步 S25，C0 的当前值加 1 后变为设定值 3。

按顺序功能图的要求模拟钻头运动的限位开关 X2~X5 的动作，并行序列的两个子序列分别转换到步 S24 和 S27 时，因为 C0 的常开触点闭合，观察是否能转换到松开步 S29。令 X1（已夹紧）为 OFF，X7（已松开）为 ON，观察 Y6 是否变为 OFF，返回初始步 S0。

（2）剪板机控制的编程实验

用 STL 指令设计满足习题 4-15 的剪板机控制的顺序功能图和梯形图程序，用仿真软件调试程序。

A.11 使用置位复位指令的顺序控制编程实验

1．实验目的

通过实验，熟悉使用置位复位指令的顺序控制程序的设计和调试方法。

2．实验内容

（1）二运输带控制程序的调试

打开例程"二运输带顺序控制"（见图 5-16），打开仿真软件，启动软元件监视视图，生成 X 窗口、M 窗口和 Y 窗口。

刚开始进入 RUN 模式时，初始步 M0 应为 ON。两次用鼠标双击 X 窗口中的 X0，模拟起动按钮的点动操作。步 M0 下面的转换条件满足，观察 M0 是否变为 OFF，M1 变为 ON，转换到了步 M1。Y1 应变为 ON，T0 开始定时。观察定时时间到时是否自动转换到步 M2，Y0 和 Y1 同时为 ON。两次用鼠标双击 X 窗口中的 X1，模拟按下和松开停机按钮。观察是否从步 M2 转换到步 M3，经 T1 延时后是否自动返回初始步 M0。

（2）小车顺序控制程序的调试

打开例程"小车顺序控制"（见图 5-17），打开仿真软件，启动软元件监视视图，生成 X 窗口、M 窗口和 Y 窗口。

刚开始进入 RUN 模式时，初始步 M0 应为 ON。用鼠标双击 X 窗口中的 X0，模拟左限位开关动作，为起动系统运行做好准备。两次用鼠标双击 X3，模拟起动按钮的操作。观察是否能转换到步 M1，M0 变为 OFF，M1 和 Y0 变为 ON，小车右行。

用鼠标双击令 X0 为 OFF，模拟小车离开左限位开关。两次用鼠标双击 X1，模拟中限位开关动作。观察是否能转换到步 M2，Y0 变为 OFF，Y1 变为 ON，小车改为左行。

依次模拟限位开关 X0、X2 和 X0 的动作和复位，观察是否能按顺序功能图的要求，顺序转换到步 M3 和 M4，最后返回初始步 M0。小车换向后，应将小车离开的限位开关复位为 OFF。

（3）编程实验

设计满足习题 5-1（见图 5-39）中的顺序功能图要求的梯形图程序，用仿真软件调试程序。

A.12 使用置位复位指令的复杂的顺序功能图的编程实验

1．实验目的

通过实验，熟悉使用置位复位指令的复杂的顺序控制程序的设计和调试方法。

2. 实验内容

打开例程"3 运输带顺序控制",打开仿真软件,启动软元件监视视图,生成 X 窗口、M 窗口和 Y 窗口。

图 5-19 的顺序功能图有 3 条可能的进展路线,应逐一检查,不能遗漏。

(1) 运输带的正常起动和停车

刚开始进入 RUN 模式时,初始步 M0 应为 ON。两次用鼠标双击 X2,模拟起动按钮的操作。观察是否能实现下述的转换:

1) 转换到步 M1,Y2 变为 ON 并保持,最下面的 1 号运输带运行。

2) 5s 后转换到步 M2,Y1 变为 ON 并保持,2 号和 1 号运输带同时运行。

3) 再过 5s 后转换到步 M3,Y0 变为 ON,3 条运输带同时运行。

两次用鼠标双击 X1,模拟停车按钮的点动操作,观察是否能实现下述的转换:

1) 转换到步 M4,Y0 变为 OFF,最上面的 3 号运输带停止运行。

2) 5s 后转换到步 M5,Y1 变为 OFF,中间的 2 号运输带停止运行。

3) 再过 5s 后返回到初始步 M0,Y2 变为 OFF,3 条运输带全部停止运行。

(2) 起动一条运输带时停车

在初始步时两次用鼠标双击 X2,模拟起动按钮的点动操作,转换到步 M1,Y2 变为 ON。在 5 s 内两次用鼠标双击 X1,模拟停车按钮的点动操作,观察是否能返回初始步 M0,Y2 变为 OFF。

(3) 起动两条运输带时停车

在初始步时两次用鼠标双击 X2,模拟起动按钮的点动操作,转换到步 M1,Y2 变为 ON 并保持。5s 后转换到步 M2,Y1 变为 ON。在 5 s 内两次用鼠标双击 X1,模拟停车按钮的点动操作,观察是否能转换到步 M5,Y1 变为 OFF。5s 后是否能返回初始步 M0,Y2 变为 OFF。

(4) 有并行序列的顺序功能图的调试实验

打开例程"双面组合机床控制",打开仿真软件,启动软元件监视视图,生成 X 窗口、M 窗口和 Y 窗口。顺序功能图见图 5-23。

刚开始进入 RUN 模式时,初始步 M0 应为 ON。令 X4 和 X7 为 ON,模拟两侧滑台均在起始位置。两次用鼠标双击 X0,模拟起动按钮的操作。观察是否从初始步 M0 转换到步 M1,Y0 变为 ON。令 X1 为 ON,观察 M2 和 M6 是否同时变为 ON。

以后根据顺序功能图,在前级步为活动步时,令转换条件 X2~X4、X5~X7 分别顺序为 ON 和 OFF,观察是否能转换到下一步。

调试时应注意并行序列中开始的两步 M2 和 M6 是否同时变为活动步;左右滑台分别退回原位(X4 和 X7 同时为 ON),进入等待步 M5 和 M9 时,是否能转换到 M10;X10 为 ON 时,是否能返回初始步 M0。

(5) 编程实验

设计满足习题 5-5(见图 5-43)中的顺序功能图要求的梯形图程序,用仿真软件调试程序。

设计满足习题 5-4(见图 5-42)中的顺序功能图要求的梯形图程序,用仿真软件调试程序。

A.13 使用置位复位指令的大小球分选控制实验

1．实验目的

通过调试程序，熟悉具有多种工作方式的系统的顺序控制程序的设计和调试方法。

2．实验内容

打开例程"使用 SR 指令的大小球分选控制"，启动仿真软件和软元件监视视图，生成 X 窗口、Y 窗口和 M 窗口。如果用硬件 PLC 做实验，可以用软元件批量监视功能监视 M0 开始的辅助继电器。

（1）手动程序的调试

令 X10 为 ON，进入手动工作方式。调试时根据手动程序，检查各手动按钮是否能控制相应的输出量，有关的限位开关是否起作用。

最后令左限位开关 X1 和上限位开关 X4 为 ON，吸合阀 Y4 为 OFF，原点条件 M5 和初始步 M0 应为 ON，然后切换到自动模式。

（2）单周期工作方式的调试

为了正确地模拟系统的工作情况，除了在各步结束时提供适当的转换条件（将某个输入继电器置位为 ON），还应根据表 A-1 的要求，在某些步将某些输入继电器复位为 OFF。例如在右行步 M23，机械手右行后，离开了左限位开关 X1，所以应将 X1 复位为 OFF。将表 A-1 中的 M21～M23 改为 M24～M26，X2 改为 X3，可用于调试搬运小球的控制程序。

表 A-1　调试机械手搬运大球的表格

步	M0 初始	M20 下降	M21 吸合	M22 上升	M23 右行	M27 下降	M28 释放	M29 上升	M30 左行
复位操作	—	复位 X4 和 X16	—	—	复位 X1	复位 X4	—	复位 X5	复位 X2
转换条件	X16·M5	T0·$\overline{X5}$	T1	X4 置位	X2 置位	X5 置位	T2	X4 置位	X1 置位
其他输入的状态	X4=1 X1=1	X1=1	X1=1	X1=1	X4=1 —	X2=1	X5=1 X2=1	X2=1	X4=1 —

在原点条件标志 M5 为 ON，初始步 M0 为活动步时，令手动开关 X10 为 OFF，单周期开关 X13 为 ON，进入单周期工作方式。两次双击 X16，模拟起动按钮的操作，观察是否能从初始步 M0 切换到下降步 M20（见图 5-30），即 M0 变为 OFF，M20 变为 ON。

机械手下降后上限位开关变为 OFF，因此在下降步应用鼠标双击 X4，将上限位开关复位为 OFF。令下限位开关 X5 为 OFF，4s 后 T0 的定时时间到时，切换到吸合步 M21，吸合电磁阀 Y4 变为 ON 并被保持，直到在释放步被复位。

2s 后 T1 的定时时间到，自动切换到上升步 M22。以后按表 5-2 的要求，在各步对输入继电器进行操作，定时器提供的转换条件是自动产生的。观察是否能按顺序功能图的要求实现步的活动状态的转换，各步的动作（输出继电器的状态）是否正确。

调试完搬运大球的程序后，还应调试搬运小球的程序。

（3）连续工作方式的调试

在初始步为活动步时，令单周期开关 X13 为 OFF，连续开关 X14 为 ON，进入连续工作方式，此时 M5 应为 ON。两次用鼠标双击 X16，模拟起动按钮的操作，观察是否能从初始步 M0 切换到下降步 M20。按照与单周期方式相同的方法，根据顺序功能图，在各步提供相应的转换条件，观察步与步之间的转换是否正常。在左行步 M30 时，令左限位开关

X1 为 ON，观察是否能返回下降步 M20。在以后的某一步模拟停止按钮 X17 的操作，观察连续标志 M7 是否变为 OFF，完成最后一个周期剩余各步的任务后，从左行步 M30 是否能返回初始步 M0。

（4）单步工作方式的调试

在初始步为活动步时，令连续开关 X14 为 OFF，单步开关 X12 为 ON，进入单步工作方式，此时 M5 应为 ON。两次用鼠标双击 X16，模拟起动按钮的操作，观察是否能从初始步 M0 转换到下降步 M20。T0 的定时时间到时，是否能自动转换到吸合步 M21。两次用鼠标双击 X16，模拟起动按钮 X16 的操作，观察是否能转换到吸合步 M21。以后的每一步都需要在转换条件满足时提供起动按钮信号，才能转换到下一步，直到回到初始步。

（5）回原点工作方式的调试

令单步开关 X12 为 OFF，回原点开关 X11 为 ON，进入回原点工作方式。按回原点工作方式的顺序功能图（见图 5-33）检查回原点程序。

令上限位开关 X4 和左限位开关 X1 均为 OFF，Y1、Y2 和 Y4 为 ON。模拟按下和松开回原点起动按钮 X15，观察是否能进入上升步 M10，Y1 变为 OFF，Y0 变为 ON。令上限位开关 X4 为 ON，观察是否能转换到左行步 M11，Y2 被复位，Y3 变为 ON。令左限位开关 X1 为 ON，观察是否能复位 M11 和 Y4，Y3 变为 OFF，M5 和 M0 是否变为 ON。

（6）公用程序的调试的调试

公用程序见图 5-28。在自动程序运行时切换到手动模式或回原点模式，检查除初始步 M0 之外，其余各步对应的辅助继电器 M20～M30 中为 ON 的是否被复位。

在回原点方式时切换到非回原点方式，检查回原点方式各步对应的辅助继电器 M10 和 M11 是否被复位。在连续方式切换到非连续方式，检查连续标志 M7 是否被复位。

（7）多种工作方式控制系统的编程实验

设计满足习题 5-12（见图 5-45）要求的梯形图程序，用仿真软件调试程序。

A.14 使用 STL 指令的大小球分选控制实验

1. 实验目的

通过调试程序，熟悉具有多种工作方式的系统的顺序控制程序的设计和调试方法。

2. 实验内容

打开例程"使用 STL 指令的大小球分选控制"，可以用仿真软件或硬件 PLC 来做实验。

（1）手动程序的调试

令 X10 为 ON，进入手动工作方式。观察手动程序的初始步 S0 是否为 ON（见图 5-36）。手动程序的调试方法与 A.13 节的相同。

（2）自动程序的调试

在手动模式令左限位开关 X1 和上限位开关 X4 为 ON，满足原点条件。令 X10 为 OFF，X13 为 ON，切换到单周期方式。S0 变为 OFF，自动程序的初始步 S2 变为 ON（见图 5-37）。自动程序的调试方法与 A.13 节的相同。

（3）回原点工作方式

令回原点开关 X11 为 ON，进入回原点工作方式，S2 变为 OFF，回原点方式的初始步 S1 变为 ON（见图 5-36）。检查按下回原点起动按钮 X15 后，程序是否能按回原点的顺序功能图（见图 5-35）的要求执行。

（4）工作方式切换的调试

在自动程序运行时切换到手动模式，检查初始步 S2 和 S20～S27 中当时为 ON 的步是否变为 OFF，手动方式的初始步 S0 是否变为 ON。

在回原点方式时切换到非回原点方式，检查回原点方式的初始步 S1 和 S10～S11 中当时为 ON 的步是否变为 OFF。

在连续方式切换到非连续方式，检查连续标志 M8041 是否被复位。

如果改变了当前选择的工作方式，在"回原点完成"标志 M8043 变为 ON 之前，所有的输出继电器将变为 OFF。

A.15 应用指令基础与比较指令实验

1．实验目的

通过实验，了解应用指令的基础知识与比较指令的使用方法。

2．实验内容

（1）应用指令基础的实验

打开例程"应用指令"，打开仿真软件，启动软元件监视视图，生成 X 窗口、Y 窗口、M 窗口和 D 窗口。

打开"软元件登录监视"视图，生成图 6-7 中要监视的软元件，用图 6-8 中的软元件测试对话框设置 D0 和（D2，D3）的值，强制 X2 为 ON，观察执行图 6-2 中的程序后，D0 和（D2，D3）中的数据是否分别被传送给 D1 和（D4，D5）。

将 X0 强制为 ON，观察 INC 和 INCP 指令执行的情况（见图 6-2）。

打开软元件批量监视视图，监视 D10 开始的数据寄存器（见图 6-11）。设置 D10 的值为 500，用软元件测试对话框强制 X1 为 ON，观察执行图 6-3 中的程序后，D11 的值是否为 650。观察监视形式"位&字"、"多点位"和"多点字"的区别。

（2）比较指令实验

启动软元件监视视图，生成 X 窗口和 D 窗口。设置图 6-12 中 D12～D15 的值，改变各触点比较指令等效的触点的状态，观察 Y5 线圈的状态变化。

将 X3 和 X4 置为 ON，观察图 6-14 和图 6-16 中 T0 和 T1 当前值变化的情况，和 Y0、Y1 状态的变化是否正确。

改变图 6-18 中 D9 的值，使之分别小于 2000、大于 2500 和在二者之间，观察 Y2～Y4 的状态变化是否正确。

A.16 数据传送指令实验

1．实验目的

通过实验，了解数据传送指令的使用方法。

2．实验内容

（1）MOV 指令

打开例程"数据传送指令"，打开仿真软件，启动软元件监视视图，生成 X 窗口、Y 窗口和 D 窗口。用鼠标双击 X 窗口中的 X0，使它变为 ON，执行图 6-20 中的 MOV 指令和

DMOV 指令。改变 X20～X27 的状态，观察 Y20～Y27 的状态是否随之而变。观察动态变化的 T0 的当前值是否传送到了 D0，C200 的当前值是否传送到了 D2 和 D3 组成的数据寄存器对。

（2）交换指令

选中软元件监视视图中的 D 窗口，设置监控的数据为 16 位或 32 位十六进制（Hex）格式。输入 D4、D5 的值（见图 6-20），以及 D6、D7 和 D8、D9 组成的 32 位整数的值。用鼠标双击 X 窗口中的 X1，在 X1 的上升沿，执行一次交换指令。观察 D4 和 D5 的值是否相互交换，两个 32 位整数的值是否相互交换。

（3）高低字节交换指令

用鼠标双击 X 窗口中的 X2，在 X2 的上升沿执行一次图 6-20 中的高低字节交换指令。观察 D10 的高低字节的值是否相互交换，D12 和 D13 的高低字节的值是否分别相互交换。在 X2 的下一个上升沿，D10 和（D12，D13）中的数据应恢复为原来的值。

（4）成批传送指令与多点传送指令

打开软元件批量监视对话框，输入 D20～D23 的值。用鼠标双击 X 窗口中的 X3，在 X3 的上升沿执行图 A-6 中的程序，观察 D20～D23 的值是否传送到了 D25～D28；多点传送指令是否将常数 5678 分别传送给 D14～D18 这 5 个数据寄存器。

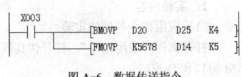

图 A-6　数据传送指令

A.17　跳转指令实验

1．实验目的

通过实验，熟悉跳转指令的功能和跳转对程序执行的影响。

2．实验内容

（1）跳转对程序执行的影响

打开例程"跳转指令"，打开仿真软件，启动软元件监视视图，生成 X 窗口、Y 窗口、M 窗口和 D 窗口。用梯形图监视程序的运行，实验的程序见图 6-22。

分别令 X0 为 OFF 和 ON，观察是否能用 X1～X3 分别控制 Y0、M0 和 S0。X0 为 ON 时（跳转条件满足），观察 Y0、M0 和 S0 是否保持跳转之前最后一个扫描周期的状态不变。

令 X0 为 OFF，X4 为 ON，T0 开始定时。令 X0 为 ON，开始跳转，观察 T0 的当前值是否保持不变。令 X0 变为 OFF，停止跳转，观察 T0 是否在原当前值的基础上继续定时。

令 X0 为 OFF，X7 为 ON，累计型定时器 T246 开始定时。在 X0 为 ON 时，令 X12 为 ON，观察是否可以用跳转区外的 RST 指令将 T246 复位。

令 X0 为 OFF，观察未跳转时 C0 是否可以对 X5 提供的计数脉冲计数。

令 X0 变为 ON，观察在跳转期间 C0 是否能计数。令 X12 为 ON，观察是否可以用跳转区外的 RST 指令将线圈被跳过的 C0 复位。

观察在 X0 分别为 OFF 和 ON 的时候，时钟脉冲 M8013 是否能使 D0 每秒加 1。

观察在 X0 分别为 ON 和 OFF 时，是否可以分别用不同的条件控制 Y0 的两个线圈。

（2）跳转指令的应用

用软元件监视视图的 D 窗口监视 D5 和 D6，修改 D5 的值，观察写入 D6 的数值是否满足图 6-23 的要求。

（3）用跳转指令实现多分支程序的编程实验

参考例 6-1 中的程序，编写满足图 A-7 中的流程图要求的程序。键入程序，启动仿真软件，生成 X 窗口和 D 窗口。用 X 窗口改变 X6 和 X7 的状态，观察写入 D10 的数值是否满足图 A-7 的要求。

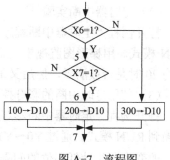

图 A-7　流程图

A.18　子程序调用实验

1. 实验目的

通过实验，熟悉子程序的编程方法与子程序调用的特点。

2. 实验内容

（1）子程序调用的特点

打开例程"子程序调用"（见图 6-24），打开仿真软件，启动软元件监视视图，生成 X 窗口、Y 窗口、M 窗口和 D 窗口。用梯形图监视程序的运行。

观察子程序调用对位软元件、定时器、计数器和应用指令的影响。观察在 X0 为 ON 和 OFF 时，是否可以分别通过两个子程序控制 Y0 的两个线圈。

（2）子程序实例的调试

打开例程"运输带子程序"（见图 6-26），打开仿真软件，启动软元件监视视图，生成 X 窗口和 Y 窗口。用梯形图监视程序的运行。

1）令 X2 为默认的 OFF 状态，调用手动程序。用鼠标双击 X3 和 X4，改变它们的状态，观察是否能通过 Y0 和 Y1 手动控制两条运输带。

2）将 X2 置为 ON，调用自动程序，观察是否能用 X0 和 X1 控制运输带的起动和停止。

3）在自动运行的某个阶段，将 X2 置为 OFF，切换到手动程序。观察公用程序是否能将 Y0、Y1 和 M2 复位为 OFF，是否能复位正在定时的 T0 和 T1。

（3）控制 3 条运输带的子程序调用编程实验

参考图 4-18，用子程序调用编写 3 条运输带的控制程序，设置自动程序、手动程序和公用程序，用 X4 作自动/手动切换开关。将程序下载到仿真 PLC 后调试程序。

A.19　中断程序实验

1. 实验目的

通过实验，熟悉中断指令与中断程序的编程方法。

2. 实验内容

中断功能不能仿真，必须用硬件 PLC 做实验，FX$_{1S}$、FX$_{1N}$ 和 FX$_{1NC}$ 没有定时器中断功能。

（1）输入中断实验

打开例程"输入中断程序"（见图 6-29）。将程序下载到硬件 PLC，将 PLC 切换到

RUN 模式。用 PLC 输入端子外接的小开关产生 X0 的上升沿和 X1 的下降沿，观察是否能分别将 Y0 置位和复位。

（2）定时器中断实验

打开例程"定时器中断程序"（见图 6-30）。将程序下载到硬件 PLC，将 PLC 切换到 RUN 模式。用梯形图监视模式监视 D0 和 K2Y0，观察 D0 的值是否每隔 50ms 加 1，D0 的值为 20 时是否被清零，然后又重新开始不断增大。观察 K2Y0 的值是否每 1s 被加 1。

（3）使用定时中断的彩灯控制程序

打开例程"定时器中断彩灯控制程序"（见例 6-4）。将程序下载到硬件 PLC，将 PLC 切换到 RUN 模式。通过 Y0～Y17 的状态，观察彩灯的初值是否正确，是否能循环右移。

改变中断指针低两位的间隔时间，或改变比较指令中的常数，下载修改后的程序，观察移位的时间间隔是否正确。

（4）禁止中断与允许中断的编程实验

用定时器中断，每 2s 将 K4Y0 的值加 1，在 X6 的上升沿禁止该定时器中断，在 X7 的上升沿重新启用该定时器中断。设计出主程序和中断子程序。将程序下载到硬件 PLC，将 PLC 切换到 RUN 模式。用外接的小开关产生 X6 和 X7 的上升沿，观察程序是否能满足要求。

A.20　循环程序实验

1．实验目的

通过实验，熟悉循环程序的编程方法。

2．实验内容

（1）求累加和的循环程序

打开例程"循环程序"（见图 6-31），打开仿真软件，启动软元件监视视图，生成 X 窗口和 D 窗口。选中 D 窗口，用 16 位整数格式设置 D10～D14 的值，使它们之和大于 32767。双击 X 窗口中的 X1，在 X1 的上升沿执行循环程序。将软元件监视视图的显示数据格式设置为 32 位整数，观察（D0，D1）中的累加和是否正确。

（2）双重循环程序

打开例程"双重循环程序"（见图 6-32），打开仿真软件，启动软元件监视视图，生成 X 窗口。令 X1 为 ON，调用指针 P1 开始的子程序，执行子程序中的双重循环。观察循环结束后 D0 的值是否为 20。

修改循环指令中的循环次数，下载后运行程序，观察循环结束后 D0 的值是否正确。

（3）求异或值的循环程序的编程实验

在 X1 的上升沿调用指针 P1 开始的子程序，用子程序求 D10 开始的 5 个字的异或值。运算结果用 D15 保存。

设计出程序，打开仿真软件，打开软元件批量监视视图，采用默认的监视形式"位&字"和 16 位整数显示方式，设置"数值"为十六进制。设置 D10～D14 的值，用鼠标双击 X 窗口中的 X1，在 X1 的上升沿执行循环程序。观察 D15 中的运算结果是否正确。D10～D14 某一位的 1 的个数为奇数时，D15 的同一位为 1，反之为 0。

A.21 四则运算指令实验

1. 实验目的

通过实验，熟悉四则运算指令的功能和编程方法。

2. 实验内容

打开例程"四则运算"，打开仿真软件，启动软元件监视视图，生成 X 窗口、Y 窗口、M 窗口和 D 窗口。

1）用 D 窗口设置图 6-33 中各条指令的源操作数（S1·）和（S2·）的值，分别使 X0～X3 变为 ON，检查运算结果是否正确。

2）令 DIV 指令的除数为 0，X3 为 ON，执行 DIV 指令出错，梯形图测试工具中的 ERROR（错误）指示灯亮。用"详细"按钮显示错误的原因。用菜单命令"诊断"→"PLC 诊断"诊断错误。

3）用软元件登录监视视图生成图 6-35 中要监视的软元件 D8030、D30 和 T0，切换到监控模式。用鼠标双击 D8030 所在的行，用打开的软元件测试对话框设置它的值为 0～255。在软元件测试对话框的"位软元件"区输入 X5，强制为 ON，然后强制为 OFF。观察软元件登录监视视图的 D30 中运算的结果（T0 的设定值）是否正确。用软元件测试对话框将 X6 强制为 ON，观察 T0 是否按设定值定时。也可以用软元件监视视图的 X 窗口来操作 X5 和 X6。

修改 D8030 的值，重复上述的操作。

用硬件做实验时，用小螺钉旋具改变基本单元上的小电位器的位置，来改变 D8030 的值。

4）用 D 窗口设置图 6-36 的 D22 中的压力转换值（0～4000），令 X12 为 ON，观察 D26 中的运算结果（压力值）是否正确。

5）整数格式的半径在 D6 中，用整数运算指令求圆的周长，运算结果为 32 位整数，用（D8，D9）保存。设计出程序，用仿真软件调试程序。

6）设计出满足习题 6-11 要求的程序，用仿真软件调试程序。

A.22 逻辑运算指令实验

1. 实验目的

通过实验，熟悉逻辑运算指令的功能和编程方法。

2. 实验内容

打开例程"逻辑运算"，打开仿真软件，启动软元件监视视图，生成 X 窗口和 D 窗口。实验的程序见图 6-37 和图 6-39。

打开软元件批量监视视图，从 D0 开始监视。采用默认的监视形式"位&字"和 16 位显示方式（见图 6-38），设置"数值"为十六进制。

将图 6-37 中各指令的源操作数和 NEGP 指令的目标操作数设置为 4 位十六进制的整数，令 X 窗口中的 X0 为 ON，执行逻辑运算指令，观察指令执行的结果是否正确。

将软元件批量监视视图的"数值"改为 10 进制，多次用鼠标双击 X0，观察在 X0 的上升沿，求补码指令 NEGP 是否仅改变 D11 中的数的符号。

设置图 6-39 中 D12 和 D14 的值，令 X1 和 X2 为 ON，观察 WAND 和 WOR 指令的执

行结果是否正确。

改变 X 窗口的 X30～X47 中某一位的 ON/OFF 状态。观察 D17 中异或运算结果的对应位是否 ON 一个扫描周期。

编写程序，用逻辑运算指令，将 D2 的高 4 位置为 2#1001，低 12 位保持不变。用仿真软件调试程序。

A.23 浮点数指令实验

1. 实验目的

通过实验，熟悉浮点数指令的功能和编程方法。

2. 实验内容

1）打开例程"浮点数转换"，打开仿真软件和软元件批量监视视图，设置从 D0 开始监视（见图 6-45），监视形式为多点字，显示格式为 16 位整数。设置 D10 的值为 1000。

将 X2 强制为 ON，图 6-44 中的指令被执行。将软元件批量监视视图中的显示格式改为"实数（单精度）"，观察（D8，D9）、（D12，D13）、（D14，D16）中的浮点数的值是否正确。将显示格式切换为 32 位整数，观察（D16，D17）中的圆面积的整数值。

2）打开例程"浮点数运算"，打开仿真软件，启动软元件监视视图，生成 X 窗口和 D 窗口。选中 D 窗口后，将显示方式设为"实数"，用十进制小数的格式设置图 6-46 中各条指令的源操作数的值，分别用鼠标双击 X 窗口中的 X0～X3，使它们变为 ON，检查运算结果是否正确。

3）浮点数运算程序见图 6-47。打开软元件批量监视视图，设置从 D50 开始监视，监视形式为多点字，显示格式为 32 位整数。设置（D52，D53）中以 0.1°为单位的整数角度值为300（即 30°）。

将 X4 强制为 ON，执行图 6-47 中的程序。将软元件批量监视视图中的显示格式改为"实数（单精度）"，观察中间运算结果和（D60，D61）中的 sin30°的值是否正确。修改（D52，D53）中的角度值后，令 X4 由 OFF 变为 ON，观察计算出的正弦值是否正确。

4）整数格式的半径在 D6 中，编写程序，用浮点数运算指令求圆的面积，用（D8，D9）保存。设计出程序，用编程软件调试程序。

A.24 数据转换指令实验

1. 实验目的

通过实验，了解数据转换指令的使用方法。

2. 实验内容

（1）BCD 码与二进制数转换的实验

生成一个新的项目，输入图 6-48 中的程序。打开仿真软件，生成 X 窗口、Y 窗口和 D 窗口。将十进制格式的数输入 D0，令 X0 为 ON，观察 Y 窗口的 Y20～Y37 的 BCD 码转换结果是否正确。D0 大于 9999 时出现运行错误，单击梯形图逻辑测试工具上的"详细"按钮，查看错误内容和原因，以及处理方法。设置 D0 小于等于 9999，单击"INDICATOR RESET"（显示器复位）按钮，清除错误信息。

设置 X20～X37 提供的 BCD 码各位的值，在 X0 为 ON 时，观察 D1 中的转换结果是否正确。

（2）显示 10 个计数器的当前值

生成一个新的项目，键入例 6-6 中的程序。打开仿真软件，启动软元件监视视图，生成 X 窗口、Y 窗口和计数器当前值窗口。设置 C0～C9 的当前值，将 X10 置为 ON，Z0 被清零，然后将 X10 置为 OFF。多次用鼠标双击 X 窗口的 X11，观察在 X11 的上升沿，Z0 指定的计数器的当前值是否转换为 BCD 码后送给 Y0～Y17，Z0 的值是否加 1。显示完 C0～C9 的当前值后，在 X11 的上升沿，是否能显示 C0 的当前值。

（3）编程实验

按题 6-15 的要求设计出程序，用仿真软件调试程序。

A.25 彩灯循环移位实验

1．实验目的

通过实验，熟悉循环移位指令的功能和编程方法。

2．实验内容

打开例程"移位指令"，打开仿真软件，启动软元件监视视图，生成 X 窗口和 Y 窗口。彩灯循环移位程序见图 6-51。

1）打开软元件批量监视视图，从 Y0 开始监视，监视形式为"位&字"，观察是否有 3 个连续的 1 在 8 位彩灯 Y0～Y7 中循环左移，4 个连续的 1 在 16 位彩灯 Y20～Y37 中循环右移。

2）改变 T0 的设定值，观察移位的速度是否变化。

3）修改程序，使 X20 为 ON 时彩灯右移，为 OFF 时用左循环移位指令 ROL 使彩灯左移。检查修改后的程序是否能达到预期的效果。

4）按题 6-9 的要求修改 16 位彩灯控制程序，用仿真软件调试程序。

5）根据 8 位彩灯循环移位的思路，编写 12 位彩灯循环右移程序。运行程序，检查是否能满足要求。

A.26 数据处理指令实验

1．实验目的

通过实验，熟悉数据处理指令的功能和编程方法。

2．实验内容

打开例程"数据处理指令"，打开仿真软件，启动软元件监视视图，生成 X 窗口、Y 窗口、M 窗口和 D 窗口。

1）随机用鼠标双击 Y 窗口的 Y20～Y34 中的若干个软元件（见图 6-61），使它们为 ON；将 D 窗口的 D10～D19 中任意的数据寄存器设置为非零，然后令 X0 为 ON，观察成批复位的效果。

2）令 X0～X2 组成的 3 位二进制数为任意的数（见图 6-62），令 X4 为 ON，执行 DECO 指令，观察 M0～M7 中哪一位为 ON，并解释原因。

3）令 M10～M17 中的任意位为 ON（见图 6-63），令 X5 为 ON，执行 ENCO 指令，观察 D10 的值，并解释原因。

4）令 X10～X27 中的任意位为 ON，令 X4 为 ON（见图 6-64），执行 SUM 指令，观察 D5 的值是否是 X10～X17 中为 ON 的位的个数。

5）令 X4 为 ON，执行 BON 指令，改变字 K4Y10 中第 9 位（n = 9）Y21 的状态，观察目标操作数 M4 状态的变化。

将 n 的值改为 3，下载后检查 M4 的值是否随 Y13 的状态而变。

A.27 方便指令应用实验

1. 实验目的

通过实验，熟悉某些方便指令的使用和编程方法。

2. 实验内容

（1）示教定时器

打开例程"方便指令"，打开仿真软件，启动软元件监视视图，生成 X 窗口、M 窗口和 D 窗口。

用鼠标双击令 X20 为 ON（见图 6-69），模拟按下示教按钮 X20，测量按钮按下的时间。设按下的时间为 t，存入 D12 的是按钮按下的时间（s）乘以 10^n，放开示教按钮，D12 的值被传送到 D11，作为 T10 的设定值。令 X13 为 ON，启动 T10 定时，观察 T10 的定时时间是否等于示教按钮按下的时间。在按示教按钮时，用监视功能观察 D11～D13 的变化情况。

改变 TTMR 指令中的变量 n（0～2），重做上述实验，观察参数 n 对时间设定值的影响。

（2）特殊定时器

分别令 X0 和 X1 为 ON（见图 6-70），观察 M0～M3 和 M6、M5 输出的波形是否和图 6-71 中的波形相同。

（3）交替输出指令

用 X2 模拟产生按钮的点动信号，观察是否可以用它来切换 Y0 的 ON/OFF 状态（见图 6-70）。令 X3 为 ON，观察 M10 和 M11 是否输出周期为 2s 和 4s 的分频信号。

A.28 PLC 并联链接通信实验

1. 实验目的

通过实验，熟悉并联链接通信的硬件接线与编程方法。

2. 实验设备与硬件连接

两台配有 RS-485 通信用功能扩展板（例如 FX$_{2N}$-485-BD）的 FX 系列 PLC，安装有编程软件的计算机 1 台，编程电缆 1 根。

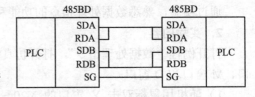

图 A-8　并联链接接线图

并联链接的接线见图 A-8，SG 为信号公共线。网络两端的设备的 RDA 与 RDB 端子之间应接 110Ω 终端电阻。

3. 实验内容

将例 8-1 中的通信程序分别写入两台 PLC，断电后按图 A-8 的要求连好两台 PLC 的通信用功能扩展板的接线。通电后令两台 PLC 处于 RUN 模式，进行下面的操作：

观察两台 PLC 的 X0～X7 是否能分别控制对方的 Y0～Y7。修改主站的 D0 的值，观察它的值大于或小于 100 时是否能改变从站的 Y10 的状态。修改从站的 D10 的值，然后接通主站的 X10，使 T0 开始定时，观察从站的 D10 是否能改变主站的 T0 的设定值。

附录 B　FX 系列应用指令简表

分类	功能编号	指令符号	32位指令	脉冲指令	功　　能	FX$_{1S}$	FX$_{1N}$	FX$_{2N}$	FX$_{3G}$	FX$_{3U}$	FX1$_{NC}$	FX$_{2NC}$	FX$_{3UC}$
程序流程	00	CJ	—	○	条件跳转	○	○	○	○	○	○	○	○
	01	CALL	—	○	子程序调用	○	○	○	○	○	○	○	○
	02	SRET	—	—	子程序返回	○	○	○	○	○	○	○	○
	03	IRET	—	—	中断返回	○	○	○	○	○	○	○	○
	04	EI	—	—	允许中断	○	○	○	○	○	○	○	○
	05	DI	—	—	禁止中断	○	○	○	○	○	○	○	○
	06	FEND	—	—	主程序结束	○	○	○	○	○	○	○	○
	07	WDT	—	○	监控定时器	○	○	○	○	○	○	○	○
	08	FOR	—	—	循环范围开始	○	○	○	○	○	○	○	○
	09	NEXT	—	—	循环范围结束	○	○	○	○	○	○	○	○
据传送比较	10	CMP	○	○	比较	○	○	○	○	○	○	○	○
	11	ZCP	○	○	区间比较	○	○	○	○	○	○	○	○
	12	MOV	○	○	传送	○	○	○	○	○	○	○	○
	13	SMOV	—	○	BCD 码移位传送	—	—	○	○	○	—	○	○
	14	CML	○	○	反相传送	—	—	○	○	○	—	○	○
	15	BMOV	○	○	成批传送（n 点→n 点）	○	○	○	○	○	○	○	○
	16	FMOV	○	○	多点传送（1 点→n 点）	—	—	○	○	○	—	○	○
	17	XCH	○	○	数据交换，（D1）↔（D2）	—	—	○	○	○	—	○	○
	18	BCD	○	○	BCD 转换，BIN→BCD	○	○	○	○	○	○	○	○
	19	BIN	○	○	BIN 转换，BCD→BIN	○	○	○	○	○	○	○	○
四则运算逻辑运算	20	ADD	○	○	BIN 加法运算	○	○	○	○	○	○	○	○
	21	SUB	○	○	BIN 减法运算	○	○	○	○	○	○	○	○
	22	MUL	○	○	BIN 乘法运算	○	○	○	○	○	○	○	○
	23	DIV	○	○	BIN 除法运算	○	○	○	○	○	○	○	○
	24	INC	○	○	BIN 加 1	○	○	○	○	○	○	○	○
	25	DEC	○	○	BIN 减 1	○	○	○	○	○	○	○	○
	26	WAND	○	○	逻辑与	○	○	○	○	○	○	○	○
	27	WOR	○	○	逻辑或	○	○	○	○	○	○	○	○
	28	WXOR	○	○	逻辑异或	○	○	○	○	○	○	○	○
	29	NEG	○	○	求二进制补码	—	—	○	—	○	—	○	○
循环与移位	30	ROR	○	○	循环右移 n 位	—	—	○	○	○	—	○	○
	31	ROL	○	○	循环左移 n 位	—	—	○	○	○	—	○	○
	32	RCR	○	○	带进位循环右移 n 位	—	—	○	—	○	—	○	○
	33	RCL	○	○	带进位循环左移 n 位	—	—	○	—	○	—	○	○

分类	功能编号	指令符号	32位指令	脉冲指令	功 能	FX₁ₛ	FX₁ₙ	FX₂ₙ	FX₃ɢ	FX₃ᵤ	FX₁ₙ𝒸	FX₂ₙ𝒸	FX₃ᵤ𝒸
循环与移位	34	SFTR	—	○	位右移	○	○	○	○	○	○	○	○
	35	SFTL	—	○	位左移	○	○	○	○	○	○	○	○
	36	WSFR	—	○	字右移	—	—	○	○	○	—	○	○
	37	WSFL	—	○	字左移	—	—	○	○	○	—	○	○
	38	SFWR	—	○	移位写入（先入先出控制用）	○	○	○	○	○	○	○	○
	39	SFRD	—	○	移位读出（先入先出控制用）	○	○	○	○	○	○	○	○
数据处理	40	ZRST	—	○	成批复位	○	○	○	○	○	○	○	○
	41	DECO	—	○	译码	○	○	○	○	○	○	○	○
	42	ENCO	—	○	编码	○	○	○	○	○	○	○	○
	43	SUM	○	○	ON 位数	—	—	○	○	○	—	○	○
	44	BON	○	○	ON 位判别	—	—	○	○	○	—	○	○
	45	MEAN	○	○	平均值	—	—	○	○	○	—	○	○
	46	ANS	—	—	信号报警器置位	—	—	○	○	○	—	○	○
	47	ANR	—	○	信号报警器复位	—	—	○	○	○	—	○	○
	48	SQR	○	○	BIN 开平方运算	—	—	○	○	—	—	○	○
	49	FLT	○	○	BIN 整数→二进制浮点数转换	—	—	○	○	○	—	○	○
高速处理	50	REF	—	○	输入输出刷新	○	○	○	○	○	○	○	○
	51	REFF	—	○	输入刷新与滤波器调整	—	—	○	—	○	—	○	○
	52	MTR	—	—	矩阵输入	○	○	○	○	○	○	○	○
	53	HSCS	○	—	高速计数器比较置位	○	○	○	○	○	○	○	○
	54	HSCR	○	—	高速计数器比较复位	○	○	○	○	○	○	○	○
	55	HSZ	○	—	高速计数器区间比较	—	—	○	○	○	—	○	○
	56	SPD	○	—	脉冲密度	○	○	○	○	○	○	○	○
	57	PLSY	○	—	脉冲输出	○	○	○	○	○	○	○	○
	58	PWM	—	—	脉冲宽度调制	○	○	○	○	○	○	○	○
	59	PLSR	—	—	带加减速的脉冲输出	○	○	○	○	○	○	○	○
方便指令	60	IST	—	—	初始化状态	○	○	○	○	○	○	○	○
	61	SER	○	○	数据搜索	—	—	○	○	○	—	○	○
	62	ABSD	○	—	凸轮顺控绝对方式	○	○	○	○	○	○	○	○
	63	INCD	—	—	凸轮顺控相对方式	○	○	○	○	○	○	○	○
	64	TTMR	—	—	示教定时器	—	—	○	○	○	—	○	○
	65	STMR	—	○	特殊定时器	—	—	○	○	○	—	○	○
	66	ALT	—	—	交替输出	○	○	○	○	○	○	○	○
	67	RAMP	—	—	斜坡信号	○	○	○	○	○	○	○	○
	68	ROTC	—	—	旋转工作台控制	—	—	○	—	○	—	○	○
	69	SORT	—	—	数据排序	—	—	○	—	○	—	○	○

它的值大于或小于 100 时是否能改变从站的 Y10 的状态。修改从站的 D10 的值，然后接通主站的 X10，使 T0 开始定时，观察从站的 D10 是否能改变主站的 T0 的设定值。

附录 B FX 系列应用指令简表

分类	功能编号	指令符号	32 位指令	脉冲指令	功　　能	FX_{1S}	FX_{1N}	FX_{2N}	FX_{3G}	FX_{3U}	FX_{1NC}	FX_{2NC}	FX_{3UC}
程序流程	00	CJ	—	○	条件跳转	○	○	○	○	○	○	○	○
	01	CALL	—	○	子程序调用	○	○	○	○	○	○	○	○
	02	SRET	—	—	子程序返回	○	○	○	○	○	○	○	○
	03	IRET	—	—	中断返回	○	○	○	○	○	○	○	○
	04	EI	—	—	允许中断	○	○	○	○	○	○	○	○
	05	DI	—	—	禁止中断	○	○	○	○	○	○	○	○
	06	FEND	—	—	主程序结束	○	○	○	○	○	○	○	○
	07	WDT	—	○	监控定时器	○	○	○	○	○	○	○	○
	08	FOR	—	—	循环范围开始	○	○	○	○	○	○	○	○
	09	NEXT	—	—	循环范围结束	○	○	○	○	○	○	○	○
据传送比较	10	CMP	○	○	比较	○	○	○	○	○	○	○	○
	11	ZCP	○	○	区间比较	○	○	○	○	○	○	○	○
	12	MOV	○	○	传送	○	○	○	○	○	○	○	○
	13	SMOV	—	○	BCD 码移位传送	—	—	○	○	○	—	○	○
	14	CML	○	○	反相传送	—	—	○	○	○	—	○	○
	15	BMOV	—	○	成批传送（n 点→n 点）	○	○	○	○	○	○	○	○
	16	FMOV	○	○	多点传送（1 点→n 点）	—	—	○	○	○	—	○	○
	17	XCH	○	○	数据交换，(D1) ↔ (D2)	—	—	○	○	○	—	○	○
	18	BCD	○	○	BCD 转换，BIN→BCD	○	○	○	○	○	○	○	○
	19	BIN	○	○	BIN 转换，BCD→BIN	○	○	○	○	○	○	○	○
四则运算逻辑运算	20	ADD	○	○	BIN 加法运算	○	○	○	○	○	○	○	○
	21	SUB	○	○	BIN 减法运算	○	○	○	○	○	○	○	○
	22	MUL	○	○	BIN 乘法运算	○	○	○	○	○	○	○	○
	23	DIV	○	○	BIN 除法运算	○	○	○	○	○	○	○	○
	24	INC	○	○	BIN 加 1	○	○	○	○	○	○	○	○
	25	DEC	○	○	BIN 减 1	○	○	○	○	○	○	○	○
	26	WAND	○	○	逻辑与	○	○	○	○	○	○	○	○
	27	WOR	○	○	逻辑或	○	○	○	○	○	○	○	○
	28	WXOR	○	○	逻辑异或	○	○	○	○	○	○	○	○
	29	NEG	○	○	求二进制补码	—	—	○	—	○	—	○	○
循环与移位	30	ROR	○	○	循环右移 n 位	—	—	○	○	○	—	○	○
	31	ROL	○	○	循环左移 n 位	—	—	○	○	○	—	○	○
	32	RCR	○	○	带进位循环右移 n 位	—	—	○	—	○	—	○	○
	33	RCL	○	○	带进位循环左移 n 位	—	—	○	—	○	—	○	○

分类	功能编号	指令符号	32位指令	脉冲指令	功　能	FX1S	FX1N	FX2N	FX3G	FX3U	FX1NC	FX2NC	FX3UC
循环与移位	34	SFTR	—	○	位右移	○	○	○	○	○	○	○	○
	35	SFTL	—	○	位左移	○	○	○	○	○	○	○	○
	36	WSFR	—	○	字右移	—	—	○	○	○	—	○	○
	37	WSFL	—	○	字左移	—	—	○	○	○	—	○	○
	38	SFWR		○	移位写入（先入先出控制用）	○	○	○	○	○	○	○	○
	39	SFRD	—	○	移位读出（先入先出控制用）	—	—	○	○	○	—	○	○
数据处理	40	ZRST	—	○	成批复位	○	○	○	○	○	○	○	○
	41	DECO	—	○	译码	○	○	○	○	○	○	○	○
	42	ENCO	—	○	编码	○	○	○	○	○	○	○	○
	43	SUM	○	○	ON 位数	—	—	○	○	○	—	○	○
	44	BON	○	○	ON 位判别	—	—	○	○	○	—	○	○
	45	MEAN	○	○	平均值	—	—	○	○	○	—	○	○
	46	ANS	—	—	信号报警器置位	—	—	○	○	○	—	○	○
	47	ANR	—	○	信号报警器复位	—	—	○	○	○	—	○	○
	48	SQR	○	○	BIN 开平方运算	—	—	○	○	○	—	—	○
	49	FLT	○	○	BIN 整数→二进制浮点数转换	—	—	○	○	○	—	○	○
高速处理	50	REF	—	○	输入输出刷新	○	○	○	○	○	○	○	○
	51	REFF	—	○	输入刷新与滤波器调整	—	—	○	—	○	—	○	○
	52	MTR	—	—	矩阵输入	○	○	○	○	○	○	○	○
	53	HSCS	○	—	高速计数器比较置位	○	○	○	○	○	○	○	○
	54	HSCR	○	—	高速计数器比较复位	○	○	○	○	○	○	○	○
	55	HSZ	○	—	高速计数器区间比较	—	—	○	○	○	—	○	○
	56	SPD	○	—	脉冲密度	○	○	○	○	○	○	○	○
	57	PLSY	○	—	脉冲输出	○	○	○	○	○	○	○	○
	58	PWM	—	—	脉冲宽度调制	○	○	○	○	○	○	○	○
	59	PLSR	—	—	带加减速的脉冲输出	○	○	○	○	○	○	○	○
方便指令	60	IST	—	—	初始化状态	○	○	○	○	○	○	○	○
	61	SER	○	○	数据搜索	—	—	○	○	○	—	○	○
	62	ABSD	○	—	凸轮顺控绝对方式	○	○	○	○	○	○	○	○
	63	INCD	—	—	凸轮顺控相对方式	○	○	○	○	○	○	○	○
	64	TTMR	—	—	示教定时器	—	—	○	○	○	—	○	○
	65	STMR	—	○	特殊定时器	—	—	○	○	○	—	○	○
	66	ALT	—	—	交替输出	○	○	○	○	○	○	○	○
	67	RAMP	—	—	斜坡信号	○	○	○	○	○	○	○	○
	68	ROTC	—	—	旋转工作台控制	—	—	○	—	○	—	○	○
	69	SORT	—	—	数据排序	—	—	○	—	○	—	○	○

分类	功能编号	指令符号	32位指令	脉冲指令	功 能	FX$_{1S}$	FX$_{1N}$	FX$_{2N}$	FX$_{3G}$	FX$_{3U}$	FX$_{1NC}$	FX$_{2NC}$	FX$_{3UC}$
外部 I/O 设备	70	TKY	O	—	10 键输入	—	—	O	—	O	—	O	O
	71	HKY	O	—	16 键输入	—	—	O	—	O	—	O	O
	72	DSW	—	—	数字开关	O	O	O	O	O	O	O	O
	73	SEGD	—	O	七段码译码	—	—	O	—	O	—	O	O
	74	SEGL	—	—	七段码分时显示	O	O	O	O	O	—	O	O
	75	ARWS	—	—	箭头开关	—	—	O	—	O	—	O	O
	76	ASC	—	—	ASCII 码转换	—	—	O	—	O	—	O	O
	77	PR	—	—	ASCII 打印	—	—	O	—	O	—	O	O
	78	FROM	O	O	从特殊功能模块读出	—	O	O	O	O	O	O	O
	79	TO	O	O	向特殊功能模块写入	—	O	O	O	O	O	O	O
外部设备 S E R	80	RS	—	—	串行数据传送	O	O	O	O	O	O	O	O
	81	PRUN	O	O	八进制位传送	O	O	O	O	O	O	O	O
	82	ASCI	—	O	HEX→ASCII 码转换	O	O	O	O	O	O	O	O
	83	HEX	—	O	ASCII 码→HEX 转换	O	O	O	O	O	O	O	O
	84	CCD	—	O	校验码	O	O	O	O	O	O	O	O
	85	VRRD	—	O	电位器值读出	O	O	O	O	—	—	—	—
	86	VRSC	—	O	电位器刻度	O	O	O	O	—	—	—	—
	87	RS2	—	—	串行数据传送 2	—	—	—	O	O	—	—	O
	88	PID	O	—	PID 回路运算	O	O	O	O	O	O	O	O
*1	102	ZPUSH	—	O	变址寄存器的批量保存	—	—	—	—	O	—	—	□
	103	ZPOP	—	O	变址寄存器的恢复	—	—	—	—	O	—	—	□
浮点数运算	110	ECMP	O	O	二进制浮点数比较	—	—	O	—	O	—	O	O
	111	EZCP	O	O	二进制浮点数区间比较	—	—	O	—	O	—	O	O
	112	EMOV	O	O	二进制浮点数数据传送	—	—	O	—	O	—	O	O
	116	ESTR	O	O	二进制浮点数→字符串转换	—	—	—	—	O	—	—	O
	117	EVAL	O	O	字符串→二进制浮点数转换	—	—	—	—	O	—	—	O
	118	EBCD	O	O	二进制浮点数→十进制浮点数转换	—	—	O	—	O	—	O	O
	119	EBIN	O	O	十进制浮点数→二进制浮点数转换	—	—	O	—	O	—	O	O
	120	EADD	O	O	二进制浮点数加法运算	—	—	O	—	O	—	O	O
	121	ESUB	O	O	二进制浮点数减法运算	—	—	O	—	O	—	O	O
	122	EMUL	O	O	二进制浮点数乘法运算	—	—	O	—	O	—	O	O
	123	EDIV	O	O	二进制浮点数除法运算	—	—	O	—	O	—	O	O
	124	EXP	O	O	二进制浮点数指数运算	—	—	—	—	O	—	—	O
	125	LOGE	O	O	二进制浮点数自然对数运算	—	—	—	—	O	—	—	O
	126	LOG10	O	O	二进制浮点数常用对数运算	—	—	—	—	O	—	—	O
	127	ESQR	O	O	二进制浮点数开平方	—	—	O	—	O	—	O	O
	128	ENEG	O	O	二进制浮点数符号翻转	—	—	—	—	O	—	—	O
	129	INT	—	O	二进制浮点数→BIN 整数转换	—	—	O	—	O	—	O	O
	130	SIN	O	O	二进制浮点数正弦运算	—	—	O	—	O	—	O	O
	131	COS	O	O	二进制浮点数余弦运算	—	—	O	—	O	—	O	O

分类	功能编号	指令符号	32位指令	脉冲指令	功 能	FX1S	FX1N	FX2N	FX3G	FX3U	FX1NC	FX2NC	FX3UC
浮点数运算	132	TAN	○	○	二进制浮点数正切运算	–	–	○	–	○	–	○	○
	133	ASIN	○	○	二进制浮点数反正弦运算	–	–	–	–	○	–	–	○
	134	ACOS	○	○	二进制浮点数反余弦运算	–	–	–	–	○	–	–	○
	135	ATAN	○	○	二进制浮点数反正切运算	–	–	–	–	○	–	–	○
	136	RAD	○	○	二进制浮点数角度→弧度转换	–	–	–	–	○	–	–	○
	137	DEG	○	○	二进制浮点数弧度→角度转换	–	–	–	–	○	–	–	○
数据处理2	140	WSUM	○	○	计算数据的累加值	–	–	–	–	○	–	–	□
	141	WTOB	–	○	字节单位数据分离	–	–	–	–	○	–	–	□
	142	BTOW	–	○	字节单位数据接合	–	–	–	–	○	–	–	□
	143	UNI	–	○	16位数据的4位结合	–	–	–	–	○	–	–	□
	144	DIS	–	○	16位数据的4位分离	–	–	–	–	○	–	–	□
	147	SWAP	–	○	高低字节互换	–	–	○	–	○	–	○	○
	149	SORT2	○	–	数据排序2	–	–	–	–	○	–	–	□
位置控制	150	DSZR	–	–	带DOG搜索的原点回归	–	–	–	○	○	–	–	○
	151	DVIT	–	–	中断定位	–	–	–	–	○	–	–	○
	152	TBL	–	–	通过表格设定方式进行定位	–	–	–	○	□	–	–	□
	155	ABS	○	–	读取当前绝对位置	○	○	◎	○	○	○	◎	○
	156	ZRN	○	–	原点回归	○	○	–	○	○	○	–	○
	157	PLSV	○	–	可变速脉冲输出	○	○	–	○	○	○	–	○
	158	DRVI	○	–	相对位置控制	○	○	–	○	○	○	–	○
	159	DRVA	○	–	绝对位置控制	○	○	–	○	○	○	–	○
时钟运算	160	TCMP	–	○	时钟数据比较	○	○	○	○	○	○	○	○
	161	TZCP	–	○	时钟数据区间比较	○	○	○	○	○	○	○	○
	162	TADD	–	○	时钟数据加法运算	○	○	○	○	○	○	○	○
	163	TSUB	–	○	时钟数据减法运算	○	○	○	○	○	○	○	○
	164	HTOS	○	○	时、分、秒数据转换为秒	–	–	–	–	○	–	–	○
	165	STOH	○	○	秒数据转换为"时、分、秒"	–	–	–	–	○	–	–	○
	166	TRD	–	○	时钟数据读出	○	○	○	○	○	○	○	○
	167	TWR	–	○	时钟数据写入	○	○	○	○	○	○	○	○
	169	HOUR	–	–	计时表	–	–	◎	○	○	–	◎	○
外部设备	170	GRY	–	○	格雷码转换	–	–	○	–	○	–	○	○
	171	GBIN	–	○	格雷码逆转换	–	–	○	–	○	–	○	○
	176	RD3A	–	○	读FX0N-3A模拟量模块	–	–	◎	○	○	–	◎	○
	177	RW3A	–	○	写FX0N-3A模拟量模块	–	–	◎	○	○	–	◎	○
*2	180	EXTR	–	–	扩展ROM功能（仅用于FX2N/FX2NC）	–	–	◎	–	–	–	◎	–
其他指令	182	COMRD	–	○	读取软元件的注释数据	–	–	–	–	○	–	–	□
	184	RND	–	○	生成随机数	–	–	–	–	○	–	–	○
	186	DUTY	–	–	生成定时脉冲	–	–	–	–	○	–	–	□
	188	CRC	–	○	CRC运算	–	–	–	–	○	–	–	○
	189	HCMOV	○	–	高速计数器传送	–	–	–	–	○	–	–	○

分类	功能编号	指令符号	32位指令	脉冲指令	功　能	FX₁S	FX₁N	FX₂N	FX₃G	FX₃U	FX₁NC	FX₂NC	FX₃UC
模块数据处理	192	BK+	○	○	数据块加法运算	—	—	—	—	○	—	—	□
	193	BK-	○	○	数据块减法运算	—	—	—	—	○	—	—	□
	194	BKCMP=	○	○	数据块比较（S1）=（S2）	—	—	—	—	○	—	—	□
	195	BKCMP>	○	○	数据块比较（S1）>（S2）	—	—	—	—	○	—	—	□
	196	BKCMP<	○	○	数据块比较（S1）<（S2）	—	—	—	—	○	—	—	□
	197	BKCMP<>	○	○	数据块比较（S1）≠（S2）	—	—	—	—	○	—	—	□
	198	BKCMP<=	○	○	数据块比较（S1）≤（S2）	—	—	—	—	○	—	—	□
	199	BKCMP>=	○	○	数据块比较（S1）≥（S2）	—	—	—	—	○	—	—	□
字符串控制	200	STR	○	○	BIN→字符串转换	—	—	—	—	○	—	—	□
	201	VAL	○	○	字符串→BIN 转换	—	—	—	—	○	—	—	□
	202	$+	—	○	字符串的组合	—	—	—	—	○	—	—	○
	203	LEN	—	○	检测字符串的长度	—	—	—	—	○	—	—	○
	204	RIGHT	—	○	从字符串的右侧取出	—	—	—	—	○	—	—	○
	205	LEFT	—	○	从字符串的左侧取出	—	—	—	—	○	—	—	○
	206	MIDR	—	○	从字符串中任意取出	—	—	—	—	○	—	—	○
	207	MIDW	—	○	在字符串中任意替换	—	—	—	—	○	—	—	○
	208	INSTR	—	○	字符串检索	—	—	—	—	○	—	—	□
	209	$MOV	—	○	字符串传送	—	—	—	—	○	—	—	○
数据处理3	210	RS	—	○	在数据表中删除数据	—	—	—	—	○	—	—	□
	211	PRUN	—	○	向数据表中插入数据	—	—	—	—	○	—	—	□
	212	ASCI	—	○	读取后入的数据 （先入后出控制用）	—	—	—	—	○	—	—	○
	213	HEX	—	○	16 位数据右移 n 位（带进位）	—	—	—	—	○	—	—	○
	214	CCD	—	○	16 位数据左移 n 位（带进位）	—	—	—	—	○	—	—	○
比较触点	224	LD=	○	—	（S1）=（S2）时运算开始的触点接通	○	○	○	○	○	○	○	○
	225	LD>	○	—	（S1）>（S2）时运算开始的触点接通	○	○	○	○	○	○	○	○
	226	LD<	○	—	（S1）<（S2）时运算开始的触点接通	○	○	○	○	○	○	○	○
	228	LD<>	○	—	（S1）≠（S2）时运算开始的触点接通	○	○	○	○	○	○	○	○
	229	LD<=	○	—	（S1）≤（S2）时运算开始的触点接通	○	○	○	○	○	○	○	○
	230	LD>=	○	—	（S1）≥（S2）时运算开始的触点接通	○	○	○	○	○	○	○	○
	232	AND=	○	—	（S1）=（S2）时串联触点接通	○	○	○	○	○	○	○	○
	233	AND>	○	—	（S1）>（S2）时串联触点接通	○	○	○	○	○	○	○	○
	234	AND<	○	—	（S1）<（S2）时串联触点接通	○	○	○	○	○	○	○	○

分类	功能编号	指令符号	32位指令	脉冲指令	功　能	FX1S	FX1N	FX2N	FX3G	FX3U	FX1NC	FX2NC	FX3UC
比较触点	236	AND<>	○	—	（S1）≠（S2）时串联触点接通	○	○	○	○	○	○	○	○
	237	AND<=	○	—	（S1）≤（S2）时串联触点接通	○	○	○	○	○	○	○	○
	238	AND>=	○	—	（S1）≥（S2）时串联触点接通	○	○	○	○	○	○	○	○
	240	OR=	○	—	（S1）=（S2）时并联触点接通	○	○	○	○	○	○	○	○
	241	OR>	○	—	（S1）>（S2）时并联触点接通	○	○	○	○	○	○	○	○
	242	OR<	○	—	（S1）<（S2）时并联触点接通	○	○	○	○	○	○	○	○
	244	OR<>	○	—	（S1）≠（S2）时并联触点接通	○	○	○	○	○	○	○	○
	245	OR<=	○	—	（S1）≤（S2）时并联触点接通	○	○	○	○	○	○	○	○
	246	OR>=	○	—	（S1）≥（S2）时并联触点接通	○	○	○	○	○	○	○	○
数据表格处理	256	LIMIT	○	○	上下限限位控制	—	—	—	—	○	—	—	○
	257	BAND	○	○	死区控制	—	—	—	—	○	—	—	○
	258	ZONE	○	○	区域控制	—	—	—	—	○	—	—	○
	259	SCL	○	○	定坐标（不同点坐标数据）	—	—	—	—	○	—	—	○
	260	DABIN	○	○	十进制ASCII→BIN转换	—	—	—	—	○	—	—	□
	261	BINDA	○	○	BIN→十进制ASCII转换	—	—	—	—	○	—	—	□
	269	SCL2	○	○	定坐标2（X/Y坐标数据）	—	—	—	—	○	—	—	◇
变频器通信	270	IVCK	—	—	变频器运行监视	—	—	—	○	○	—	—	○
	271	IVDR	—	—	变频器运行控制	—	—	—	○	○	—	—	○
	272	IVRD	—	—	读取变频器参数	—	—	—	○	○	—	—	○
	273	IVWR	—	—	写入变频器参数	—	—	—	○	○	—	—	○
	274	IVBWR	—	—	批量写入变频器参数	—	—	—	—	○	—	—	○
*3	278	RBFM	—	—	BFM分割读取	—	—	—	—	○	—	—	□
	279	WBFM	—	—	BFM分割写入	—	—	—	—	○	—	—	□
*4	280	HSCT	○	—	高速计数器表格比较	—	—	—	—	○	—	—	○
扩展文件寄存器	290	LOADR	—	—	读取扩展文件寄存器	—	—	—	○	○	—	—	○
	291	SAVER	—	—	扩展文件寄存器的批量写入	—	—	—	—	○	—	—	○
	292	INITR	—	○	扩展寄存器初始化	—	—	—	○	○	—	—	○
	293	LOGR	—	○	登录到扩展寄存器	—	—	—	—	○	—	—	○
	294	RWER	—	○	扩展文件寄存器删除、写入	—	—	—	○	○	—	—	◇
	295	INITER	—	○	扩展文件寄存器初始化	—	—	—	—	○	—	—	◇

注：　*1：数据传送2

　　　*2：扩展功能

　　　*3：数据传送3

　　　*4：高速处理2

　　　○：表示有相应的功能或可以使用该应用指令。

　　　◎：3.00以上版本支持。

　　　□：FX3UC-32MT-LT从V2.20开始支持。

　　　◇：FX3UC-32MT-LT从V1.30开始支持。

参 考 文 献

[1] 廖常初. FX 系列 PLC 编程及应用[M]. 2 版. 北京：机械工业出版社，2012.

[2] 廖常初. 跟我动手学 FX 系列 PLC[M]. 北京：机械工业出版社，2012.

[3] 廖常初. PLC 编程及应用[M]. 4 版. 北京：机械工业出版社，2013.

[4] 廖常初. S7-200 PLC 编程及应用[M]. 2 版. 北京：机械工业出版社，2013.

[5] 廖常初. S7-200 PLC 基础教程[M]. 3 版. 北京：机械工业出版社，2014.

[6] 廖常初. S7-200 SMART PLC 编程及应用[M]. 2 版. 北京：机械工业出版社，2014.

[7] 廖常初. S7-300/400 PLC 应用技术[M]. 3 版. 北京：机械工业出版社，2011.

[8] 廖常初. 跟我动手学 S7-300/400 PLC[M]. 北京：机械工业出版社，2010.

[9] 廖常初. S7-1200 PLC 编程及应用[M]. 2 版. 北京：机械工业出版社，2010.

[10] 廖常初，陈晓东. 西门子人机界面（触摸屏）组态与应用技术[M]. 2 版. 北京：机械工业出版社，2008.

[11] 廖常初，祖正容. 西门子工业网络的组态编程与故障诊断[M]. 北京：机械工业出版社，2009.

[12] 三菱电机. FX1S, FX1N, FX2N, FX2NC 编程手册. 2002.

[13] 三菱电机. FX3U, FX3UC 微型可编程控制器编程手册. 2009.

[14] 三菱电机. FX3G, FX3U, FX3UC 微型可编程控制器编程手册. 2009.

[15] 三菱电机. FX1S 系列微型可编程控制器使用手册. 2007.

[16] 三菱电机. FX1N 系列微型可编程控制器使用手册. 2007.

[17] 三菱电机. FX2N 系列微型可编程控制器使用手册. 2007.

[18] 三菱电机. FX3U 系列微型可编程控制器用户手册（硬件篇）. 2009.

[19] 三菱电机. FX3G 系列微型可编程控制器用户手册（硬件篇）. 2009.

[20] 三菱电机. FX 系列特殊功能模块用户手册. 2009.

[21] 三菱电机. FX 系列微型可编程控制器用户手册通信篇. 2009.

[22] 三菱电机. FX 通讯用户手册（RS-232C, RS-485）. 2001.

[23] MITSUBISHI ELECTRIC CORPORATION. FX Series Programmable Controllers Programming Manual. 2000.

[24] MITSUBISHI ELECTRIC CORPORATION. FX communication（RS-232C, RS-485）user's Manual. 2000.

[25] MITSUBISHI ELECTRIC CORPORATION. FX3G/FX3U/FX3UC Series Programming Manual - Basic & Applied Instructions Edition. 2008.

精品教材推荐

电子工艺与技能实训教程

书号：ISBN 978-7-111-34459-9

定价：33.00元　作者：夏西泉　刘良华

推荐简言：

　　本书以理论够用为度、注重培养学生的实践基本技能为目的，具有指导性、可实施性和可操作性的特点。内容丰富、取材新颖、图文并茂、直观易懂，具有很强的实用性。

综合布线技术

书号：ISBN 978-7-111-32332-7

定价：26.00元　作者：王用伦　陈学平

推荐简言：

　　本书面向学生，便于自学。习题丰富，内容、例题、习题与工程实际结合，性价比高，有实用价值。

集成电路芯片制造实用技术

书号：ISBN 978-7-111-34458-2

定价：31.00元　作者：卢静

推荐简言：

　　本书的内容覆盖面较宽，浅显易懂；减少理论部分，突出实用性和可操作性，内容上涵盖了部分工艺设备的操作入门知识，为学生步入工作岗位奠定了基础，而且重点放在基本技术和工艺的讲解上。

通信终端设备原理与维修　第2版

书号：ISBN 978-7-111-34098-0

定价：27.00元　作者：陈良

推荐简言：

　　本书是在2006年第1版《通信终端设备原理与维修》基础上，结合当今技术发展进行的改编版本，旨在为高职高专电子信息、通信工程专业学生提供现代通信终端设备原理与维修的专门教材。

SMT 基础与工艺

书号：ISBN 978-7-111-35230-3

定价：31.00元　作者：何丽梅

推荐简言：

　　本书具有很高的实用参考价值，适用面较广，特别强调了生产现场的技能性指导，印刷、贴片、焊接、检测等SMT关键工艺制程与关键设备使用维护方面的内容尤为突出。为便于理解与掌握，书中配有大量的插图及照片。

MATLAB 应用技术

书号：ISBN 978-7-111-36131-2

定价：22.00元　作者：于润伟

推荐简言：

　　本书系统地介绍了MATLAB的工作环境和操作要点，书末附有部分习题答案。编排风格上注重精讲多练，配备丰富的例题和习题，突出MATLAB的应用，为更好地理解专业理论奠定基础，也便于读者学习及领会MATLAB的应用技巧。